园林绿化技术工人职业技能培训教材

园林绿化实用技术

李月华 主编　　石爱平 付 军 副主编

第二版

YUANLIN LÜHUA SHIYONG JISHU

化学工业出版社

·北 京·

《园林绿化实用技术》是《园林绿化技术工人职业技能培训教材》中的一本。主要介绍了园林绿化概念和对环境的作用，园林植物分类及常用的园林植物，园林植物的形态、生长和繁殖的方法，园林植物的栽植、花坛的施工、垂直绿化技术，园林植物病虫害防治以及常用的园林工具和园林机械的使用等方面的内容。

本书可作为园林绿化技术工人职业技能培训教材，也适合于园林绿化管理者、农林工作者以及大中专院校相关专业的师生阅读参考。

图书在版编目（CIP）数据

园林绿化实用技术/李月华主编. —2 版.
—北京：化学工业出版社，2015.3（2024.4 重印）
（园林绿化技术工人职业技能培训教材）
ISBN 978-7-122-23045-4

Ⅰ.①园… Ⅱ.①李… Ⅲ.①园林-绿化
Ⅳ.①S73

中国版本图书馆 CIP 数据核字（2015）第 031297 号

责任编辑：袁海燕　　装帧设计：史利平
责任校对：王素芹

出版发行：化学工业出版社（北京市东城区青年湖南街 13 号　邮政编码 100011）
印　　装：北京科印技术咨询服务有限公司数码印刷分部
710mm×1000mm　1/16　印张 15¾　彩插 8 页　字数 337 千字
2024 年 4 月北京第 2 版第 3 次印刷

购书咨询：010-64518888　　售后服务：010-64518899
网　　址：http://www.cip.com.cn
凡购买本书，如有缺损质量问题，本社销售中心负责调换。

定　　价：49.00 元

版权所有　违者必究

《园林绿化技术工人职业技能培训教材》丛书编委会

主　任：李月华

副主任：冷平生　赵和文　王文和

编　委（按姓名笔画排列）：

万会英　马晓燕　王文和　王先杰　卢　圣

付　军　冯　莛　李月华　冷平生　沈　漫

张维妮　赵和文　柳振亮　窦德泉

《园林绿化实用技术》编写人员

主　　编：李月华

副 主 编：石爱平　付　军

参编人员：孙淑玲　肖　武　尹桂彬

出版说明

随着生活水平的提高，人们的健康意识和环保意识也进一步加强，越来越多的人们关注健康、温馨、舒适、美观的生活环境。但是由于工业的发展和人为的原因对环境造成了一定的破坏，给人们的生存和发展带来了威胁。在防治污染的同时，人们采用了多种方法和措施改善和美化环境。其中，园林绿化就是既能改善生态，保护环境，又能给人带来身心享受的措施和手段之一。

1992年，国务院颁布了《城市绿化条例》，标志着我国园林绿化工作走入正轨。园林事业的大力发展需要更多的知识全面、实践技能强的一线工作人员。为此，许多院校开设了园林专业，专门培养园林方面的专业人才。劳动部的职业资格认证工作中，专门设立了绿化工的岗位。建设部也于2000年颁布了有关园林绿化方面的职业技能岗位标准。

通过对园林工人及培训机构的了解，目前从事园林绿化行业的一线工人都未经过绿化专业的系统学习，多数也没有经过正规的技术培训。而园林绿化工作技术性较强，需要掌握包括绿化、栽培、育苗、设计、管理、养护等方面的技术。

在上述背景之下，化学工业出版社特组织一套“园林绿化技术工人职业技能培训教材”。参加编写的人员涉及北京农学院、北京园林学校的20多名专家教授。本套丛书的特点是内容全面，技术实用，易学易懂，并有针对性地辅以彩色图片，更加方便直观，以利一线工人的学习和技能提高。首批出版的图书有《园林树木选择·栽植·养护》、《苗木培育实用技术》、《园林绿化实用技术》、《花卉栽培与管理》、《绿植花卉病虫害防治》、《水景观与假山造景》、《城市绿地设计》。希望本套丛书的出版能满足一线技术工人的需求，并能为我国园林绿化工作的规范提供一定的帮助。

本套丛书可供从事绿化工作、园林、园艺的技术工人阅读，还可供相关专业的大中专院校学生参考。

因时间有限，本套丛书难免会有不足之处，还请读者批评指证。

丛书编委会

2015年1月

前　言

随着城乡生活水平的不断提高，人们对优异环境的要求也更加迫切，园林绿化的前景越来越广阔。园林绿化工作也随之大量增加，从事园林绿化的工作人员不断增加。据了解，目前园林绿化岗位工作的一线工人大都未经过园林绿化专业的正规学习和培训，而园林绿化工作又是一项技术性很高的工作，园林工人要能够尽快掌握园林绿化技术，能够很好地胜任工作，就迫切需要一本内容全面、技术实用、语言通俗精练的园林绿化技术图书。总结以前这方面的书籍，发现基础理论过多、技术不全面或语言表述繁琐等问题，我们编写这样一本对具体工作指导性很强的图书，希望能满足广大园林绿化工人和绿化爱好者的需求。

全书共分十一章。第一章主要介绍了园林绿化概念和对环境的作用；第二、三章介绍了园林植物分类及常用的园林植物；第四、五章为园林植物的形态、生长和繁殖的方法；第六章是园林植物的栽植、花坛的施工、垂直绿化技术等；第七、八、九章为园林植物的养护管理；第十章讲解了园林植物病虫害防治；第十一章介绍了常用的园林工具及园林机械的使用与维护。整本书既成系统又可独立学习，园林工人和绿化爱好者通过学习本书并与实践相结合，就能顺利完成绿化工作。

本次修订中增加了部分南方适用树种，并就上版一些不足之处进行了整改。

本书由李月华担任主编，石爱平、付军担任副主编，参加编写的人员还有孙淑玲、肖武、尹桂彬。在写作过程中还得到了许多同行和前辈的帮助，如高润清教授、冷平生教授、王文和副教授、张克中副教授等，在此一并表示感谢！

由于本书所涉及的绿化知识较多，有不妥之处敬请读者批评指正。

编　者

2015 年 1 月

目　录

第一章 概述

第一节 园林绿化概念

一、园林植物

随着城乡建设的不断发展和人民生活水平的不断提高，人们对环境绿化美化的要求也有了更高的标准。园林植物即是适用于城乡园林绿地及风景区栽植应用的植物，包括木本的园林树木、草本的花卉和草坪。

二、园林绿化

园林是一种立体空间综合艺术品，是通过人工构筑手段加以组合的具有植物、山水、建筑结构和多种功能的空间艺术实体。园林绿化是完成园林中的植物组成部分，其主体是以植物造景为主，通过园林植物在一定范围内的不同地形地貌上的合理配置、栽培和养护以达到景致优美，环境宜人的目的。

第二节 园林绿化功能

一、改善环境

1. 改善环境温度

夏季我们都有这样的体会，树荫下会感到凉爽宜人，这主要是树冠遮拦了阳光，减少了阳光的辐射热，降低了小气候的温度所致。不同的树种有不同的降温能力，这主要取决于树冠大小、树叶密度等因素。树冠密度越大，叶面越大而不透明程度越高，降温效果越好。

2. 提高空气湿度

在绿色植物的生命活动中根系不断地从土壤中吸收水分，再从叶片中蒸发出去。所以在有绿色植物的地方会感觉到空气湿润。例如 1 株中等大小的杨树，在夏季白天，每小时可由叶部蒸腾水 25kg，一天的蒸腾量就有 500kg 之多。若有 1000 棵树，其效果就相当于在该处洒泼 500t 的水。蒸腾得越多，湿度就越大。

3. 改善空气质量

园林植物是自然净化空气的“绿色工厂”。光合作用大量的吸收二氧化碳并释放出氧气。许多植物可以吸收有毒气体，大气污染的有毒气体主要有二氧化硫（SO_2）、氟化氢（HF）、氯气（Cl_2）等，对二氧化硫吸收较强的树木有臭椿、忍冬、卫矛、旱柳、榆等，对氯气吸收较强的树种是：旱柳、臭椿、卫矛、花曲柳、忍冬等。园林植物具有空气滤尘器的作用，植物的枝叶可以阻滞烟尘，叶面多毛或粗糙以及分泌物均有较强的滞尘力。在园林植物中有一大部分植物能分泌杀菌剂，如桉树、肉桂、柠檬等树木，这也是公园绿地比城市街区的细菌量减少7倍以上的原因。

4. 降低噪声

园林植物具有减弱噪声的作用。较好的隔声树种是：乔木类——雪松、桧柏、龙柏、水杉、悬铃木、梧桐、垂柳、云杉、山核桃、鹅掌楸、柏木、臭椿、樟树、榕树、柳杉、栎树等；小乔木及灌木类——珊瑚树、椤木、海桐、桂花、女贞等。

二、防灾减灾

1. 减少风沙灾害

有地被植物的地方就像给土壤盖了一层绿色的地毯，而高大的树木阻挡了狂风的肆虐，因此植物起到了防风、防沙和固沙的作用。三北防护林带就足以说明这种功效。近年来北京地区的环境绿化已减少风沙灾害十几天。

2. 防止水土流失

植物的根系具有固定土壤涵养水源的作用。所以在堤岸、坡面、立交桥等地方进行绿化对涵养水源、保持水土起着巨大的作用。

三、美化生活

园林中没有园林植物就不能称为真正的园林。园林植物包括三大类即园林树木、草本花卉和草坪，这三大类植物形成了上中下的完美空间结构。园林植物种类繁多，各具不同的形态、色彩、风韵和芳香，随着季节呈现出的物候变化使园景五彩缤纷，景色万千，并且与园林中的建筑、雕像、溪瀑、山石等相互衬托，再加上艺术处理，更使园景千姿百态，美不胜收。

四、经济效益

1. 旅游休闲

优美的园林绿化景观，会使人们产生返璞归真，回到大自然的良好感受。这就使我们可以发展旅游业，获得可观的经济收益。

2. 美味食品

植物产品也可以有一定的经济效益，如树木的果实苹果、山楂、杏、柿子、桑椹、核桃等都是优良的鲜果或干果；我国一直就有食用花的习惯，如金针菜、百合、霸王花等。

3. 药用价值

有些植物还可入药，如木本的银杏、侧柏、牡丹、五味子、梅、连翘、枸杞、接骨木等；草本的桔梗、贝母、石斛、鸡冠、麦冬等。

4. 调料香料

有些植物的果实可做调料，如花椒、大料、胡椒等。许多植物的花可以用来提炼香精，如茉莉、桂花、玫瑰、白兰花、丁香等花朵都可用来提炼香精。用玫瑰花提取出的玫瑰油相当于黄金的价格，甚至高于黄金。

思 考 题

1. 什么是园林植物？
2. 园林绿化在改善环境方面有哪些作用？

第二章 园林植物分类

地球上的植物约有50万种。为了更好的掌握和利用这些植物，就必须进行科学的分类。分类方法大致为两类：一类是自然分类法，即植物学分类法；一类是人为分类法，即园林建设分类法。

第一节 植物学分类

一、植物学分类概念

植物学分类是自然分类法，是根据不同植物的起源、发展进化和它们之间的亲缘关系，将植物分门别类。植物学分类客观地反映出植物之间的亲缘关系和演化进程，便于识别和应用。

二、分类阶梯

植物学分类方法一般采用下列的分类单位进行分类：界、门、纲、目、科、属、种共7个阶梯。例如桃树分类如下：

界……植物界 Regnum Plantae
门……被子植物门 Angiospermae
纲……双子叶植物纲 Dicotyledoneae
目……蔷薇目 Rosales
科……蔷薇科 Rosaceae
属……梅属 *Prunus*
种……桃 *Prunus persica*

三、种的概念

按照植物学分类的等级次序，植物学分类是以“种”作为分类的起点。种是自然界中客观存在的类群，这个类群中的所有个体都有着极其近似的形态特征和生理、生态特性，个体间可以自然交配产生正常后代而使种族延续，在自然界中占有一定的分布区域。所以，就把这种客观存在的类群“种”作为分类上的基本单位。然后集合相近的种为一个属，又将类似的属集合为一个科，将类似的科集合为一个目，类似的目集合为一个纲，再集纲为门，集门为界。这就形成一个完整的自然分类系统。

种以下有的还有“亚种”、“变种”和“变形”。“亚种”是种内的变异类型，除了在形态构造上有显著不同特点外，在地理分布上也有一定较大范围的地带性分布区域。而“变种”虽然形态上有显著变化，但没有明显的地带性分布区域。“变型”是指在形态特征上变异比较小的类型。例如叶色、花色的不同等。

第二节 园林建设上分类

园林建设上的分类是不考虑植物之间的亲缘关系，根据园林建设上需要进行分类，可分为三大类：木本的称为园林树木，草本的以观花为主的称为草本花卉，草本的以绿化地面为主的称为草坪。

一、园林树木

1. 依树木的生活型分类

(1) 乔木类　树体高大（6m 以上），按其高度分为四个等级，即伟乔木（31m 以上），大乔木（21～30m），中乔木（11～20m）和小乔木（6～10m）。常用的有：银杏、辽东冷杉、云杉、白杆、青杆、华北落叶松、雪松、华山松、白皮松、油松、水杉、侧柏、桧柏、毛白杨、加拿大杨、钻天杨、小叶杨、旱柳、垂柳、玉兰、鹅掌楸、白桦、槲树、蒙古栎、辽东栎、榆树、西府海棠、山楂、桑、蒙桑、悬铃木、刺槐、元宝枫、五角枫、七叶树、栾树、臭椿、香椿、梧桐、泡桐、梓树、白蜡树等。

(2) 灌木类　树体矮小，主干低矮，通常在 6m 以下。常用的有：腊梅、八仙花、榆叶梅、毛樱桃、沙棘、木槿、雪柳、紫荆、柽柳、迎红杜鹃、紫薇、四照花、猬实、金银木、天目琼花、荆条、海州常山、紫丁香等。

(3) 丛木类　树体的干茎自地面呈多数生长而无明显的主干，矮小。常用的有：日本小檗、多花蔷薇、黄刺梅、月季、棣棠、贴梗海棠、郁李、迎春、糯米条、连翘等。

(4) 藤本类　能缠绕或攀附他物而向上生长的木本植物。常用的有：凌霄（紫葳）、紫藤、葛藤、常春藤、葡萄、爬山虎、五叶地锦、猕猴桃、扶芳藤、南蛇藤、金银花等。

(5) 匍地类　干、枝等均匍地生长，与地面接触部分可生出不定根而扩大占地范围，铺地柏、沙地柏、偃柏、平枝栒子等。

(6) 竹木类　禾本科竹亚科的植物，木本，节间中空。常用的有：佛肚竹、黄槽竹、紫竹、刚竹、枣园竹、罗汉竹、箬竹等。

2. 依树木在园林绿化中的作用分

(1) 孤赏树类　树形美观，并具有观赏特性的树种。如雪松、油松、玉兰、鹅掌楸、西府海棠、元宝枫、五角枫、七叶树、梧桐、梓树等。

(2) 遮阴树类　树冠宽阔、枝叶浓密的树种。如梧桐、银杏、国槐、馒头柳、垂柳、槲树、蒙古栎、辽东栎、桑、悬铃木、七叶树、栾树、千头椿、梧桐、泡桐等。

(3) 行道树类　干性强的大、中型乔木。如水杉、银杏、毛白杨、加拿大杨、钻天杨、悬铃木、刺槐、元宝枫、五角枫、栾树、臭椿、梧桐、白蜡树等。

(4) 防护树类　抗性强，根系发达的树种。如侧柏、油松、云杉、毛白杨、加拿大杨、钻天杨、旱柳、垂柳、蒙古栎、辽东栎、榆树、蒙桑、刺槐、栾树、臭椿、香椿、白蜡、沙棘、沙枣、柽柳等。

(5) 花木类　以观花为主要目的的树木。如玉兰、西府海棠、樱花、日本晚樱、腊梅、八仙花、榆叶梅、毛樱桃、木槿、牡丹、紫荆、玫瑰、迎红杜鹃、紫薇、四照花、猬实、金银木、天目琼花、海州常山、紫丁香等。

(6) 藤木类　做垂直绿化、棚架的木本植物。如凌霄（紫葳）、紫藤、葛藤、常春藤、葡萄、爬山虎、五叶地锦、猕猴桃、扶芳藤、南蛇藤、金银花等。

(7) 植篱及绿雕塑类　做绿篱和造型的树木，一般为生长缓慢的耐修剪的树种。如桧柏、侧柏、女真、大叶黄杨、小叶黄杨、紫叶小檗、花椒等。

(8) 地被植物类　用于覆盖地面的木本植物，一般枝干横向生长。如铺地柏、沙地柏、偃柏、平枝栒子、地锦、五叶地锦、南蛇藤等。

(9) 桩景类　制造盆景的木本植物，一般为耐瘠薄、耐修剪、观赏特性强。如银杏、南洋杉、薄皮木、榔榆、火棘、榕树等。

(10) 室内绿化装饰类　不能在北方露地栽培的且观赏性良好的树种。如鹅掌柴、榕树、常春藤、棕竹、棕榈、蒲葵、鱼尾葵、假槟榔、散尾葵、朱蕉、香龙血树等。

二、草本花卉

1. 按草本花卉的生活型分类

(1) 一、二年生花卉　一年生草本花卉是生命周期在一年以内完成，当年春天播种，当年开发、结实，当年死亡。如一串红、刺茄、半支莲（细叶马齿苋）等。二年生草本花卉是生命周期跨越两个年份，一般是在秋季播种，到第二年春夏开花、结实直至死亡。如金鱼草、金盏花、三色堇等。

(2) 宿根花卉（多年生花卉）　生长期在二年以上，它们的共同特征是都有永久性的地下部分（地下根、地下茎），常年不死。但它们的地上部分（茎、叶）却存在着两种类型：有的地上部分能保持终年常绿，如文竹、四季海棠、虎皮掌等；有的地上部分，是每年春季从地下根际萌生新芽，长成植株，到冬季枯死。如大花萱草、鸢尾、玉簪、芍药等。

(3) 球根花卉　球根花卉为多年生草本花卉的一种。在长期的系统发育中，为了耐受干燥、低温等不良环境，在地下部形成了特殊形态的球状体，并储藏了大量的养分。如百合、郁金香、朱顶红、风信子等。

(4) 兰科花卉　包括整个兰科植物，为多年生草本花卉。栽培种类不断增多，杂交品种更是数不胜数。如石斛兰、卡特兰、蝴蝶兰等。

(5) 仙人掌类及多浆植物　仙人掌类及多浆植物是茎、叶肥厚多汁，具有发达的储水组织，抗干旱、抗高温很强的一类植物。如仙人掌类常见的有：仙人掌、仙人球、金琥、令箭荷花、蟹爪兰等。多浆植物常见的有：落地生根、生石花、霸王鞭、芦荟等。

（6）水生植物　水生植物是指生长在水中或湿地的植物。在园林中常用的有浮叶植物睡莲、满江红、萍蓬莲、菱等；挺水植物荷花、千屈菜、水葱、泽泻、雨久花、香蒲、菖蒲等；沉水植物金鱼草、伊乐藻、轮叶黑藻等。

2. 按草本花卉的应用分类

（1）盆栽花卉　栽种于花盆中、供室内外陈设的花卉。凡是观赏期长，观赏价值高、适于盆栽的花卉，如仙客来、瓜叶菊、天竺葵等都是良好的盆栽花卉。

（2）切花花卉　从花卉植株上将具有较高观赏价值、易于扎制加工的花卉器官剪切下来可统称为切花。凡适合于切花生产的花卉，都可归于切花花卉类。如菊花、唐菖蒲、非洲菊、百合等。

（3）花坛花卉　栽种于花坛中以供欣赏的花卉。凡花期一致、色彩艳丽、株高整齐、并能适应本地区自然环境而露地栽培的花卉，都为较好的花坛花卉，如一、二年生草花、球根花卉等。

（4）岩生花卉　适于布置假山或岩石园的花卉。多为原产于山野石隙间的花卉植物，如鸢尾、白头翁、铁线蕨等。

（5）水生花卉　适于绿化园林中水面或浅水沼泽地的花卉。如荷花、睡莲、千屈菜、凤眼莲等。

（6）攀缘花卉　适于园林中花廊、棚架、墙面、竹篱及栅栏等垂直绿化的花卉植物。如铁线莲、茑萝等。

三、草坪

1. 按草坪草生长的适宜气候条件和地域分布范围分类

（1）暖季型草坪草　也称为夏型草，主要属于禾本科，画眉亚科的一些植物。最适生长温度为25～30℃，主要分布在长江流域及以南较低海拔地区。它的主要特点是冬季呈休眠状态，早春开始返青，复苏后生长旺盛。进入晚秋，一经霜害，其茎叶枯萎褪绿。在暖季型草坪植物中，大多数只适应于华南栽培，只有少数几种，可在北方地区良好生长。如狗牙根、节缕草、中华节缕草、野牛草、地毯草等。

（2）冷季型草坪草　也称为冬型草，主要属于早熟禾亚科。最适生长温度15～25℃，主要分布于华北、东北和西北等长江以北的我国北方地区。它的主要特征是耐寒性较强，在夏季不耐炎热，春、秋两季生长旺盛。适合于我国北方地区栽培。其中也有一部分品种，由于适应性较强，亦可在我国中南及西南地区栽培。如苇状羊茅、紫羊茅、草地早熟禾、加拿大早熟禾、早熟禾、黑麦草等。

2. 按植物材料的组合分类

（1）单纯草坪　用一种草本植物组成的草坪。

（2）混合草坪　由多种草本植物组成的草坪。

（3）缀花草坪　以多年生矮小禾草或拟禾草为主，混有少量多年生草本花卉的草坪。

3. 按草坪的用途分类

（1）游憩草坪　可开放供人入内休息、散步、游戏等户外活动之用。主要分布在公园、居住区、单位、医院等。一般选用叶细、韧性较大、较耐踩踏的草种。

(2) 观赏草坪　不开放，不能入内游憩。建植在广场雕像、喷泉周围、纪念物等处，用于装饰或陪衬景观。一般选用颜色碧绿均一，绿色期较长，能耐热、又能抗寒的草种。

(3) 运动草坪　指体育活动的草坪。如足球场、高尔夫场草坪、射击场草坪、武术场草坪等。根据不同体育项目的要求选用不同草种，有的要选用草叶细软的草种，有的要选用草叶坚韧的草种，有的要选用地下茎发达的草种。

(4) 花坛草坪　混种在花坛中的草坪，主要起装饰和陪衬作用，烘托花坛的图案和色彩。

(5) 交通草坪　主要设置在公路交通沿线，尤其是高速公路两旁，以及飞机场的停机坪上。

(6) 护坡草坪　用以防止水土被冲刷，防止尘土飞扬。主要选用生长迅速、根系发达或具有匍匐性的草种。

思 考 题

1. 简述植物学分类的阶梯以及“种”的含义。
2. 在园林建设上依树木的生活型可把园林树木分为几类?
3. 按草本花卉的生活型可把草本花卉分为几类?
4. 按草坪草生长的适宜气候条件和地域分布范围分类，可把草坪分为几类?

第三章 常用的园林植物

第一节 园林树木

一、乔木类

1. **银杏（白果、公孙树）** *Ginkgo biloba* L.

落叶大乔木。高达40m，胸径达3m以上；树冠广卵形，枝有长枝、短枝之分；短枝为矩状短枝，短枝密被叶痕。叶扇形，有二叉状叶脉，顶端常2裂，互生于长枝而簇生于短枝上。雌雄异株，球花生于短枝顶端的叶腋或苞腋；雄球花呈柔荑花序状，花期4～5月，风媒花。种子核果状，椭圆形，有臭味。9～10月成熟。阳性树，不耐积水，强耐寒。主要播种繁殖。银杏树姿雄伟壮丽，叶形美观；寿命长，少病虫害，树大荫浓，故适作庭荫树，行道树或孤植树。在街道绿化中应选雄株（见彩图3-1）。

2. **辽东冷杉（沙松）** *Abies holophylla* Maxim.

乔木。高30m，胸径约1m；树冠阔圆锥形，叶条形，长2～4cm，宽1.5～2.5cm，端突尖或渐尖，上面深绿色，有光泽，下面有两条白色气孔带。雌雄同株，球果圆柱形。花期4～5月；球果当年10月成熟。耐阴，抗寒强，喜生长于土壤肥厚的阴坡，在干燥阳坡极少见。用播种繁殖。本树冠优美，宜群植。

3. **白杆** *Picea meyeri* Rehd. et Wils.

乔木。高约30m，胸径约60cm，树冠狭圆锥形。叶锥形，螺旋状排列。小枝基部宿存芽鳞反卷。球果初期紫色，成熟时则变为有光泽的黄褐色。花期4～5月，球果在9～10月成熟。我国特产树种。华北城市园林中多见栽培。耐阴，耐寒，喜空气湿润气候，喜生于中性及微酸性土壤，但也可生于微碱性土壤中。播种子繁殖。白杆树端正，枝叶茂密，下枝能长期存在，最适孤植。

4. **青杆** *Picea wilsonii* Mast

乔木，高达50m；小枝基部宿存芽鳞不反卷，针叶较短细，较柔软，灰绿色。球果小，当年成熟。花期4～5月，球果在9～10月成熟。华北城市园林中多见栽培，最适孤植。

5. **雪松** *Cedrus deodara*

乔木。高达50～72m，胸径达3m；树冠圆锥形。大枝不规则轮生，平展；叶针状，灰绿色。雌雄异株，少数同株，雌雄球花异枝。花期10～11月，球果次年9～

10月成熟。阳性树，但有一定程度的耐阴能力。用播种、扦插、嫁接法繁殖。雪松体高大，树形优美，为世界著名的观赏树。最宜孤植（见彩图3-2）。

6. **华山松** *Pinus armandii* Franch.

乔木。高达35m，胸径1m，树冠广圆锥形。小枝平滑无毛。叶5针一束，长8～15cm，质柔软，边缘有细锯齿。球果圆锥状长卵形，长10～20cm，柄长2～5cm，成熟时种鳞张开，种子脱落。种子无翅或近无翅。花期4～5月；球果次年9～10月成熟。耐寒力强，不耐炎热，喜排水良好土壤，最宜深厚、湿润、疏松的中性或微酸性壤土，不耐盐碱土。播种繁殖。华山松树高挺拔，冠形优美，是优良的庭园绿化树种，可丛植、群植。

7. **白皮松（白骨松、虎皮松、三针松）** *Pinus bungeana* Zucc.

乔木。高达30m，胸径1m有余。树冠阔圆锥形、卵形或圆头形。树皮淡灰色或粉白色，呈不规则鳞片状剥落。一年生小枝灰绿色，光滑无毛。针叶3针一束，长5～10cm，边缘有细锯齿。花期4～5月；球果次年9～10月成熟。阳性树，略耐半阴，耐寒性不如油松。对土壤要求不严，在中性、酸性及石灰性土壤中均能生长；亦耐干旱土地，耐土壤干旱能力较油松为强。用种子繁殖，白皮松为东亚少见的三针松，特产我国，为珍贵树种之一。宜孤植，也宜群植成林，或列植成行（见彩图3-3）。

8. **油松** *Pinus tabulaeformis* Carr.

乔木。高达25m，胸径1m左右。树冠在壮年期为塔形或广卵形，老年期呈盘状或伞形。树皮灰棕色，呈鳞片状开裂，裂缝红褐色；叶2针一束，长10～15cm，花期4～5月；球果次年10月成熟。为强阳性树，喜光。性强健，耐寒，为温带针叶树种。喜生于中性、微酸性土壤。用种子繁殖。油松树干挺拔苍劲，四季常青。适于作孤植、丛植、纯林群植，也宜于行混交配植。

9. **水杉** *Metasequoia glyptostroboides* Hu et Cheng

落叶乔木。树高达35m，胸径2.5m；干基常膨大，幼树冠塔形，老树则为广圆头形。树皮灰褐色，大枝近轮生，小枝对生。叶交互对生，叶基扭转排成两列，呈羽状，条形，扁平。雌雄同株，单性。花期在2月；球果当年11月成熟。水杉为我国特产树种。喜温暖湿润气候，有一定的抗寒性。播种和扦插繁殖。宜在园林中丛植、列植或孤植，也可片植（见彩图3-4）。

10. **侧柏** *latycladus orientalis* (L.) Franco.

常绿乔木。高20m左右，胸径1m；幼树树冠尖塔形，老树广圆形。叶全为鳞片状。雌雄同株，单性，球花单生小枝顶端；雄球花有6对雄蕊，每雄蕊有花药2～4；雌球花有4对珠鳞，中间的2对珠鳞各有1～2胚珠。球果卵形。花期3～4月；球果10～11月成熟。喜光，耐干旱、瘠薄、耐寒，抗盐性强，耐修剪，适应性很强。播种繁殖。侧柏是我国应用最广泛的园林树种之一，自古以来就栽植于寺庙、陵墓地和庭园中，也是作绿篱的良好材料。

11. **桧柏** *Sabina chinensis* (L.) Ant.

乔木。高达20m，胸径达3.5m；树冠尖塔形或圆锥形，老树则成广卵形、球形或钟形。雌雄异株，极少同株；雄球花黄色，有雄蕊5～7对，对生，雌球花有珠鳞6～8，对生或轮生。球果球形，径6～8mm，熟时暗褐色，被白粉，球果有1～4种子，卵圆形，子叶2，发芽时出土。花期4月下旬；球果次年10～11月成熟。喜光但耐阴性较强，耐寒，耐热；对土壤要求不严，能生于酸性、中性及石灰质土壤中。用播种法及扦插法繁殖。在庭园中用途极广，作行道树、园景树均可。

12. **杜松** *Juniperus rigida* Sieb. et Zucc.

乔木。高达12m，胸径1.3m；树冠圆柱形，老则圆头状。球果球形，径6～8mm，二年成熟，熟时淡褐黑或蓝黑色，每果内有2～4粒种子。花期在5月；球果次年10月成熟。为强阳性树，但有一定的耐阴性。性喜冷凉气候，比圆柏的耐寒性要强得多；主根长而侧根发达，对土壤要求不严，能生于酸性土，以至在海边干燥的岩缝间或沙砾地均可生长，但以向阳适温之沙质壤土最佳。可用播种及扦插法繁殖。对海潮风有相当强的抗性，故是良好的海岸庭园树种。

13. **毛白杨** *Populus tomentosa* Carr.

乔木。高达30～40m，胸径1.5m；树冠卵圆形或卵形，树皮幼时青白色，皮孔菱形；老年期树皮纵裂，呈灰暗色。嫩枝灰绿色，密被灰白色绒毛。雌株大枝较为平展，花芽小而稀疏；雄株大枝则多斜生，花芽大而密集。花期3～4月，先花后叶。蒴果小，三角形，4月下旬成熟。强阳性，喜温暖、凉爽气候，较耐寒冷；喜湿润、深厚肥沃的土壤。用埋条法，扦插、留根、压条、嫁接、分蘖等法繁殖均可。树形高大广阔，园林中常孤植作为庭荫树，也是许多华北城市的主要行道树。

14. **加拿大杨（加杨）** *Populus canadensis* Moench.

乔木。高达30m，胸径1m，树冠开展呈卵形。小枝在叶柄下具3条棱脊，冬芽先端不贴枝，叶近正三角形，长6～10cm，先端渐尖，基部截形，边缘半透明，具钝齿；两面无毛；叶柄扁平而长，有时具1～2腺体。花期3～4月；果熟期5月。喜光，颇耐寒，喜湿润而排水良好的冲积土，对水涝、盐碱和瘠薄土地均有一定耐性。园林中适作行道树、庭院树和防护林。

15. **旱柳（立柳）** *Salix matsudana* Koidz.

乔木。高达18m，胸径0.8m；树冠卵圆形或倒卵形。枝条直伸或斜展，叶披针形或线状披针形，长5～10cm，先端渐长尖，基部楔形，缘有细锯齿，叶背微被白粉，叶柄短，托叶披针形，早落。雄花序轴有毛，苞片宽卵形；雄蕊2，花丝分离，基部具2腺体，雌花子房背腹面各具1腺体。花期3～4月；果熟期4～5月。喜光，不耐阴；耐寒；喜水湿，也能耐旱；对土壤要求不严。可用扦插、播种、压条等法繁殖。自古以来就是重要的园林绿化树，可作行道树、防护林及沙荒造林等用。

16. **绦柳** *Salix matsudana* Koidz. *f. pendula* Sehneid

大枝不下垂，小枝下垂，雄、雌花各具2个腺体。

17. **垂柳** *Salix babylonica* L.

乔木。高达18m，树冠倒广卵形。小枝细长下垂。叶披针形或线状披针形，长

8～16cm，先端渐长尖，缘有细锯齿；托叶阔镰形，早落。雄蕊2，具2腺体，子房仅腹面具1腺体。花期3～4月；果熟期4～5月。喜光，喜温暖气候及潮湿深厚之酸性、中性土壤；较耐寒，特耐水湿。用扦插或播种繁殖。枝条细长柔垂，姿态优美，植于河岸、湖边最为理想，自古即为重要的庭园观赏树。

18. **枫杨** *Pterocarya stenoptera* DC.

乔木。高30m，胸径1m以上。复叶之叶轴有翼，小叶9～23枚，长椭圆形，长5～10cm，缘有细锯齿，顶生小叶有时不发育。果序下垂，长20～30cm；坚果近球形，果翅长圆形或长圆状披针形，长2～3cm，宽约0.6cm，斜展。花期4～5月；8～9月果熟。喜光，稍耐阴；喜温暖湿润气候，较耐寒，耐水湿，也有一定的耐旱力。播种繁殖。树冠宽广，适应性较强，多植为庭荫树及行道树，亦可作公路绿化、水边护岸堤及防风林树种。

19. **榆树（白榆、家榆）** *Ulmus pumila* L.

落叶乔木。高达25m，胸径1m，树冠圆球形。叶卵状长椭圆形，先端尖，基部稍歪，叶缘多为不规则之锯齿。早春叶前开花，簇生于上年生枝上。翅果近圆形，种子位于翅果中部。花期3～4月；4～6月果熟。喜光，耐寒，能适应干冷气候；喜排水良好土壤，不耐水湿，耐干旱、瘠薄。以播种繁殖为主，分蘖亦可。适应性强，在城乡绿化中宜作行道树、庭荫树、防护林及四旁绿化用。

20. **大果榆（黄榆）** *Ulmus macrocarpa* Hance

落叶乔木。高达10m，胸径0.3m；树冠扁球形。小枝淡黄褐色，常具规则木栓翅2或4条，有毛。叶倒卵形，长5～9cm，先端突尖，基部歪斜，缘具不规则重锯齿，质地粗厚，翅果大，径25～35cm，具黄褐色长毛。喜光，耐寒，耐旱，在山麓、阳坡、近沙漠的极干旱地带甚至岩石缝中都能生长。用种子或分株繁殖。每当深秋（10月中下旬）叶色即变为红褐色，点缀山林颇为美观，是北方秋色树种之一。

21. **欧洲大叶榆** *Ulmus laevis* Pall.

乔木。高达35m，胸径可达2m；树皮纵裂。叶倒卵状椭圆形或宽圆形，长6～14cm，宽3.5～9cm。花序有花20～30朵，花梗长6～20mm。翅果卵形或卵状椭圆形，长约1.5cm；种子位于果翅近中部。

22. **桑** *Morus alba* L.

落叶乔木。高达15m，胸径0.5m，树冠广倒卵形。树皮灰褐色，根鲜黄色，叶卵形或卵圆形，长6～15cm，先端尖，基部圆形或心形，锯齿粗钝。桑椹果紫黑色、红色或白色，多汁味甜。花期在4月；5～6月（7月）果熟。喜光，喜温暖，适应性强；耐旱，耐寒，耐水湿和瘠薄。可用播种、扦插、压条、分根、嫁接等法繁殖。树冠宽阔，枝叶茂盛，秋季叶色变黄，颇为美观又能抗烟尘，适于城市、工矿区及四旁绿化，或作防护林，但更重要的是营造桑园采叶饲养家蚕。

23. **龙桑** *Morus alba* cv. Pendula

乔木。树皮黄褐色，浅裂。幼枝有毛或光滑。叶卵形或宽卵形，长15～18cm，宽4～8cm，叶柄长1～2.5cm。先端尖或钝，基部圆形或心脏形，边缘具粗锯齿或有时不规则分裂。表面无毛，背面脉上或脉腋有毛。雌雄异株，腋生穗状花序；雄花序长1～2.5cm，雌花序长0.5～1.0cm；聚花果长1～2.5cm，黑紫色或白色。花期4月，果期6～7月（见彩图3-5）。

24. 构树 *Broussonetia papyrifera*（L.）L'Her. ex Vent.

乔木。高达16m；树皮浅灰色，不易裂。小枝粗壮，密被丝状刚毛。叶卵形，长7～20cm，先端渐尖，基部圆形或近心形，缘有锯齿，不裂或2～5裂，两面密生柔毛。果球形，径2～2.5cm，熟时橘红色。花期4～5月；8～9月果熟。喜光，适应性强；能耐干冷和湿热气候；耐干旱瘠薄，也能生于水边；根较浅，侧根分布很广。抗烟尘，少病虫害。种子繁殖，亦可用埋根、分蘖法繁殖。绿化工矿区及荒山坡地的好树种，也可作为庭荫树及防护林用。叶可入药。

25. 木兰（紫玉兰） *Magnolia liliflora* Desr.

落叶大灌木。高3～5m；大枝近直伸，小枝紫褐色，无毛。花大，花瓣6，外面紫色，内面近白色，萼片3，黄绿色，披针形，长约为花瓣的1/3，早落。果柄无毛，3～4月叶前开花，10月果成熟。喜光，不耐严寒；喜肥沃、湿润而排水良好的土壤。通常用分株、压条法繁殖。栽培历史较久，为庭园珍贵花木之一。宜配植于庭院窗前，或丛植于草地边缘。花蕾可入药。

26. 玉兰（白玉兰） *Magnolia denudata* Desr.

落叶乔木。高达15m；树冠卵形或近球形，幼枝及芽均有毛。花大，径12～15cm，纯白色，芳香，花萼、花瓣相似，共9片。3～4月叶前开花，花期8～10天；8～9月果熟。喜光，稍耐阴；颇耐寒，北京地区于背风向阳处可露地越冬；喜肥沃、湿润而排水良好的土壤。可用播种、扦插、压条及嫁接等法繁殖。花大而洁白，芳香，是我国著名的早春花木，自古即有栽培。宜列植堂前，点缀中庭，或插瓶观赏。树皮、花蕾可入药（见彩图3-6）。

27. 二乔玉兰 *Magnolia×soulangeana*（Lindl.）Soul. Bod.

落叶小乔木或灌木。高7～9m；叶倒卵形至卵状长椭圆形，花大，呈钟状，内面白色，外面淡紫，有芳香，花萼似花瓣，但长仅达其半，亦有呈小形而绿色者。叶前开花，花期比玉兰稍早。为玉兰与木兰的杂交种。在国内外庭园中普遍栽培。

28. 鹅掌楸（马褂木） *Liriodendron chinense*（Hemsl.）Sarg.（*L. tulipifera* var. *chinense* Hemsl.）

乔木。高40m，胸径1m以上，树冠圆锥状。叶马褂形，长12～15cm，各边1裂，向中腰部缩入，老叶背部有白色乳状突点。花黄绿色；花瓣长3～4cm，花丝短，约0.5cm。聚合果，长7～9cm，翅状小坚果，先端钝或钝尖。花期5～6月；果10月成熟。性喜光及温和湿润气候，有一定的耐寒性，在北京地区小气候良好的条件下可露地过冬。在干旱土地上生长不良，也忌低湿水涝。多用种子繁殖，但发芽率较低，约为10%～20%。暖地可于落叶后秋插，较寒冷地区可行春季扦插，亦可行软材扦插及压条法繁殖。该树不耐移植，故移栽后应加强养护。一般不行修剪。树形端正，叶形奇特，是优美的庭荫树和行道树种。花淡黄绿色，美而不艳，最宜植于园林中的安静休息区的草坪上。秋叶呈黄色，很美丽（见彩图 3-7）。

29. 杜仲 *Eucommia ulmoides* Oliv.

乔木。高达 20m，胸径 1m；树冠圆球形。小枝光滑，无顶芽，具片状髓。翅果狭椭圆形，扁平，长约 3.5cm，顶端 2 裂。枝、叶、果及树皮断裂后有弹性丝相连，为其识别要点。花期在 4 月，开于叶前或与叶同放；9～10 月果熟。喜光，不耐庇荫；喜温暖湿润气候及肥沃、湿润、深厚而排水良好土壤。其繁殖主要用播种法，扦插、压条及分蘖法也可。枝叶茂密，树形整齐，可作庭荫树及行道树，也可作为一般的绿化、造林树种。杜仲的各部分，包括枝、叶、果、树皮及根皮等均可提炼优质胶，即杜仲胶。

30. 英桐（悬铃木、二球悬铃木） *Platanus acerifolia*（Ait）Willd.

乔木。高达 35m，胸径 4m。叶广卵形至三角状广卵形，掌状 3～5 裂，中部裂片的长度与宽度近于相等。果球通常为 2 个一串，偶有单生或 3 个一串者，有由宿存花柱形成的刺毛。花期 4～5 月；9～10 月果成熟。有金斑、银斑、塔型等变种。喜光，喜温暖气候，有一定抗寒力，在北京可露地栽培。能适应各种土壤条件，既耐干旱、瘠薄，又耐水湿。可用播种及扦插法繁殖。叶大荫浓，树冠雄伟，是最好的城市行道树及工厂区绿化树种，也可植于公园作庭荫树及在水边作护岸固堤树种。

31. 西府海棠（海棠花） *Malus spectabilis* Borkh

小乔木。树形峭立，可高达 8m。叶椭圆形至长椭圆形，长 5～8cm，先端短锐尖，基部广楔形至圆形，缘具紧贴细锯齿，背面幼时有柔毛。花在蕾时甚红艳，开放后呈淡粉红色，径 4～5cm，单瓣或重瓣；萼片较萼筒短或等长，三角状卵形，宿存，花梗长 2～3cm。果近球形，黄色，径约 2cm，基部不凹陷，果味苦。花期 4～5 月；果熟期 9 月。喜光，耐寒，耐干旱，忌水湿，在北方干燥地带生长良好。可用播种、压条、分株和嫁接等法繁殖。春天开花，美丽可爱，为我国的著名观赏花木。植于门旁、庭院、亭廊周围，草地、林缘都很合适，也可作盆栽及切花材料（见彩图 3-8）。

32. 水栒子 *Cotoneaster multiflorus* Bunge

落叶灌木。小枝细长拱形，花 6～21 成聚伞花序，果红色（见彩图 3-9）。

33. 山楂 *Crataegus pinnatifida* Bunge

落叶小乔木。高达 6m；叶三角状卵形至菱状卵形，长 5～12cm，羽状 5～9 裂，裂缘有不规则尖锐锯齿，两面沿脉疏生短柔毛，叶柄细，长 2～6cm；托叶大而有齿。花白色，径约 1.8cm，雄蕊 20，伞房花序有长柔毛。果近球形，径约 1.5cm，红色，有白色皮孔。花期 5～6 月；10 月果熟。

34. 李 *Prunus salicina* Lindl.

乔木。高达 12m；小枝无毛，红褐色，有光泽。叶多倒卵状椭圆形，长 6～10cm，先端突渐尖，基部楔形，缘有细钝重锯齿，背面脉腋有簇毛；叶柄长 1～1.5cm，近端处有 2～3 腺体。花白色，径 1.5～2cm，常 3 朵簇生，花梗长 1～1.5cm，无毛，萼筒钟状，无毛，裂片有细齿。果卵球形，径 4～7cm，黄绿色至紫色，无毛，外被蜡粉。花期 3～4 月；果熟期 7 月。喜光，也能耐半阴；耐寒，喜肥沃湿润的黏质壤土。繁殖可用嫁接、分株、播种等法。李树花白而早开，为我国南北久经栽培的果树，也是观赏树。在庭院、宅旁、村旁或风景区栽植都很合适。根、叶、花、树胶可药用。

35. **杏** *Armeniaca vulgaris* Lam.（*Prunus armeniaca* L.）

落叶乔木。高达10m，树冠圆整；小枝红褐色或褐色。花单生，先叶开放，白色至淡粉红色，径约2.5cm，萼鲜绛红色。果球形，径2.5～3cm，黄色而常一边带红晕。表面有细柔毛，核略扁而平滑。花期3～4月；果熟期6月。喜光，耐寒，耐旱，对土壤要求不严。极不耐涝，也不喜空气湿度过高。繁殖用播种、嫁接均可。早春开花，繁茂可观，北方栽植尤多。除在庭院少量种植外，宜群植、林植于山坡、水畔。果供食用，杏仁及杏仁油均可入药。

36. **梅** *Prunus mume* Siedet Zucc.

落叶乔木。高达10m；树干褐紫色，有纵斑驳纹。叶广卵形至卵形，先端渐长尖或尾尖，基部广楔形或近圆形，锯齿细尖，多仅叶背脉上有毛。花1～2朵，具短梗，淡粉或白色，有芳香，在冬季或早春叶前开放；果球形，绿黄色。性好温暖而稍潮湿气候，在阳光充足、通风良好处更宜生长；对土壤要求不严。嫁接繁殖。为我国传统名花之一，最宜植于庭院、草坪、低山、四旁及风景区，孤植、丛植、林植俱美。

37. **桃** *Prunus persica*（L）Batsch.

落叶小乔木。高达8m；小枝红褐色或褐绿色，无毛，芽密被灰色绒毛。叶椭圆状披针形，先端渐尖，基部阔楔形，缘有细锯齿，两面无毛或背面脉腋有毛，花单生，粉红色，近无柄，萼片被毛。果近球形，径5～7cm，表面密被绒毛。花期3～4月，叶前开花；6～9月果熟。喜光，耐旱；喜肥沃而排水良好的土壤，不耐水湿；喜夏季高温，有一定的耐寒力。以嫁接繁殖为主，各地多用切接或盾状芽接。桃花烂漫芳菲，妩媚可爱。既可食用其果实，又可作为观赏树，园林中食用桃可在风景区大片栽种；观赏种则种植于山坡、水畔、墙际、草坪边俱宜。桃为著名果品，枝、叶、根亦可入药。

38. **碧桃** *Prunus persica* f. *duplex* Rehd.

观赏桃花类的重瓣品种的统称。为落叶小乔木。高可达8m，一般整形后控制在3～4m，小枝红褐色，无毛；叶椭圆状披针形，长7～15cm，先端渐尖。花单生或两朵生于叶腋。喜光、耐旱，要求土壤肥沃、排水良好。嫁接繁殖。花色艳丽，为春季不可缺少的观花树木（见彩图3-10）。

39. **红叶桃** *Prunus persica* f. *atropurpurea* Schneid.

叶为紫红色。花红色。

40. **山桃** *Prunus davidiana*（Carr）Franch

落叶小乔木。高达10m；树皮紫褐色而有光泽。小枝细而无毛，多直立或斜伸。花单生，淡粉红色，花萼无毛。果球形，径约3cm，果肉薄而干燥，离核，不堪食。花期3～4月，叶前开放；7月果熟。耐寒，耐旱。用播种法繁殖。在北方多用做梅、杏、李、樱的砧木。花期早，花时美丽可观，并有曲枝、白花、柱形等变异类型。园林中宜成片植于山坡并以苍松翠柏为背景，在庭院、草坪、水际、林缘前零星栽培也很合适。

41. **樱花** *Prunus serrulata* Lindl.

落叶乔木。高10～25m；树皮暗栗褐色，光滑，小枝无毛。花白色或淡粉红色，径4～25cm，无香；萼筒钟状，无毛，萼裂片有细锯齿；3～5朵成簇短总状花序。核果球形，径6～8mm，黑色。花期4月，与叶同放；7月果熟。性喜光，喜深厚肥沃而排水良好的土壤，对烟尘、有害气体及海潮风抵抗力均较弱；有一定耐寒能力，但栽培品种在北京仍需选小气候良好处种植。根系较浅，栽培容易。繁殖多用嫁接法，砧木可用樱桃、桃、杏等实生苗。宜于山坡、庭院、建筑物前及园路旁栽植。

42. **日本晚樱** *Prunus lannesiana* Wils

乔木。小枝较粗壮；叶常倒卵形，呈长尾状，叶缘锯齿具长芒；1～5朵排成伞房花序，小苞片叶状，有总梗，常下垂（见彩图3-11）。

43. **红叶李（紫叶李）** *Prunus cerasifera* Ehrh cv. *Atropurea* Jacq.

叶重锯齿，紫红色，花常单生，花梗长。果球形，暗酒红色。

44. **合欢（绒花树）** *Albizzia julibrissin* Durazz.

乔木。高达16m；枝条开展，常呈伞状。二回羽状复叶，具羽片4～12对，各具小叶10～13对，小叶镰刀形，两面无毛或仅叶缘及背面中脉有毛。头状花序具细长的总柄，排成伞房状，萼片花冠均黄绿色，花丝粉红色，细长如绒缨。荚果扁条形，长9～17cm，花期6～7月；果熟9～10月。喜光，适应性颇强，有一定的耐寒能力，但华北宜选平原或低山的小气候较好处栽植；对土壤要求不严，能耐干旱、瘠薄，但不耐水涝。主要用播种法繁殖。树姿优美，叶形雅致，是美丽的庭园观赏树种。宜作庭荫树、行道树，植于房前、草坪、山坡、林缘都很适宜。树皮及花可入药。

45. **皂荚（皂角）** *Gleditsia sinensis* Lam

落叶乔木。高达15～30m；树冠扁球形，具分枝的圆刺。一回羽状复叶，总状花序腋生；萼、瓣各为4。荚果较肥厚，直而不扭转，长12～30cm，黑褐色，被白粉。花期5～6月；果10月成熟。喜光而稍耐阴，喜温暖湿润气候及肥沃土壤，亦耐寒冷和干旱，对土壤要求不严。用播种法繁殖。皂荚树冠宽广，叶密荫浓，宜作庭荫树及四旁绿化或造林用。果实、种子、枝刺、树皮等均可入药。

46. **刺槐（洋槐）** *Robinia pseudoacacia* L.

落叶乔木。高10～25m；树冠椭圆状倒卵形。枝条具托叶刺，冬芽小。奇数羽状复叶，花蝶形，白色，有芳香，成腋生总状花序。荚果扁平，长4～10cm，种子肾形，黑色。花期在5月；果10～11月成熟。强阳性，喜较干燥而凉爽气候；颇耐寒，耐干旱，耐瘠薄。繁殖可用播种、分蘖、根插等法，而以播种为主。树冠高大，枝叶茂密，可作庭荫树及行道树，尤其适宜作四旁绿化、工矿区绿化及荒山、荒地的绿化先锋树种（见彩图3-12）。

47. **毛刺槐** *Robinia hispida* L

落叶乔木或灌木（在北方），高达2～4m。它的茎、小枝、花梗和叶柄均有红色刺毛，叶片与刺槐相似，奇数羽状复叶互生，广椭圆形，先端钝而有小尖头，小叶7～15个，近圆或长圆形，长2～5cm。蝶形花冠，粉红或紫红色，2朵至7朵成稀疏的总状花序，开花一般不孕，花期5月。毛刺槐的繁殖大多使用刺槐为砧木进行“切接”。是盐碱地区园林绿化的好树种。

48. **香花槐** *Robinia pseudoacacia cv. idaho*

香花槐树皮褐至灰褐色，光滑。株高10～12m。叶互生，有7～19片小叶组成羽状复叶，小叶椭圆形至长圆形，长4～8cm，光滑，鲜绿色。总状花序腋生，下垂状，长8～12cm，花红色，芳香，在北方每年5月和7月开两次花，在南方每年开3～4次华。具花朵大、花形美、花量多、花期长等特点。花不育，无荚果，不结种子。

49. **国槐** *Sophora japonica* L.

落叶乔木。高达25m，胸径1.5m，树冠圆形。花浅黄绿色，圆锥花序。荚果串珠状，肉质，长2～8cm，成熟后不开裂，常悬挂树梢，经冬不落。花期7～8月；果10月成熟。喜光，喜干冷气候，但在高温高湿的华南也能生长；要求深厚而排水良好的土壤。一般采用播种法繁殖。枝叶茂密，树冠广阔而匀称，是良好的庭荫树和行道树，也是优良的蜜源树种。花蕾、果实、根皮、枝叶均可药用（见彩图3-13）。

50. **龙爪槐** *Sophora japonica* var. *pendula Loud*

小枝弯曲下垂，树冠呈伞状。多嫁接而成（见彩图3-14）。

51. **枳（枸橘）** *Poncirus trifoliate* （L） Raf.

小乔木。具枝刺；小枝绿色。羽状3小叶，枝刺粗长而略扁。先花后叶。

52. **臭椿** *Ailanthus altissima* Swingle

落叶乔木。高达30m；树皮较光滑。奇数羽状复叶，小叶先端渐长尖，基部具1～2对臭腺齿，中上部全缘，背面稍有白粉，无毛或沿中脉有毛。花杂性或单性异株，成顶生圆锥花序。翅果长3～5cm，熟时淡褐黄色或淡红褐色。花期4～5月；9～10月果熟。喜光，适应性强；很耐干旱、瘠薄，但不耐水湿，长期积水会烂根致死。喜排水良好的沙壤土。一般用播种繁殖。树干通直高大，树冠开阔。秋季红果满树，是很好的庭荫树及行道树，植于庭园四旁及工矿区都很合适。树皮、根皮、果实均可入药，叶可饲养椿蚕。

53. **红叶臭椿** *Ailanthus altissima* var.

落叶乔木，树干通直高大。奇数羽状复叶互生，树叶卵状披针形。叶色美丽，自春季展叶至7月新梢均为红色，秋季整株树叶色变为红色，季相变化明显，是优良的观叶树种。

54. **香椿** *Toona sinensis* （Ajuss） Roem.

落叶乔木。高达25m；小枝粗壮；偶数（罕奇数）羽状复叶，有香气，小叶先端渐长尖，基部不对称，全缘或具不明显钝锯尖。花白色，有香气，子房、花盘均无毛。蒴果长椭圆形，长15～25cm，5瓣裂，种子一端有膜质长翅。花期5～6月；9～10月果熟。喜光，不耐阴；适生于深厚肥沃、湿润的沙质壤土。华北、华中及华东等地低山、丘陵及平原地区重要用材及四旁绿化树种。其嫩芽、嫩叶可作蔬菜用；根、皮、果可入药。

55. **黄栌** *Cotinus coggygria* Scop.

落叶灌木或小乔木。高达5～8m；树冠圆形。单叶互生，通常倒卵形，先端圆或微凹，全缘。花小而杂性，黄绿色；顶生圆锥花序。果序长5～20cm，有多数不孕花的紫绿色羽毛状细长花梗宿存。核果肾形，径3～4mm。花期4～5月；果熟期6～7月。有毛叶、紫叶、垂枝等数变种。喜光，亦耐半阴；耐寒冷和干旱，也耐瘠薄和碱性土壤，但不耐水湿。以播种为主，压条、根插、分株也可。叶片秋季变红，鲜艳可爱，北京香山的红叶即为本种。在园林中宜丛植于山丘、山坡或草坪，也可混植。木材可供提取黄色染料及作雕刻等用材，枝叶可入药。

56. **美国红栌** *Cotinus coggygria atropurpureus*

落叶灌木或者小乔木，高3～4m。在春、夏、秋三季均呈红色，初春时树体全部为鲜嫩的红色，至盛夏时开始开花，于枝条顶端花序絮状鲜红。秋季叶色为深红色，秋霜过后，叶色更加红艳美丽。耐干旱、贫瘠、盐碱性土壤。种子繁殖，扦插繁殖。

57. **丝棉木（白杜）** *Euonymus bungeanus* Maxim.

落叶小乔木。高达6～8m；树冠圆形或卵圆形。叶对生，卵形至卵状椭圆形，先端急长尖，基部近圆形，缘有细锯齿；花淡绿色，径约7mm，花部4数，3～7朵成聚伞花序。蒴果粉红色，径约1cm，4深裂；种子具橘红色假种皮。花期在5月；8～10月果熟。喜光，也稍耐阴；耐寒；对土壤要求不严；耐干旱，也耐湿；而以肥沃湿润的土壤最好。采用播种、分蘖及硬枝扦插等法繁殖。枝叶秀丽，花果密集，是良好的庭园种植材料。宜植于林缘、路旁、湖岸、溪边，也可栽在城市及工厂作防护林用。

58. **元宝枫（平基槭）** *Acer truncatum* Bunge.

落叶乔木。高达8～10m；树冠伞形或倒广卵形。叶掌状5裂，叶基通常截形，两面无毛；花黄绿色，径约1cm，成顶生伞房花序。翅果扁平，两翅展开约成直角，翅较宽，略长于果核。花期在4月；果10月成熟。弱阳性，耐半阴，喜生于阴坡及山谷；在湿润、肥沃及排水良好的土壤中生长良好。主要用播种法繁殖。树姿优美，嫩叶红色，秋季叶又变成黄色或红色，为著名的秋色叶树种。宜作庭荫树及行道树。

59. **五角枫（色木槭）** *Acer mono* Maxim.

落叶乔木。高可达20m；叶通常掌状5裂，基部常为心形，裂片卵状三角形，全缘，网脉两面明显隆起。花黄绿色，多花成顶生伞房花序。果核扁平，果翅展开成钝角，长约为果核的2倍。花期在4月；果9～10月成熟。弱阳性，稍耐阴；喜温凉湿润气候。采用种子繁殖。秋季叶变红色或黄色。可用作庭荫树及行道树。

60. **七叶树（梭椤树）** *Aesculus chinensis* Bunge

乔木。高达25m；树皮灰褐色，片状剥落。小叶通常7枚，倒卵状长椭圆形，花小，花瓣4，白色，或微带红晕，成直立密集圆锥花序，近无毛。蒴果球形或倒卵形，径3～4cm，黄褐色，无刺，也无尖头，内含种子1～2粒；种子形如板栗，种脐大，占种子一半以上。花期在5月；9～10月果熟。喜光，稍耐阴；喜气候温和，也能耐寒；喜深厚、肥沃、湿润而排水良好的土壤。以播种为主，扦插、芽接、高压也可。树干耸直，树冠开阔，有良好的遮阴效果，是世界著名的观赏树种，最宜作庭荫树及行道树。种子可入药。

61. **栾树** *Koelreuteria paniculata* Laxm.

落叶乔木。高达15m；树冠近圆球形。奇数羽状复叶，花小，金黄色；花序宽而疏散。蒴果三角状卵形，长4～5cm，成熟时红色或红褐色。花期6～7月；果熟期9月。喜光，稍耐半阴；耐寒；耐干旱瘠薄，喜生于石灰质土壤。以播种繁殖为主，分蘖或根插亦可。树形端正，枝叶茂密而秀丽，春季嫩叶多为红色，而入秋叶变黄色，是理想的观赏树木。宜作庭荫树、行道树及风景树，也可用作水土保持及荒山造林树种。

62. **文冠果（文官果）** *Xanthoceras sorbifolia* Bunge

落叶小乔木。小叶9～17；总状花序，花5数，花盘5裂，又有5条角状附属物。雄蕊8。蒴果3瓣裂。花期5月，果熟10月。果大，油料树种。喜光，耐半阴。耐寒。播种繁殖。是美丽的观花树种。

63. **梧桐（青桐）** *Firmiana simplex* (L) W F Wight

乔木。高达15～20m；树冠卵圆形。树干端直，树皮灰绿色，通常不裂。叶掌状3～5中裂，叶柄约与叶片等长。花萼裂片条形，长约1cm，淡黄绿色，开展或反卷，外面密被淡黄色短柔毛。花后心皮分离成5蓇葖果，远在成熟前开裂呈舟形，种子棕黄色，大如豌豆，表面皱缩。花期6～7月；果熟期9～10月。喜光；喜温暖气候，耐寒性不强，在平原、丘陵、山河及山谷生长较好；喜肥沃、湿润而深厚土壤。通常采用播种法繁殖，扦插、分根也可。树干端直，叶大而形美，是良好的庭园观赏树。多在草地、庭院孤植或丛植，也可作行道树栽培。叶、花、根及种子均可入药。

64. **石榴** *Punica granatum* L.

落叶灌木或小乔木。高5～7m；树冠常不整齐。小枝有角棱，无毛，端常成刺状。叶倒卵状长椭圆形，在长枝上对生，花朱红色，径约3cm；花萼钟形，紫红色，质厚。浆果近球形，径6～8cm，古铜黄色或古铜红色，具宿存花萼；种子多数，有肉质外种皮。花期5～6月（7月）；9～10月果熟。喜光；喜温暖气候，有一定耐寒能力；喜肥沃湿润而排水良好的石灰质土壤。可用播种、扦插、压条、分株等法繁殖。既是著名果树又是很好的庭园观赏树，最宜成丛配植。果皮、花、根均可入药（见彩图3-15）。

65. **毛梾木（车梁木）** *Cornus walteri* Wanger

落叶乔木。高达12m。叶对生，卵形至椭圆形，先端渐尖，基部广楔形，伞房状聚伞花序顶生，径5～8cm。花白色，径12cm。核果近球形，径约6mm，熟时黑色。花期5～6月；9～10月果熟。喜光；耐干旱；耐寒；在北京可露地栽培。采用播种繁殖。枝叶茂密，白花可观，宜植于庭园观赏，可栽作行道树。木材坚重，供作车辆等用。种子榨油可供食用。

66. **柿树** *Diospyros kaki* Thunb

落叶乔木。高15m，单叶全缘，椭圆形或倒卵形，近革质。雌雄同株，花4基数，花冠钟状4裂；雄花3朵，雌花4深裂，子房8室，子房上位。浆果黄色，萼片宿存。花期5～6月；果熟期9～10月。喜温又耐旱；阳性，喜光。通常用嫁接繁殖，多用黑枣为砧木。树形优美，叶大深绿，秋叶变红，红橙色果实累累。柿霜、柿蒂均可入药。可在公园作行道树栽植。

67. **白蜡树** *Fraxinus chinensis* Roxb

落叶乔木。高达 15m。复叶；圆锥花序顶生或侧生于当年枝条上，无花瓣，花萼钟状，不规则的分裂。翅果倒披针形，下延在中部。花期 3～5 月；果熟期9～10月。喜光，稍耐阴；喜温暖湿润气候，颇耐寒；喜湿耐涝、耐干旱；对土壤要求不严；抗烟尘及二氧化硫等有害气体。采用播种或扦插繁殖。树形端正，树干通直，枝叶繁茂而鲜绿，秋叶橙黄，是优良的行道树或遮阴树。材质优良；枝叶放养白蜡虫，用于制取白蜡等。

68. **北京丁香** *Syringga pekinensis*

落叶大灌木。叶卵形至卵状披针形，纸质，长 4～10cm，无毛，先端渐尖，基部楔形。大型圆锥花序长 8～15cm，花冠白色，有香气冠筒短几乎与花萼裂片等长，花丝与花冠裂片等长。蒴果近圆形。

69. **暴马丁香** *Syringa reticulata* （Bl） Hara var. *mandshurica* （Maxim） Hara.

灌木。花序着生在侧枝上，花冠筒稍长于萼，花丝是花冠裂片的两倍长。

70. **流苏** *Chionanthus retusus* Linglet Paxt.

灌木或乔木。叶卵形至倒卵状椭圆形；叶端钝或微凹，全缘或有时有小齿；叶柄基部带紫色，花白色；4 裂片狭长，花冠筒极短。花期 4～5 月。喜光；耐寒；抗旱；生长较慢；喜肥厚土壤。采用播种、扦插、嫁接繁殖。种子沙藏 120 天。嫁接用白蜡属的树木为砧木，颇易成活。花密而优美，花形奇特，秀丽可爱；花期可达 20 天左右，是优美的观赏树木。尤以嫩叶可代茶（见彩图 3-16）。

71. **毛泡桐（泡桐）** *Paulownia tomentosa* （Thunb） Stenud.

乔木。树皮褐灰色；叶阔卵形或卵形，花蕾近圆形，密被黄色毛。花萼浅钟形，裂至中部或过中部；花冠漏斗钟形，鲜紫色或蓝紫色，长 5～7cm。蒴果卵圆形。宿萼不反卷。花期 4～5 月；果 8～9 月成熟。强阳性树种，不耐庇荫。对温度适应范围较宽。根系近肉质；怕积水而较耐干旱；不耐盐碱，喜肥。对二氧化硫、氯气、氟化氢气体抗性较强。通常采用埋根、播种、埋干、留根等方法繁殖。生产上多采用埋根法。树干端直，树冠宽大，叶大荫浓，花大而美，宜作行道树、庭荫树、四旁绿化。材质好，用途广；叶花等入药。

72. **梓树** *Catalpa ovata* D. Don.

乔木。高 10～20m。树冠开展，树皮灰褐色，纵裂。叶广卵形或近圆形，圆锥花序顶生，长 10～20cm，花萼绿色或紫色。花冠淡黄色，长约 2cm，内有黄色条纹及紫色斑纹。蒴果细长如筷，长 20～30cm，种子具毛。花期在 5 月；果熟期 9～10 月。喜光，稍耐阴；适生于温带地区，颇耐寒，但在温热气候下生长不良。喜深厚肥沃湿润土壤，不耐干旱瘠薄，能耐盐碱土。对氯气、二氧化硫气体和烟尘的抗性较强。播种繁殖于 11 月采种干藏，翌春 4 月条播，也可用扦插和分蘖繁殖。树冠宽大，可作行道树、遮阴树及村旁、宅旁绿化树种。古人常在房前屋后种植桑树、梓树，“桑梓”意即故乡。

73. **楸树** *Catalpa bungei* C. A. Mey

落叶乔木。高可达 30m。树干耸直，主枝开阔伸展；叶三角状卵形，长 6～16cm，顶端尾尖，全缘，两面无毛，背面脉有紫色腺斑。总状花序伞房状排列，顶生。萼片顶端 2 尖裂；花冠粉红色，长 2～3.5cm，内面有紫红色斑点。蒴果长 25～50cm；种子扁平，具长毛。花期 4～5 月；果熟期 9～10 月。喜光，幼苗耐庇荫；喜温暖湿润气候，不耐严寒；不耐干旱和水湿；喜肥沃土壤。对二氧化硫气体及氯气有抗性；吸滞灰尘、粉尘能力较高。采用播种、分蘖、埋根、嫁接等繁殖方法均可。树姿挺拔，干直荫浓；花紫白相间，艳丽悦目，宜作庭荫树及行道树，与建筑群配植更能显示古朴、苍劲之树势。

二、灌木类

74. **牡丹** *Paeonia suffruticosa* Andr.

落叶灌木。高达 2m；二回三出复叶，花单生枝顶，大型，径 10～30cm，有单瓣和重瓣，花色丰富，有紫、深红、粉红、白、黄、豆绿等色，极为美丽。雄蕊多数，心皮 5 枚，有毛，周围为花盘所包，花期 4 月下旬至 5 月；9 月果熟。喜光，而以在稍阴下生长良好。花期适当遮阴更延长开花时间，使色彩分外鲜艳。较耐寒，喜凉爽，畏炎热；喜深厚肥沃而排水良好的沙质壤土。主要用分株、嫁接和播种三法繁殖。

75. **腊梅** *Chimonanthus praecox*（L.）Link

落叶灌木。暖地半常绿，高达 3m。叶卵状披针形或卵状椭圆形，表面粗糙，背面光滑无毛，半革质。花单生，径约 25cm，花被外轮蜡质黄色，中轮带紫色条纹，具浓香，远在叶前（自初冬至早春）开花。瘦果种子状，为坛状果托所包。喜光，但也略耐阴；较耐寒，在北京小气候条件良好处可露地栽培。较耐干旱，忌水湿。主要是以狗蝇梅实生苗为砧木进行切接或靠接繁殖。花开于寒月早春，为冬季观花佳品，深受群众喜爱。配植于公园、窗前、绿地及庭园之斜坡、水边都很适宜。茎、根可入药。

76. **珍珠梅（华北珍珠梅）** *Sorbaria kirilowii*（Regel）Maxim

落叶丛生灌木。高 2～3m。奇数羽状复叶，花小而白色，蕾时如珍珠，雄蕊 20，与花瓣等长或稍短；顶生圆锥花序，分枝近直立。花期 6～8 月。喜光，能耐阴；耐寒，对土壤要求不严。可用分株及扦插法繁殖。花叶清丽，花期长，又值夏季少花季节，是很好的庭园观赏灌木，并可在背阴处栽植。

77. **白绢梅** *Exochorda racemosa*（Lindl）Rehd

灌木。高达 3～5m。叶椭圆形，或倒卵状椭圆形，花白色，径约 4cm，6～10 朵成总状花序；花萼浅钟状，裂片宽三角形，花瓣倒卵形，基部有短爪；雄蕊 15～20，3～4 枚一束，着生于花盘边缘，并与花瓣对生。蒴果倒卵形。花期 4～5 月；9 月果熟。性强健，喜光，耐半阴；喜肥沃、深厚土壤；耐寒性颇强，在北京可露地越冬。常用播种及嫩枝扦插法繁殖。春日开花，满树雪白，是美丽的观赏树种。宜作基础种植，或于草地边缘、路边丛植。

78. **垂丝海棠** *Malus halliana* (Voss) Koehne.

叶柄及中肋常带紫红色，4～7 朵簇生，花梗细长，下垂，紫色。

79. **玫瑰** *Rosa rugosa* Thunb.

落叶直立丛生灌木。高达 2m；茎枝灰褐色，密生刚毛与倒刺。小叶椭圆形至椭圆状倒卵形，表面亮绿色，多皱，托叶大部附着于叶柄上。花单生或数朵聚生，常为紫色，芳香。盛花期在 5 月，9～10 月果熟。耐寒，耐旱，对土壤要求不严。喜阳光充足、凉爽而通风及排水良好之处。一般以分株、扦插等繁殖方法为主。色艳花香，适应性强，最宜作绿篱、花境、花坛及坡地栽培（见彩图 3-17）。

80. **黄刺玫** *Rosa xanthina* Lindl.

落叶丛生灌木。高 1～3m；小枝褐色，有硬直皮刺，无刺毛。花单生，黄色，重瓣或单瓣，径约 4.5～5cm。果近球形，红褐色，径约 1cm。花期 4 月下旬至 5 月中旬。性强健，喜光，耐寒，耐旱，耐瘠薄。繁殖多用分株、压条及扦插法。春天开金黄色花朵，而且花期较长，为北方园林春景主要花灌木之一。宜于草坪、林缘、路边丛植，也可作绿篱及基础种植（见彩图 3-18）。

81. **榆叶梅** *Prunus triloba* Lindl

落叶灌木。高 3～5m；叶椭圆形至倒卵形，先端尖或有时 3 浅裂，基部阔楔形，缘具粗重锯齿。花 1～2 朵，粉红色，径 2～3cm；萼筒钟状，萼片卵形，有齿。核果球形，径 1～1.5cm，红色。花期在 4 月，先叶或与叶同放；7 月果熟。性喜光，耐寒，耐旱，不耐水涝。繁殖用嫁接或播种法。在园林或庭院中最好以苍松翠柏为背景丛植，或与连翘配植。此外，还可作盆栽、切花或催花材料（见彩图 3-19）。

82. **毛樱桃（山豆子）** *Prunus tomentosa* Thunb.

幼枝密生绒毛；叶表面皱，背面密生绒毛；无梗，萼红色；果小，红色（见彩图 3-20）。

83. **紫荆** *Cercis chinensis* Bunge

乔木。高达 15m，胸径 50cm，但在栽培情况下多呈灌木状。叶近圆形，基部心形，全缘，两面无毛。花紫红色，4～10 朵簇生老枝上。荚果长 5～14cm，沿腹缝线有窄翅。花期在 4 月，先叶开放；10 月果熟。喜光，有一定耐寒性；喜肥沃而排水良好的土壤；不耐涝。繁殖用播种、分株、扦插、压条等法均可，而以播种为主。早春繁花簇生枝间，艳丽可爱。在园林中多植于草坪边缘或建筑物近旁。其花梗及树皮还可药用（见彩图 3-21）。

84. **黄杨** *Bsinica*

常绿灌木或小乔木。小枝及冬芽外鳞均有短柔毛。叶倒卵形至椭圆状倒卵形，叶柄及叶背中脉基部有毛。花期在 4 月；7 月果熟。喜温暖气候，不耐寒；喜疏松肥沃的沙质壤土；耐半阴，畏强阳光。繁殖用扦插、播种等法。枝叶较疏散。在长江流域及其以南地区多植于庭园或盆栽观赏。木材多作雕刻及梳、篦等细木工用材。

85. **火炬树** *Rhus typhina* L.

落叶小乔木。小枝粗壮，密生长绒毛。羽状复叶，小叶 19～23，叶背有白粉。顶生圆锥花序，密生有毛。核果深红色，密生绒毛，密集成火炬形。

86. **大叶黄杨（冬青卫矛）** *Euonymus japonicus*

常绿灌木、小乔木，高5～8m，小枝绿色，稍有四棱形。叶倒卵形或椭圆形，长3～6cm，先端尖或钝，基部楔形，锯齿钝，叶柄短。花绿白色、小。果近球形，熟时四瓣裂，假种皮橘红色。花期6～7月，果熟10月。

87. **木槿** *Hibiscus syriacus* L.

落叶灌木或小乔木，有长短枝，短枝密生绒毛，后脱落，单叶互生，叶菱状卵形，基部楔形，下部全缘，下面脉上稍有毛。花大，单生叶腋。插条极易成活，也可播种繁殖。木槿夏秋开花，花期长，花色、花形变化多，是北方夏秋主要的花灌木。

88. **柽柳** *Tamarix chinensis* Lour.

灌木或小乔木。高达5～7m；树皮红褐色。叶卵状披针形，1～3mm。总状花序集成顶生圆锥花序，通常下垂；花粉红色，苞片条状钻形，萼片、花瓣及雄蕊各为5，花盘10裂（5深5浅），罕为5裂；柱头3，棍棒状。蒴果3裂，长35mm。夏秋开花，10月果熟。喜光，耐烈晒；耐沙荒、盐碱及低湿地，也有一定的耐旱力。可用播种、扦插、分根、压条等法繁殖。既能改造盐碱地及沙荒，又具有保土、固沙等防护功能。园林中可栽作绿篱或林带下木，也可栽于水边或草坪观赏。嫩枝和叶可药用。

89. **紫薇** *Lagerstroemia indica* L.

落叶灌木或小乔木。高可达7m；树冠不整齐，枝干多扭曲。叶对生或近对生，椭圆形至倒卵状椭圆形，先端尖或钝，基部广楔形或圆形，全缘，花鲜淡红色，径3～4cm，花瓣6，萼外光滑，无纵棱；成顶生圆锥花序。蒴果近球形，径约12cm，6瓣裂，基部有宿存花萼。花期6～9月；10～11月果熟。采用分蘖、扦插及播种等法繁殖。树姿优美，树皮光滑洁净，花色艳丽，最宜植于庭院及建筑前，也宜栽于池畔、路边及草坪等处（见彩图3-22）。

90. **四照花** *Dendrobenthamia japonica* (DC.) Fang var. *chinensis* (Osborn) Fang

落叶灌木至小乔木。高可达9m。叶对生，卵状椭圆形或卵形，叶端渐尖，叶基圆形或广楔形，头状花序近球形；花序基有4枚白色花瓣状总苞片，椭圆状卵形，长5～6cm。核果聚为球形的聚合果，成熟后变紫红色。花期5～6月；果9～10月成熟。在北京小气候良好处可露地过冬，并能正常开花，常用分蘖及扦插法繁殖。

91. **雪柳** *Fontanesia fortunei* Carr.

落叶灌木。小枝细长，直立，四棱形。单叶对生，叶柄短；翅果扁平，倒卵形。花期5月～6月；果熟期7月。喜光，稍耐阴；喜肥沃排水良好的土壤；喜温暖，但亦较耐寒。采用播种、扦插繁殖。叶细如柳，白花满树，宛如积雪。可植于庭园观赏或作防风林等。亦是蜜源植物。

92. **紫丁香** *Syringa oblata* Lindl

灌木或小乔木。叶广卵形，单叶对生，全缘，光滑；花紫色；蒴果长圆形；花期在4月；果熟期9～10月，喜光，稍耐阴；耐寒、旱，忌地湿；喜湿润肥沃、排水良好的土壤。采用播种、扦插、嫁接、分株、压条繁殖均可。枝叶茂密，花美而香，广泛栽植于庭园。种子入药，花提制芳香油（见彩图3-23）。

93. **小叶女真** *Ligustrum quihoui* Carr.

落叶或半常绿灌木。高2～3m。叶薄革质，椭圆形至倒卵状长圆形，全缘。圆锥花序，花白色，无梗，花冠裂片与筒部等长。花药超出花冠裂片。核果宽椭圆形，紫黑色。花期7～8月；果熟期10月。采用播种、扦插繁殖。作绿篱植物和庭园观赏及抗多种有毒气体的抗污染树种。

94. **小蜡树** *Ligustrum sinense* Lour

半常绿灌木。小枝密生短柔毛；圆锥花序，花梗细而明显，花冠裂片长于筒部；雄蕊超出花冠裂片。

95. **海州常山** *Clerodendrum trichotomum* Thunb

灌木或小乔木。高8m。枝叶、花序等多少有黄褐色柔毛。叶阔卵形至三角状卵形，伞房状聚伞花序顶生或腋生，长8～18cm；花萼深红色，5裂几达基部。花冠粉红色或白色，筒细长，顶端5裂。花丝与花柱同伸出花冠外。核果近球形，包藏于增大的宿萼内，成熟时呈蓝紫色。花期6～10月；果熟期9～11月。喜光，稍耐阴；有一定耐寒性。花果美丽，是良好的观赏花木，可在庭院栽培。根、茎、叶、花均可入药。

96. **海仙花** *Weigela coraeensis* Thunb.

灌木。叶阔椭圆形或倒卵形，顶端尾状，基部宽楔形，边缘具钝锯齿；花数朵组成聚伞花序，腋生。萼片线状披针形，裂达基部；花冠漏斗状钟形，初时白色，后变深红色。蒴果柱形，种子有翅。花期5～6月；果熟期10月。喜光，稍耐阴；耐旱性不如锦带花；喜湿润、肥沃土壤。采用种子或扦插繁殖。枝叶较粗大，苍翠，雅致花朵点缀其间，别具风味。

97. **猬实** *Kolkwitzia amabilis* Graebn.

落叶灌木。高达3m。干皮薄片状剥落；叶卵形至椭圆形，伞房状聚伞花序生侧枝顶端，花序中小花梗具2花，2花的萼筒下部合生，裂片5。花萼钟状，粉红色至紫色，雄蕊4，2长2短，内藏。果2个合生，有时其中1个不发育，外面有刺刚毛，冠以宿存的萼裂片。花期5～6月；果熟期8～9月。喜充分日照，有一定的耐寒力；喜排水良好的肥沃土壤，也有一定的耐干旱瘠薄能力。采用播种、扦插、分株繁殖均可。花着生茂密，色娇艳，是国内外著名的观花灌木。宜丛植于草坪、角隅、径边、屋侧及假山旁，也可盆栽作切花之用（见彩图3-24）。

98. **金银木** *Lonicera maackii*（Rupr.）Maxim

落叶灌木。枝中空；叶卵状椭圆形至卵状披针形。单叶对生，全缘。花成对腋生，总花梗短于叶柄；苞片线形，花冠唇形；雄蕊5。浆果红色（见彩图3-25）。

99. **接骨木** *Sambucus williamsii* Hance

落叶灌木至小乔木。高达6m。叶对生，奇数羽状复叶，圆锥花序顶生，长达7cm。浆果状核果球形，黑紫色或红色。核2～3粒。花期4～5月，果6～7月成熟。性强健，喜光；耐寒；耐旱。通常用扦插、分株、播种繁殖。

100. **天目琼花（鸡树条荚蒾）** *Viburnum sargentii* Koehne

灌木。高约3m。叶广卵形至卵圆形，掌状三出脉，聚伞花序复伞形，径8～

12cm，有白色大型不孕边花。花冠白色，辐射状，花药紫色。核果近球形，红色。花期5～6月；果熟期8～9月。喜光又耐阴；耐寒，多生于夏凉湿润多雾的灌木丛中；对土壤要求不严，微酸性及中性土都能生长。多用播种繁殖。其姿态优美，气味清香，叶绿，花白，果红，是春季观花、秋季观果的优良树种，植于草地、林缘均适宜。因其耐阴，是植于建筑物北面的好树种。嫩枝、叶、果供药用。

三、丛木类

101. **紫叶小檗** *Berberis thunbergii* cv. *atropurpurea*

为小檗的栽培变种，是20世纪20年代在欧洲培育出来的优良种类。落叶灌木。枝丛生，幼枝紫红色或暗红色，老枝灰棕色或紫褐色。叶小全缘，菱形或倒卵形，紫红到鲜红，叶背色稍淡。4月开花，花黄色。略有香味。果期9～11月，果实椭圆形，鲜红色。挂果期长，落叶后仍可缀满枝头。播种繁殖。

102. **贴梗海棠** *Chaenomeles speciosa* （Sweet）Nakai

落叶灌木。高达2m；枝开展，有刺。叶卵形至椭圆形，托叶大。花3～5朵簇生二年生老枝上，朱红、粉红或白色，萼筒钟状，无毛，萼片直立，花梗粗短或近于无梗。果卵形至球形，径4～6cm，黄色或黄绿色，芳香。花期3～4月，叶前开放；果熟期9～10月。喜光，有一定耐寒力，北方小气候良好处可露地越冬；对土壤要求不严，但喜排水良好的肥厚壤土，不宜在低洼积水处栽植。主要采用分株、扦插和压条法繁殖。早春叶前开花，簇生枝间，秋天又有黄色、芳香的果食，是一种很好的观花、观果灌木。宜于草坪、庭院或花坛内丛植或孤植，又可作为绿篱及基础种植材料(见彩图3-26)。

103. **太平花** *Philadelphus pekinensis*

丛生灌木。高达2m，小枝光滑无毛，常带紫褐色。叶卵状椭圆形，花5～9朵或成总状花序，花乳白色，径2～3cm，微有香气，萼外面无毛，内面沿边有短毛。蒴果陀螺形。花期在6月；8～9月果熟。喜光，耐寒；多生于肥沃湿润的山区或溪沟两侧排水良好处，也能生长在向阳的干瘠土地上，不耐积水。可用播种、分蘖、压条、扦插等法繁殖。花乳白而清香，多朵聚集，颇为美丽。宜丛植于草地、林缘、园路转角和建筑物前，也可作为自然式花篱或大型花坛的中心栽植材料。

104. **多花蔷薇（野蔷薇）** *Rosa multiflora* Thunb

落叶灌木。枝长，托叶下有刺。花多朵成密集圆锥状伞房花序，白色或略带粉晕，芳香，径约2cm，萼片有毛，花后反折。果近球形，径约0.6cm，褐红色。花期5～6月；果熟期10～11月。性强健，喜光，耐寒，对土壤要求不严，在黏重土中也可正常生长。繁殖用播种、扦插、分根均易成活。在园林中最宜植为花篱，坡地丛栽也颇有野趣。

105. **月季** *Rosa chinensis* Jacq

常绿。花较大，植株较矮，枝纤弱，花梗细而常下垂，花色多，品种多(见彩图3-27)。

106. **棣棠** *Kerria japonica* (I) DC.

落叶丛生无刺灌木。高 1.5～2m；小枝绿色，光滑，有棱。叶卵形至卵状椭圆形，花金黄色，径 3～4.5cm，单生于侧枝顶端。瘦果褐黑色，生于盘状花托上，萼片宿存。花期 4 月下旬至 5 月底。性喜温暖、半阴而略湿之地。繁殖多用分株法，于晚秋或早春进行。花、叶、枝俱美，丛植于篱边、墙际、水畔、坡地、林缘及草坪边缘，或栽作花径、花篱，或与假山配植，都很合适（见彩图 3-28）。

107. **鸡麻** *Phodotypas scandens* (Thunb.) Mak.

落叶灌木。高 2～3m；枝开展。叶卵形至卵状椭圆形，花纯白色，径 3～5cm，单生新枝顶端。核果 4，倒卵形，长约 8mm，亮黑色。花期 4～5 月。繁殖多用分株法。一般栽培于庭园观赏。果及根可药用，治血虚肾亏。

108. **郁李** *Prunus japonica* Thunb.

枝细密，冬芽 3 枚并生；叶卵形，先端常尾状，基部圆形；果球形，红色。

109. **红瑞木** *Cornus alba* L.

落叶灌木。高达 3m。枝血红色，叶对生，卵形或椭圆形，花小，黄白色，成顶生伞房状聚伞花序。核果斜卵圆形，成熟时白色或稍带蓝紫色。花期 5～6 月，果熟期 8～9 月。性强健，喜光；耐寒性强；喜较湿润土壤。可用播种、扦插、分株及分蘖等法繁殖。茎枝终年鲜红色，秋叶也为鲜红色，并有银边、黄边等变种。最宜丛植于庭园草坪、建筑物前或常绿树间，可栽作自然式绿篱。此外，其根系发达，又耐潮湿，植于河边、湖畔、堤岸上，可收护岸固土之效。种子可供工业用及食用。

110. **连翘** *Forsythia suspense* (Thunb) Vahl

落叶灌木。干丛生直立。枝开展，拱形下垂；小枝髓中空；花先叶开放，花黄色。蒴果卵圆形，表有散生疣点。花期 4～5 月；果熟期 6 月。喜光，有一定耐阴性；耐旱和寒，怕涝；抗病虫害能力强。采用扦插、压条、分株、播种繁殖，以扦插为主。早春先叶开放，满枝金黄。生长于阳坡、森林公园等地。种子可入药。

111. **金钟花（狭叶连翘）** *Forsythia viridissima* Lindl.

落叶灌木。小枝黄绿色，呈四棱形，髓薄片状。单叶对生，叶中部以上有锯齿。花先叶开放，1～3 朵腋生。花期 4～5 月。喜光，有一定耐阴性；耐旱、耐寒，怕涝；抗病虫害能力强（见彩图 3-29）。

112. **迎春** *Jasminum nudiflorum* Lindl.

落叶灌木。枝细长，拱形，绿色，有 4 棱；叶对生，小叶 3；花黄色。花期 3～4 月。是良好的早春观花树种。

113. **紫珠** *Callicarpa japonica* Thunb.

灌木。叶长 7～15cm，叶缘自基部起具细锯齿；叶柄长 5～10mm，总花梗短于叶柄或与其等长。花药顶孔开裂。花冠白或淡紫，果球形紫色。花期 5～6 月，果期 7～11 月。是美丽的观果树种。

114. **锦带花** *Weigela florida* (Bunge) A DC.

灌木。高达 3m。枝条开展，叶椭圆形或卵状椭圆形，花 1～4 朵成聚伞花序；萼片5裂，披针形，下半部连合。花冠漏斗状钟形，玫瑰红色，裂片5。蒴果柱形；种子无翅。花期4～6月；果熟期10月。喜光；耐寒；对土壤要求不严，能耐瘠薄土壤，但以在深厚、湿润而腐殖质丰富的壤土中生长最好；怕水涝。对氯化氢气体抗性较强。萌芽、萌蘖力强，生长迅速。常用扦插、分株、压条法繁殖；枝叶繁茂，花色艳丽，花期长达两个月之久，是华北地区春至夏季间主要观花灌木。适于庭园角隅与花丛配植，也可在假山等处点缀。

115. **糯米条** *Abelia chinensis* R. Br.

灌木。花多数密集成圆锥状聚伞花序；花冠漏斗状，裂片5。白至粉红色，雄蕊4，伸出花冠。花期7～9月。在秋季少花季节倍感动人。播种或扦插繁殖。

四、藤木类

116. **木香** *Rosa banksiae* Ait

常绿攀缘灌木。托叶离生或近离生，几无刺。多花伞形花序，白色浓香。花期5月（见彩图3-30）。

117. **紫藤** *Wisteria sinensis* Sweet

大型木质藤本。小叶7～13，常为9，卵形至卵状披针形，花大，堇紫色或淡紫色，芳香，集为下垂的总状花序，长15～30cm。荚果长10～20cm，密生银灰色有光泽的绒毛。花期4～5月间，先叶开放；果9～10月成熟。喜光，略耐阴；较耐寒，喜深厚、肥沃而排水良好的土壤；有一定的耐干旱、瘠薄和水湿的能力。采用播种、分株、压条、扦插、嫁接等繁殖方法均可。树叶茂密，是优良的棚架、门廊、枯树及山石绿化材料。制成盆栽可供室内装饰。茎皮及花供药用。

118. **扶芳藤** *Euonymus fortunei*（Turcz）Hand

常绿藤本。茎匍匐或攀缘；枝密生小瘤状突起，生出不定根。种子外包橘红色假种皮。扦插繁殖极易成活。叶色亮绿，入秋变红，是极美的辅地和垂直绿化材料。

119. **南蛇藤** *Celastrus orbiculatus* Thunb

落叶藤本。叶近圆形，或椭圆状倒卵形，短总状花序腋生，或偶在顶部与叶对生。蒴果球形，鲜黄色，径约8mm，种子白色，外包红色假种皮。花期在5月；9～10月果熟。性强健，喜光，也耐半阴；耐寒冷；在土壤疏松、肥沃及气候较湿润处生长良好。常用播种法繁殖，扦插、压条也可。秋叶红色，果实开裂后露出鲜红色假种皮也颇美观。宜植于湖畔、溪边、坡地等处。此外，果枝可作插瓶材料。根、茎、叶、果可入药。

120. **葡萄** *Vitis vinifera* L.

落叶木质藤本。长达30m；叶近圆形，基部心形，缘具粗齿；花小，黄绿色，圆锥花序大而长。浆果椭球形或圆球形，有白粉。花期5～6月；果熟期8～9月。喜光，喜干燥及夏季高温的大陆性气候；冬季需要一定低温，但严寒时必须埋土防寒；耐干旱。一般用扦插、压条、嫁接等方法繁殖。为重要的温带果树，品种繁多。果除生食外，可酿酒、制葡萄干；叶、根可入药。除专业果园栽培外，也常用于庭园绿化。

121. **爬山虎（地锦）** *Parthenocissus tricuspidata*（Siebet Zucc）Planch

落叶藤本。叶广卵形，通常3裂，基部心形；聚伞花序通常生于短枝顶端两叶之间。浆果球形，径6～8mm，熟时蓝黑色，有白粉。花期6月前后；果熟期10月。喜阴，耐寒，对土壤及气候适应性很强，生长快。一般用短枝或嫩枝扦插繁殖，播种、压条也可。为一种优美的攀缘植物，能借吸盘爬上墙壁或山石，常用作垂直绿化建筑物及假山、老树干等。

122. **五叶地锦（美国地锦）** *Parthenocissus quinquefolia* Planch.

落叶藤本。幼枝带紫红色，卷须与叶对生，5～12分枝，顶端吸盘大。掌状复叶，具长柄，小叶5。质较厚，叶缘具大齿。聚伞花序成圆锥状。浆果近球形，成熟时蓝黑色，稍带白粉。花期7～8月；果熟期9～10月。

123. **洋常春藤** *Hedera helix* L.

常绿藤本。幼枝上有星状柔毛；叶常较大；3～5裂。果球形。

124. **凌霄（紫葳）** *Campsis grandiflora*（Thunb.）Loisel.

藤本。长达10m。树皮灰褐色，小枝紫褐色；叶卵形至卵状披针形，顶生聚伞状圆锥花序。花萼5裂至中部；花冠唇状漏斗形，鲜红色或橘红色。蒴果长如荚，顶端钝。花期6～8月；果熟期10月。喜光而稍耐阴，幼苗宜稍庇荫。喜温暖湿润，耐寒性较差。耐旱忌积水。喜微酸性、中性土壤。萌蘖力强，萌芽力也强。播种、扦插、埋根、压条、分蘖均可。通常以扦插埋根育苗。其干枝虬曲多姿，翠叶团团如盖，花大色艳，为庭园中棚架、花门的良好绿化材料；用以攀缘墙垣，点缀假山石，是理想的城市垂直绿化材料。可药用。

125. **金银花** *Lonicera japonica* Thunb.

半常绿缠绕藤本。长可达9m。枝细长中空，叶卵形或椭圆状卵形，花成对腋生，苞片叶状；萼筒无毛，花冠二唇形，上唇4裂而直立，下唇反转；花冠筒与裂片等长，初开为白色略带紫晕，后转黄色，芳香。浆果球形，离生，黑色。花期5～7月；果熟期8～10月。喜光也耐阴；耐寒；耐旱及水温。对土壤要求不严，酸碱土均能生长。性强健，适应性强。根系发达，萌蘖力强，茎着地即能生根。播种、扦插、压条、分株均可。植株轻盈，藤蔓缭绕，冬叶微红，花先白后黄，富含清香，是色香皆俱的藤本植物。可缠绕篱垣、花架、走廊等作垂直绿化，也可作庭院和屋顶绿化树种。花蕾、茎枝入药；是优良的蜜源植物。

五、匍地类

126. **偃柏** *Sabina chinensis*（L.）Ant. var. *sargentii*（Henry）Cheng et. L. K. Fu

匍匐灌木。小枝上伸成密丛状。种子3粒；果蓝色，略带白粉。

127. **沙地柏** *Sabina vulgaris* Ant.

匍匐灌木。高不及1m。叶两型：刺叶生于幼树上；鳞叶常生于壮龄植株或老树上。球果生于弯曲的小枝顶端，倒三角状卵形。花期4～5月，果熟期9～10月。极耐干旱，生于石山坡及沙地和林下。耐寒，生长势旺。采用扦插繁殖。可作园林绿化中的护坡、地被及固沙树种。也可整型或作绿篱。

128. **铺地柏** *Sabina procumbens*（Endl.）Iwata et Kusaka

匍匐小灌木。高达75cm，树冠幅逾2m，贴近地面伏生。叶全为刺叶，球果球形，内含种子2～3。阳性树，能在干燥的沙地上生长良好，喜石灰质的肥沃土壤，忌低湿地。采用扦插法易繁殖。在园林中可配植于岩石园或草坪角隅，又为缓土坡的良好地被植物，各地亦经常盆栽观赏。

129. **平枝栒子（铺地蜈蚣）** *Cotoneaster horizontalis* Decne

落叶或半常绿匍匐灌木。枝水平张开成整齐二列，宛如蜈蚣。叶近圆形至倒卵形，花1～2朵，粉红色，径5～7cm，近无梗；花瓣直立，倒卵形。果近球形，4～6mm，鲜红色，常有3小核。5～6月开花；9～10月果熟。采用种子繁殖。最宜作基础种植材料。（见彩图3-31）。

六、竹木类

130. **佛肚竹** *Bambusa ventricosa* Mc Clure

乔木型或灌木型。高与粗因栽培条件而有变化。秆有两种，正常秆高，节间长，圆筒形；畸形秆矮而粗，节间短，下部节间膨大呈瓶状。箨鞘无毛，初时深绿色，老时变成橘红色。箨耳发达，圆形或倒卵形至镰刀形。箨舌极短。箨叶卵状披针形，于秆基部直立，上部的稍外反，脱落性。每小枝具叶7～13枚，叶卵状披针形至长圆状披针形，长12～21cm，背面有柔毛。

131. **黄槽竹** *Phyllostachys aureosulcata* Mc Clure

秆高3～6m，径2～4cm。新秆有白粉，秆绿色，分枝一侧纵槽呈黄色。箨鞘质地较薄，背部无毛，通常无斑点，上部纵脉明显隆起。箨耳镰形，缘有紫褐色长毛，与箨叶明显相连。箨舌宽短，弧形，边缘缘毛较短。箨叶长三角状披针形，初皱折而后平直，叶片披针形，长7～15cm。笋期4～5月。适应性较强，能耐－20℃低温。在干旱瘠薄地，植株呈低矮灌木状。常植于庭院观赏。

132. **紫竹** *Phyllostachys nigra*（Lodd.）Munro.

秆高3～10m，径2～4cm。新秆有细毛茸，绿色，老秆变为棕紫色以至紫黑色。箨鞘淡玫瑰紫色，背面密生毛，无斑点。箨耳镰形，紫色。箨舌长而隆起。箨叶三角状披针形，绿色至淡紫色。叶片2～3枚生于小枝顶端，叶鞘初被粗毛，叶片披针形，长4～10cm，质地较薄。笋期4～5月。耐寒性较强，能耐－18℃低温。在北京可露地栽植。秆紫黑，叶翠绿，颇具特色，常植于庭园观赏。秆可制小型家具；细秆可作手杖、笛、箫、烟杆、伞柄及工艺品等。

133. **刚竹** *Phyllostachys viridis*（Young）Mc Clure.

秆高10～15m，径4～9cm。挺直，淡绿色，分枝以下的秆环不明显。新秆无毛，微被白粉；老秆仅节下有白粉环，秆表面在放大镜下可见白色晶状小点。箨鞘无毛，乳黄色或淡绿色底上有深绿色纵脉及棕褐色斑纹，无箨耳。箨舌近截平或微弧形，有细纤毛。箨叶狭长三角形至带状，下垂，多少波折。每小枝有2～6叶，有发达的叶耳与硬毛，老时可脱落。叶片披针形，长6～16cm。笋期5～7月。抗性强，能耐

－18℃低温；微耐盐碱，在 pH 8.5 左右的碱土和含盐 0.1％盐土中也能生长。观赏特性同毛竹。材质坚硬，韧性较差，可供小型建筑及农具柄材使用。笋可食。

134. **旱园竹** *Phyllostachys propinqua* Mc Clure

秆高 8～10m，胸径 5cm 以下。新秆绿色具白粉，老秆淡绿色，节下有白粉圈，箨环与秆环均略隆起。箨鞘淡紫褐色或深黄褐色，被白粉，有紫色斑点及不明显的条纹，上部边缘有枯焦。无箨耳，箨舌淡褐色，弧形。箨叶带状披针形，紫褐色，平直反曲。小枝具叶 2～3 片，带状披针形，长 7～16cm，宽 1～2cm，背面基部有毛。叶舌弧形隆起。笋期 4～6 月。抗寒性强，耐短期的－20℃低温。适应性强，在轻碱地、沙土及低洼地中均能生长。秆高叶茂，生长强壮，是华北园林中栽培观赏的主要竹种。秆质坚韧，为柄材、棚架、编织竹器等优良材料。笋味鲜美，可食用（见彩图 3-32）。

135. **罗汉竹** *Phyllostachys aurea* Carr. ex A. et C. Riviere

秆高 5～12m，径 2～5cm。中部或以下数节节间作不规则的短缩或畸性肿胀或其节环交互歪斜，或节间近于正常而于节下有长约 1cm 一段明显膨大。老秆黄绿色或灰绿色，节下有白粉环。箨鞘无毛，紫色或淡玫瑰色上有黑褐色斑点，上部两侧边缘常有枯焦现象，基部有一圈细毛环。无箨耳；箨舌极短，截平或微凸，边缘具长纤毛；箨叶狭长三角形，皱曲。叶狭长披针形，长 6.5～13cm。笋期 4～5 月。耐寒性较强，能耐－20℃低温。常植于庭园观赏，与佛肚竹、方竹等秆形奇特的竹种配植在一起，增添景趣。秆可作钓鱼竿、手杖及小型工艺品。笋味甘而鲜美，供食用。

七、室内绿化装饰类

136. **苏铁（铁树）** *Cycas revoluta* Thunb.

常绿棕榈状木本植物。茎高达 5m。叶羽状，长达 0.5～2.4m，厚革质而坚硬。雌雄异株，花期 6～8 月；种子卵形而微扁，长 2～4cm，10 月熟时红色。喜暖热湿润气候，不耐寒，在温度低于 0℃时极易受害。寿命可达 200 余年。可用播种、分蘖、埋插等法繁殖。苏铁树体形优美，有反映热带风光的观赏效果，常植于花坛中心或盆栽布置于大型会场内供装饰用。

137. **南洋杉** *Araucaria cunninghamii* Sweet

大乔木。高 60～70m，胸径 1m 以上。主枝轮生，平展，侧枝亦平展或稍下垂。叶两型，生于侧枝及幼枝者多为针形，质软，开展，排列疏松，生于老枝者则密聚，卵形或三角状钻形。雌雄异株。性喜空气湿润的暖热气候，不耐干燥和寒冷。播种繁殖，播前先破伤种皮，也可扦插繁殖。南洋杉树形高大，姿态优美，与雪松、日本金松、金钱松、巨杉（世界爷）等合称为世界五大公园树。宜作行道树、园景树或纪念树用，是北方优美的盆栽树种。

138. **罗汉松** *Podocarpus macrophllus*（Thunb.）D. Don

常绿乔木。高达 20m，胸径达 60cm；树冠广卵形；叶条状披针形，雄球花 3～5

簇生叶腋，圆柱形，3～5cm；雌球花单生于叶腋。种子卵形，长约1cm，未熟时绿色，熟时紫色，外被白粉，着生于膨大的种托上；种托肉质，椭圆形，初时为深红色，后变紫色，略有甜味，可食，有柄。子叶2，发芽时出土。花期4月～5月；种子8月～11月成熟。较耐阴，为半阴性树；喜排水良好而湿润的沙质壤土，在华北只能盆栽，培养土可用沙和腐质土等量配合。可用播种扦插法繁殖。树形优美，绿色的种子下有比其大10倍的红色种托，好似许多披着红色袈裟正在打坐参禅的罗汉，故得名。满树上紫红点点，颇富奇趣。宜孤植作庭荫树，或对植、散植于厅、堂之前。矮化的及斑叶的品种是作桩景、盆景的极好材料。

139. **榕树** *Ficus microcarpa* L. f.

常绿乔木。枝具下垂须状气生根。叶椭圆形至倒卵形，长4～10cm，先端钝尖，基部楔形，全缘或浅波状，羽状脉，侧脉5～6对，革质，无毛。隐花果腋生，近扁球形，径约8mm。广州花期5月；果7～9月成熟。喜暖热多雨气候及酸性土壤。生长快，寿命长。用播种或扦插法繁殖均容易，大枝扦插也易成活。本种树冠庞大，枝叶茂密，是华南地区常见的行道树及遮阴树。木材轻软，纹理不匀，易腐朽，供薪炭等用；叶和气根可入药。

140. **含笑** *Michelia figo*（Lour.）Spreng.（M. fuscata Blume）

灌木或小乔木，高2～5m。叶革质，倒卵状椭圆形；叶柄极短。花直立，淡黄色而瓣缘常晕紫，香味似香蕉味，花径2～3cm。果卵圆形，先端呈鸟嘴状，外有疣点。花期3～4月。喜弱阴，不耐暴晒和干燥，否则叶易变黄，喜暖热多湿气候及酸性土壤，不耐石灰质土壤。有一定耐寒力，在13℃左右之低温下虽然会掉落叶子，但却不会冻死。可用播种、分株、压条和扦插法繁殖。本种亦为著名芳香花木，适于在小游园、花园、公园或街道上成丛种植，可配植于草坪边缘或稀疏林丛之下。使游人在休息之中常得到芳香气味的享受。

141. **海桐** *Ptobira*（Thunb）Ait.

常绿灌木。高2～6m，树冠圆球形。叶革质有光泽，倒卵状椭圆形。顶生伞房花序，花白色或淡黄绿色，径约1cm，芳香。蒴果卵形，长1～1.5cm，有棱角，熟时3瓣裂，种子鲜红色。花期在3月，10月果熟。喜光，略耐阴；喜温暖湿润气候及肥沃湿润土壤，耐寒性不强。可用播种法繁殖，扦插也易成活。枝叶茂密，叶色浓绿而有光泽，是南方庭园常见的绿化观赏树。通常用作房屋基础种植及绿篱材料，孤植或丛植于草地边缘或林缘也很合适。

142. **九里香** *Murraya paniculata*（L.）Jack.（M. exotica L.）

灌木或小乔木。高3～8m；奇数羽状复叶；聚伞花序短，腋生或顶生，花大而少，白色，极芳香，长1.2～1.5cm，径达4cm；萼极小，5片，宿存；花瓣5，有透明腺点。果肉质，红色，长8～12mm，内含种子1～2粒。花期秋季。性喜暖热气候，喜光亦较耐阴、耐旱。可用种子及扦插法繁殖。园林中可植为植篱或盆栽欣赏其芳香。材质坚硬细致可供雕刻。全株均可入药，有活血散淤，消肿止痛、止疮痒、杀疥之效。

143. **鹅掌柴（鸭脚木）** *Schefflera octophylla*（Lour）Harms

常绿乔木或灌木。掌状复叶革质，长卵圆形或椭圆形，花白色，有芳香，排成伞形花序又复结成顶生长 25cm 的大圆锥花丛；萼 5～6 裂；花瓣 5 枚，肉质，长 2～3mm；花柱极短。果球形，径 3～4cm。花期在冬季。喜暖热湿润气候，为华南常见植物。生长快，采用种子繁殖。植株紧密，树冠整齐优美可供观赏用，或作园林中的掩蔽树种用。材质轻软致密，统理直，可供火柴工业及一些手工业作原料。根皮可泡酒，性温，有祛风之效，又可外敷治跌打损伤用。

144. **杜鹃** *Rhododendron simsii* Planch

落叶灌木。高可达 3m；叶纸质，卵状椭圆形或椭圆状披针形，花 2～6 朵簇生枝端，红色有紫斑，雄蕊 10，花药紫色，萼片小而有毛，子房及蒴果均密被粗糙毛。花期 4～6 月；果 10 月成熟。喜酸性土，忌碱性和黏质土壤；喜凉爽温湿气候，忌烈日暴晒；幼耐阴。播种、扦插、压条、嫁接及分株繁殖均可。杜鹃是我国的传统名花，最宜成丛配植于林下、溪旁、池畔、岩边、缓坡、陡壁形成自然美，又宜在庭院或与园林建筑相配植，也可盆栽。

145. **桂花** *Osmanthus fragrans*（Thun）Lour

常绿灌木至小乔木。树皮灰色，不裂。芽叠生；叶长椭圆形，长 5～12cm，全缘或上半部有细锯齿。花簇生叶腋或聚伞状；花小，黄白色，浓香。核果椭圆形，紫黑色。花期 9～10 月；翌年果熟。喜光，稍耐阴；喜温暖和通风良好的环境，不耐寒；喜温暖排水良好的沙壤土，忌涝。多用嫁接繁殖，压条、扦插也可。嫁接可用小叶女贞等作砧木。四季常绿，8 月桂花开，香飘数里。在园林中栽于庭院道路两侧或假山旁。花可作香料，亦可入药。

146. **夹竹桃** *Nerium indicum* Mill

常绿直立大灌木。高达 5m。叶 3～4 枚轮生，枝条下部对生。花序顶生，红色，单瓣 5 枚，冠筒喉部具 5 片撕裂状的副花冠，有时重瓣 15～18 枚，组成 3 轮。果细长。花期 6～9 月；果熟期 10 月。喜光；喜温暖湿润气候，不耐寒；耐旱力强；抗烟尘及有毒气体能力强；对土壤适应性强。以压条法繁殖为主，也可用扦插法，水插尤易生根。姿态潇洒，花色艳丽，有香气，是城市绿化的好树种，常植于公园、庭院、街头、绿地等处。为工矿区抗污染树种。可入药。

147. **栀子** *Gardenina jasminoides* Ellis

常绿灌木。高 1～3m。叶长椭圆形，革质而有光泽。花单生枝端或叶腋；花萼 5～7 裂，裂片线形。花冠高脚碟状，端常 6 裂，白色，浓香，花丝短，花药线形。果卵形，具 6 纵棱，顶端有宿存萼片。花期 6～8 月；果熟期 10 月。

148. **棕竹** *Rhapis humilis* Bl.

从生灌木。茎高 1～3m。叶掌状深裂，肉穗花序较长且分枝多。花单性，雌雄异株，花淡黄色。果球形，直径约 7mm，单生或成对着生于宿存的花冠管上，且花冠管成一实心的柱状体。种子 1 粒，球形，直径约 45mm。花期 4～5 月。

149. **棕榈** *Trachycarpus fortunei*（Hook. f.）H. Wendl.

常绿乔木。树干圆柱形，叶簇生于顶，叶片近圆形，径 50～70cm，掌状裂深达中下部；雌雄异株，圆锥状肉穗花序腋生，花小而黄色。核果肾状球形，径约 1cm，蓝黑色，被白粉。花期 4～5 月；果熟期 10～11 月。

150. **蒲葵** *Livistona chinensis*（Qaxq）R. Br.

乔木。高达 10～20m。叶掌状分裂，分裂至中上部，叶柄两侧有较大的钩状齿。

151. **鱼尾葵** *Caryota ochlandra* Hance

乔木。高达 20m。叶羽状 2 回分裂，树干单生花序 3m，果粉红色。

152. **散尾葵** *Chrysalidocarpus lutescens* H. Wendl

丛生灌木。高 7～8m。干无刺，叶长 1m，羽状全裂。

153. **朱蕉** *Cordyline fruticosa*（L.）A. Cheval.

灌木。高达 3m。茎较高，呈棕榈状。叶常聚生于枝顶；茎通常不分枝。花被 6，雄蕊 6，子房 3 室。果为浆果。

第二节 草本花卉

一、一、二年生花卉

1. **万寿菊** *Tagetes erecta*

株高 60～100cm，茎粗壮、直立、光滑，全株有异味。叶对生或互生，羽状全裂，裂片披针形，边缘有锯齿，叶缘背面有油腺点。头状花序顶生，花期 6 月至霜降。繁殖以播种为主。幼苗期生长迅速，应及时间苗。对肥水要求不严，在土壤过分干燥时适当浇水。植株耐肥，肥多花大，花期长。

2. **石竹** *Dianthus chinensis*

株高 20～40cm，茎簇生，直立。叶对生，线状披针形，基部抱茎。花顶生枝端，花瓣 5 枚，花瓣边缘具明显的浅齿裂，单瓣或重瓣。花萼圆筒形。蒴果矩圆形。果熟期 6 月。以播种繁殖为主，也可扦插和分株繁殖。定植株距 30～40cm，栽前施足基肥。蒴果随熟随采。

3. **蜀葵** *Althaea rosea*

茎直立，少分枝，茎高可达 2～3m，全株被柔毛。单叶互生，粗糙多皱，叶片近圆形，叶柄粗壮。花茎 8～12cm，生于叶腋，聚成顶生总状花序。花萼 5 裂，绿色；花瓣 5 枚，边缘波状。花期 5～6 月。以播种繁殖为主，还可分株繁殖。幼苗生长期注意施肥、除草、松土，开花期应适当浇水，追施磷、钾肥。

4. **五色草** *Alternanthera bettzickiana*

茎直立斜生，多分枝，节膨大。单叶对生，叶小，椭圆状披针形，叶炳极短。花腋生或顶生，花小，白色。胞果，常不发育。扦插繁殖。生长期要常修剪，抑制生长，天旱及时浇水，每隔半月向叶施 2%氮肥一次。

5. **百日草** *Zinnia elegans*

株高 40～90cm，全株被短毛。单叶对生，叶片卵形至长椭圆形，叶面粗糙，无叶柄，叶基部抱茎。头状花序单生枝顶。外围舌状花一至多轮。花期6～9月。播种繁殖为主，也可扦插。株高10cm左右摘心，生长期注意除草松土，加强肥水管理，应于苗小时带土定植（见彩图3-33）。

6. **藿香蓟** *Ageratum conyzoides*

株高50cm，多分枝，全株被毛。叶对生，叶片卵形或近圆形。基部圆钝，叶缘有钝锯齿。头状花序，聚伞状着生枝顶。花期7～9月。播种或扦插繁殖。播种苗生长迅速，应及时间苗。生长期追施磷、钾为主的液肥。

7. **矢车菊** *Centaurea cyanus*

株高60～80cm，全株被白绵毛。叶互生，基生叶大，羽裂或深齿，裂片线形；茎生叶披针状或线形，全缘或有梳锯齿。头状花序单生枝顶，有长柄，花冠偏漏斗形。花期4～5月。播种繁殖。移植需带土，北方宜于9月下旬播种。园地防止积水，以免烂根。早春加强肥水管理。

8. **羽衣甘蓝** *Brassica oleracea* var. *acephalea* f. *tricolor*

株高30～40cm抽薹开花时连花序可高达2m。叶矩圆倒卵形，宽大，长可达20cm，被白粉。叶柄粗而有翼，着生于短茎上。外部叶片呈粉蓝绿色，内叶叶色极为丰富，有紫红、粉红、白、牙黄等色。总状花序顶生。花期4月。播种繁殖。生长发育期要多施肥。

9. **大花三色堇** *Viola tricolor* var. *hortensis*

株高15～25cm，全株光滑，分枝多，稍匍匐状生长。叶互生，基生叶近心脏形，茎生叶宽披针形，边缘浅波状，托叶宿存，呈羽状深裂。花梗自叶腋中抽出，顶端着生一花，花大。花期3～5月。多用播种繁殖，也可扦插繁殖。老枝和开过花的花枝都不易生根。植前需精细整地并施入大量有机肥料，否则开花生长不良。

10. **一串红** *Salvia splendens*

茎直立，四棱，有分枝，高30～90cm，茎基部半木质化，茎节常为紫红色。叶卵形或三角状卵形，先端渐尖，叶缘有锯齿，对生叶，有长柄。顶生总状花序，被红色柔毛，密集成串着生。每花有红色苞片，早落。花期7～11月。播种或扦插繁殖。育苗少时，用浅盆播种；需苗量多，地床播种。生长期要注意松土、除草及满足充足的水肥。花前进行根外追施磷钾肥。

11. **矮牵牛** *Petunia hybrida*

株高40～60cm，全株具黏毛。茎直立或倾卧。叶卵形。全缘，几无柄，上部对生，中下部多互生。花单生于枝顶或叶腋间。花冠漏斗形，先端具波状浅裂。花期3～11月。播种或扦插繁殖。不耐寒，北方露地春播宜稍晚，夏季不可缺水。整个生长期肥料不宜过多，特别是氮肥（彩图3-34）。

12. **雏菊** *Bellis perennis*

株高15～20cm。叶基生，叶片匙形或倒卵形，先端钝。花葶自叶丛中抽出，高出叶面。头状花序顶生，筒状花黄色，舌状花数轮，平展放射状。花期3～6月。播种或分株繁殖。雏菊种子应在花盘边缘的舌状花瓣一触即落时立即采收。

13. **半支莲** *Portulaca grandiflora*

株高10～15cm，茎细而圆，匍匐或微向上，节上有丛毛。叶互生或散生，圆柱形。花1～4朵簇生于枝顶，基部有叶状苞片，并生有白色长柔毛。花瓣5枚。花期6～8月。播种或扦插繁殖。生长期加强水肥管理。

14. **鸡冠花** *Celosia cristata*

株高25～100cm，稀分枝，茎有棱线或沟。叶互生，有柄，卵形或线状，变化不一，全缘，先端渐尖。顶生肉质穗状花序多呈扁平状，似鸡冠，中部以下集生多数小花，花被膜质，上部花多退化，但被羽状苞片。单株盛花期较短。花期5～10月。播种繁殖。薄土宜播，不喜湿应选排水较好的地方栽种。苗期施肥不宜多。

15. **千日红** *Gomphrena globosa*

株高30～60cm，全株密被灰白色柔毛，茎强直多分枝，具沟纹，节部膨大。单叶对生，叶片长椭圆形或矩圆状倒卵形，全缘，有柄。圆球形头状花序单生，或2～3个着生于枝顶，有长总花梗。花序有叶状总苞2枚，花小，小苞片蜡质有光泽，紫红色。花期7～11月。播种繁殖。生长期注意松土、除草，花前追肥2～3次，适当浇水。

二、宿根花卉

16. **芍药** *Paeonia lactiflora*

主根粗壮，肉质，黄褐色。茎丛生，高60～120cm。二回三出羽状复叶，小叶通常3深裂、椭圆形至披针形，绿色。花单生或数朵着生于枝端，具较长花梗。花期4～5月。分株繁殖为主，也可播种和扦插。栽植前应将土地深翻，并施入足够的有机肥。栽植深度以芽上覆土3～4cm为宜。芍药喜肥，每年生长期间结合灌水要追施3～4次混合液肥。

17. **鸢尾** *Iris tectorum*

根茎粗短，植株较矮，高约30～40cm。叶薄纸质，淡绿色，直立挺拔呈剑形交互排列成两行，花梗从叶丛中抽出，和叶片基本等长，单枝或分成2枝，每枝顶端着花1～2朵。花淡蓝紫色，花被6片，基部联合成筒状。花期5月上旬。多采用分株法。鸢尾喜排水良好而适度湿润的石灰质碱性土壤，在酸性土中生长不良。

18. **荷兰菊** *Aster novibelgii*

株高60～100cm，全株光滑无毛。茎直立，丛生，基部木质。叶长圆形或线状披针形，对生，叶基略抱茎，暗绿色。多数头状花序顶生而组成伞房状，自然花期8～10月。以扦插、分株繁殖为主。早春及时浇返青水并施基肥。

19. **宿根福禄考** *Phlox paniculata*

株高40～60cm，茎直立，通常不分枝。叶对生，长圆状披针形至广椭圆形，端尖渐狭，全缘。圆锥花序顶生，花冠高脚碟状，先端5裂，花期6～10月。以扦插繁殖为主，分株法也可。定植前深翻土地，并施入足够的有机肥。雨季注意及时排水，以免感染病害。

20. **假龙头花** *Physostegia virginiana*

高 60～120cm，茎丛生而直立，地下有匍匐状根茎。叶长椭圆至披针形，先端锐尖，缘有锯齿。穗状花卉顶生，排列紧密，花期 7～9 月。分株或播种繁殖。生长期为使株形优美，开花繁茂，当幼苗长到 15cm 左右时，应进行一次抹芽、摘心，一周后再进行一次。

21. **金光菊** *Rudbeckia laciniata*

株高 80～150cm，茎直立多分枝。基生叶羽状，5～7 裂，茎生叶 3～5 裂，上部叶片阔披针形，缘有稀锯齿。头状花序单生枝顶。舌状花，金黄色，稍反卷，管状花淡黄绿色，花期 7～10 月。播种或分株繁殖。早春及生长期间均应保持有足够的养分和水分。

22. **萱草** *Hemerocallis fulva*

具短根状茎，肉质根，中下部有纺锤状膨大。基生叶，长条形。花葶自叶丛中抽出，高达 80～120cm。圆锥花序生于顶端，着花 6～12 朵，花冠漏斗形，早上开放，晚上凋谢。花期 6～8 月。以分株为主，也可播种繁殖。栽植地应施足腐熟的基肥，以圈肥为主。在生长季节，每月应追施肥水 1～2 次。

23. **菊花** *Dendranthema morifolium*

株高 20～150cm，幼茎绿色或带褐色，老茎半木质化。单叶互生，有托叶或退化，叶卵形至长圆形，基部楔形，叶缘有粗锯齿或深裂。叶的形态因品种而异。头状花序，花单生或数朵聚生。边缘为舌状、雌性花，中部为筒状、两性花，共同着生在花盘上。花期一般 10～12 月。可以分株、扦插、嫁接、组培等方法繁殖。

三、球根花卉

24. **郁金香** *Tulipa gessneriana*

鳞茎扁圆锥形，外被淡黄或棕褐色皮膜，周径 8～12cm，内有 3～5 枚肉质鳞片。叶片着生在茎的中下部，阔披针形至卵状披针形，基部的 2 枚，长而宽广，全缘并呈波状，被有灰色蜡质。花单生茎顶，花被片 6 枚，排列两轮。花期 3～5 月，白天开放，夜间或阴天闭合。鳞茎繁殖，播种繁殖，组织培养。当地面茎叶全部枯黄而茎秆未倒伏时为鳞茎采收的最佳时期，刚挖出时，母鳞茎与子鳞茎被种皮包在一起，先不要分开，等晾晒 2～3 天后，将泥土去掉，再掰开进行分级。

25. **风信子** *Hyacinthus orientalis*

地下鳞茎球形，外被白色或淡紫蓝色皮膜。叶基生，带状披针形，质地肥厚，有光泽。总状花序顶生，花葶高 15～30cm，中空，花色丰富。花期 3～5 月。分球繁殖，播种繁殖。叶形成期和花形成期均需要较高的温度，等花完全形成后，又需要提供一个有效的低温期，才能保证花的质量。

26. **大丽花** *Dahlia pinnata*

地下根肥大成块状，外被革质外皮。株高 40～150cm，茎中空、直立，叶对生，1～3 回羽状深裂，头状花序，花色丰富，花期 6～10 月。扦插繁殖、分株繁殖、播种繁殖。露地栽培，选向阳、排水好的地块，进行翻耕，并施入适量的基肥后种植。

盆栽宜选用扦插苗，扦插生根后即可上盆。

27. **大花美人蕉** *Canca generalis*

地下部呈粗壮肉质根茎，横卧而生。地上茎肉质，不分枝。叶互生，宽大，长椭圆状披针形。总状花序顶生。花期7～10月。采用切根茎法。种前土壤内施足基肥，生长期定时浇水施追肥。

28. **花毛茛** *Ranunculus asiaticus*

地下部具有纺锤形的块根，数个聚生根茎部，地上茎高20～40cm，中空有毛，单生或细分枝。基生叶阔卵形三出叶具长柄，茎生叶2～3回羽状细裂，无柄。花单生或数朵着生枝顶，花有单瓣和重瓣，花期4～5月。主要是播种和分株法。盆土采用腐叶土2份加珍珠岩1份，再加少量有机肥配制而成，用前先消毒。生长缓慢，不宜过多浇水、施肥，应保持光照充足。

29. **百合** *Lilium* spp.

鳞茎是由地下鳞茎盘的压缩茎上的鳞状叶组成的，鳞片多为披针形，无节，少数种鳞片有节。茎根除吸收营养外还能固定植株。多数百合为散生叶型，少数种为轮生叶型。绝大多数百合在地下部茎根附近产生子鳞茎。多数花单生，簇生或呈总状花序，少数近伞形或伞房状排列。扦插繁殖、分球繁殖、组培脱毒繁殖、种子繁殖。百合种球储藏，由地里挖掘起来的鳞茎，先进行整理，去除部分老化腐败的鳞片，拔掉萎黄的花茎残体，然后分级。

四、水生花卉

30. **荷花** *Nelumbo nucifera*

挺水植物，根状茎横生于淤泥中，通称“藕”，在藕节上环生不定根并向上抽生叶和花。叶片由花柄挺出水面，盾状圆形，全缘，具14～21条辐射状叶脉，叶面深绿色，光洁，叶脉隆起。叶柄圆柱状，着生于叶被中央。花期6～9月，单朵花期3～4天，多为晨开午闭。以分株繁殖为主。池塘地栽法，栽前先将池水放干，翻耕池土，施入基肥，然后灌入数厘米深的水。再将选出的种藕埋入泥中（见彩图3-35）。

31. **睡莲** *Nymphaea tetragona*

地下部分具横生或直立的根茎，叶丛生浮水面，圆形或卵圆形，全缘，基部深裂，表面浓绿色，背面暗紫色。叶柄细长，柔软。花单生于细长花梗顶端，浮于水面，花托四角形。柱头膨大呈放射状，花谢后逐渐卷缩沉入水中结果。花期5～9月。通常以分株为主。3～4年要分栽一次，否则根茎拥挤，叶片在水面重叠覆盖，生长不良而影响开花（见彩图3-36）。

第三节　草坪及草本地被植物

一、冷季型草坪植物

1. **草地早熟禾** *Poa pratensis* L.

多年生草本，自然株高20～50cm，叶片扁平，柔软光滑，条形或细长披针形，对折内卷，先端船形。小枝上着生 2～4 小穗，小穗卵圆形，草绿色，成熟后淡黄色，长 4～6mm，含 2～4 花。主要以播种的方法建植草坪。草地早熟禾以其抗逆性强、适应性广、株体低矮、持绿期长、坪质优美的特性。成为我国北方城市园林绿化、运动场建植不可缺少的优秀冷季型草坪草种。

2. **加拿大早熟禾** *Poa compressa* L.

多年生草本。分枝类型为疏丛根茎型。株高 15～50cm，基部倾斜、光滑，显著扁平。叶鞘光滑，质地柔软；叶片扁平或边缘稍内卷，色泽呈蓝灰或蓝绿色，偏蓝色是它与早熟禾属其他种的明显区别。适于寒冷潮湿气候带生长。耐旱，适应酸性土壤，在干旱、瘠薄、质地粗劣的陡坡上也可栽植，是良好的道路护坡材料。主要用播种的方法建植草坪。加拿大早熟禾不能形成植株密度和质量都相当好的草坪，因此，它的使用限于低质量、低养护水平环境下。常用于立地条件较差的平地、斜坡、低洼处的绿化和道路护坡材料。

3. **多年生黑麦草** *Lolium perenne* L.

茎直立，秆丛生，高 30～60cm，基部倾斜；叶片扁平，狭长，有微柔毛。深绿色，发亮，具光泽，幼叶折叠；叶脉明显；叶耳小，叶舌短而钝。通常用种子播种繁殖。抗 SO_2 能力强，故多用于工矿企业绿化。

4. **一年生黑麦草** *Lolium multiflorum* Lam.

一年生、越年生或短期多年生草。植株疏丛型，分蘖较少，茎粗壮、圆形、直立、光滑，高可达 110cm 以上。叶色泽较淡，柔软下垂，叶背光滑而有光亮，深绿色，早期卷曲；叶耳大，叶舌膜质；叶鞘开裂，与节间等长或较节间为短，基部叶稍红褐色。以种子繁殖。用作需建坪快的一般用途的草坪。

5. **高羊茅** *Festuca arundinacea* Sehreb.

多年生疏丛型草本。高羊茅与同属其他种相比，表现为外观粗糙，植株高大，叶宽；须根发达，入土较深；茎秆直立、粗壮；叶鞘圆形、开裂，基部红色；叶片扁平、坚硬，背面光滑，表面及边缘粗糙，无主脉；叶舌膜质，截平；叶耳小而狭窄；叶环显著、宽大、分开，常在边缘有短毛，黄绿色；圆锥花序，直立或下垂。通常采用播种方式建坪。一般只用来建植中、低质量的草坪。

6. **紫羊茅** *Festuca rubra* L.

多年生草本植物，根茎疏丛型，株高 30～60cm，须根纤细，入土深；秆基部斜伸或膝曲，红色或紫色；叶鞘基部红棕色并破碎呈现伪装，叶片较柔软，叶面有绒毛，对折或内卷成针状；叶鞘不分裂，光滑或有毛。主要以播种方式建坪。紫羊茅由于根状茎弱，再生能力差，因而较少用作运动场草坪，只作为一般用途的草坪。紫羊茅在秋季和春季的过渡时期内性状表现较好。

7. **匍匐翦股颖** *Agrostis stolonifera* L.

多年生草本，茎秆的基部偃卧地面，具有长达 8cm 的匍匐茎，节着土生不定根，直立部分高 30～45cm。叶片扁平，线形，先端渐尖，两面都具有小刺毛且粗糙；叶鞘无毛，稍带紫色；叶舌膜质，常呈圆形。圆锥花序卵状长圆形，绿紫色，老后呈紫铜色。可以用播种和栽植匍匐茎两种方法建植草坪。匍匐翦股颖是适用于保龄球场的冷季型草坪草，也用于高尔夫球场球道、发球区和果岭等高质量、精细养护的草坪，也可用作观赏草坪，一般不作庭院草坪。

8. **细弱翦股颖** *Agrostis tenuis* Sibth.

具有短根状茎，秆丛生直立，细弱，光滑，高20～36cm，有3～4节。叶片质地坚硬，线形，先端渐尖，两面及边缘粗糙；叶鞘无毛，有时带紫色；叶舌膜质，极短。圆锥花序开展，暗紫色。再生能力强。适宜大的广场、公园高尔夫球场。

9. **扁穗冰草** *Agropyron cristatum* L.

为禾本科多年生草本植物，疏丛型，须根发达，密生，外具沙套，有时有短根茎；茎秆直立，基部膝状弯曲，上被短柔毛，丛生，抽穗期株高30～50cm，成熟期60～80cm；叶片披针形；叶背较光滑，叶面密生茸毛；叶鞘短，于节间且紧包茎秆；叶舌不明显。可以用于寒冷半湿润、半干旱区无浇灌条件地区的运动场、高尔夫球场球道、高草区和一般作用的草坪。是一种良好的水土保持草种和防风固沙植物。

10. **无芒雀麦** *Bromus inermis* Leyss.

多年生草本植物，横走根状茎发达，其上可生出大量须根。茎直立，无毛。叶披针形，质地较硬；叶鞘紧包茎；叶舌膜质；无叶耳。春、夏、秋均可播种。西北、东北等冬季严寒地区，应在4月、5月播种，也可在夏、秋雨季播种；华北大部分地区宜秋播。无芒雀麦草可作为速生草坪植物，适合在公园、飞机场跑道、工矿区建植一般的草坪绿地，也可用于高速公路、水库堤坝的护坡草坪。

11. **碱茅** *Puccinellia distans*（L.）Parl.

多年生疏丛型禾草，须根系，茎秆丛生，直立，基部膝曲略扁，有时基部的节着地生根或分枝。叶片扁平或对折；叶色灰绿；叶鞘平滑无毛，叶舌干膜质。该草用种子繁殖和营养繁殖均可。主要用作草坪和水保植物。由于碱茅具有很强的耐盐碱能力，在园林中又多用它作为潮湿环境盐碱地的首选植物种植。

二、暖季型草坪植物

12. **结缕草** *Zoysia japonica* L.

多年生草本，属深根性植物。植株直立；地上有匍匐茎，地下有细长而坚硬的横生根状茎，根状茎节间短，节上着生锥状芽；茎叶密集、浓绿，株体低矮。叶片革质、光滑，上面长具柔毛，具有较高的弹性和韧度，呈狭披针形，先端渐尖；叶舌不明显，表面具白色柔毛。结缕草种播种和无性繁殖均可。具有极发达的地下状根茎，是建植节水型草坪及护坡草坪的最佳草坪草种。结缕草具有很强的耐磨性、耐践踏性，可用作建高尔夫球场坪及其他运动场、开放性草坪、固土护坡的优良草坪植物。

13. **大穗结缕草** *Zoysia macrostachya* Franch.

多年生，具横走根茎，能节节生根；植株一般为10～12cm，在抽穗开花期，其茎秆高可达10～20cm。叶片质地较软，线状针形，内卷，叶片较其他结缕草均长；叶鞘无毛，鞘口通常有毛；叶舌不明显。播种或采用草块铺设进行营养繁殖。此草系优良耐盐碱草坪草，主要用于沿海新开发区铺设草坪之用，作为江堤、湖坡、水库等处固土护坡植物。也可用它铺建各类运动场草坪。

14. **野牛草** *Buchloe dactyloides* （Nutt.）Engelm.

多年生草本，细弱，具匍匐茎。叶片线形，两面均疏生白柔毛；须根系发达，根深1m以上。野牛草因种子结实率不高，种子不饱满，因此主要是无性繁殖，多采用匍匐枝及分根进行营养繁殖。野牛草是一种细叶型草坪草，很适合建植管理粗放的开放性绿地草坪。由于抗污染气体的能力较强，因此可用作冶金、化工等工业区的环境保护绿化材料。在河堤、护岸、水库、沟渠以及公路、铁路等斜坡上，栽种野牛草后，可防止水土流失，起到固土护坡的作用。还可用作盐碱地区的绿化覆盖材料。

15. **狗牙根** *Cynodon dactyllon* L.

多年生草本植物。植株较矮，生活力强，具根状茎和匍匐枝，具细韧的须根和根茎，节间长短不一；秆平卧部分长达1m，节处着地均可生根和分枝。上部茎直立，光滑，细硬；叶扁平线条形，先端渐尖，边缘有细齿，叶色浓绿；叶舌短小，具小纤毛。狗牙根的繁殖方法有播种、草皮切块和根茎切段等。由于覆盖性好，蔓延速度快，耐践踏，再生力强。它是我国栽培应用较广泛的优良草种之一。

16. **地毯草** *Axonopus compress* （Sw.）Beauv.

多年生草本植物，具有匍匐茎，匍匐茎蔓延迅速，每节上都生根和抽出新植株，植株平铺地面呈毯状，故称地毯草。秆扁平，节密生灰白色柔毛；叶片扁平、柔软、翠绿色，短而钝，两面无毛或上面被柔毛，近鞘口处常被疏生毛；叶舌长约0.5cm。可进行种子繁殖和营养繁殖。低矮，耐践踏，较耐阴。在华南地区，常用作运动场草坪和遮阴地草坪。也是优良的固土护坡材料。

三、一、二年生草本地被植物

17. **毛地黄** *Digitalis purpurea* L.

植株高大，茎直立，少分枝，除花冠外，全株密生短柔毛和腺毛。叶粗糙、皱缩，由下至上逐渐变小。顶生总状花序着生着一串下垂的钟状小花，花冠紫红色，花筒内侧浅白，并有暗紫色细点及长毛。多年生作二年生栽培，播种繁殖；早春开花，是难得的早春地被植物，同时又是优良的花境、花坛材料，丛植更为壮观。

18. **地肤** *Kochia scoparia* （L.）Schrad.

地肤株丛紧密，卵圆至圆球形，草绿色，主要观赏整个株形。主茎木质化，分枝多而纤细；叶线状，稠密。花小，生于叶腋，胞果。秋季全株成紫红色。播种繁殖自然外形椭球形，稍加修剪就可成球形、方形等。叶纤细、嫩绿，入秋泛红，可用作花坛镶边用，还可作短期绿篱。

19. **点地梅** *Androsace umbellata* （Lour.）Merr.

二年生草本，全株被长柔毛。叶基生，圆形或卵圆形，先端钝圆，基部微凹或成不明显的截形，边缘有多数三角状钝牙齿。花茎通常数条自基部抽出，直立；伞形花序；花冠白色。蒴果，扁卵球形。播种繁殖。开花极早，园林上主要用在缀花草地中，效果很好，极具野趣。

20. **二月兰** *Orychophragmus violaceus*（L.）O. E. Schulz

一、二年生草本植物，株高 10～50cm，全体无毛。茎单一，直立；叶形变化大，基生叶和下部茎生叶大。总状花序。花紫色或白色。长角果。种子卵形至长圆形，黑棕色。播种繁殖。是冬季和早春的优良地被种类，适于片植或丛植，也可配植在草坪的一角，又适合于路边栽种。

四、多年生草本地被

21. **白三叶** *Trifolium repens* L.

多年生草本植物，植株低矮。直根性，分枝多，根部分蘖能力及再生能力均强。主茎短，由茎节上长出匍匐茎，节上向下产生不定根，向上长叶；掌状三出复叶，互生，叶柄细长直立；小叶倒卵形或心脏形，叶缘有细齿；头形总状花序着生于自叶腋抽出的花梗上。花小，白色或略带粉红色，异花授粉。既可种子繁殖又可营养繁殖。主要用于间植观赏草皮、庭院绿地草坪、林下耐阴草坪和水土保持、固土护坡草坪等。

22. **红三叶** *Trilolium pratense* L.

多年生草本，茎斜伸或有时直立，株丛高 30～60cm，根颈上和主茎上均有多数分枝。叶有长柄，为掌状三出复叶，小叶椭圆或倒卵形，正面有倒八字形黄白色斑纹，先端钝圆，基部宽楔形，叶缘有微波，草绿色，小叶有短柄；头形总状花序，着生于生殖枝顶端，紧密，花冠紫红色或淡紫红色；花多数，无柄，密集于茎顶成头状。种子繁殖，但种子硬实率颇高，播前种子必须处理，用物理方法或化学方法均可具有较高的绿化、美化观赏价值，不仅可片植建成较大面积的封闭式观赏草坪，还可在假山、石景、花坛、草坛中穿插种植或在封闭式各类草坪绿地中点缀和镶嵌，也可作水土保持植物。

23. **紫花苜蓿** *Medicago sativa* L.

多年生草本，高 30～100cm。主根粗大，入土很深，根冠膨大，其上密生幼芽，分枝能力强；茎秆直立或斜伸，多分枝；叶为羽状复叶，倒卵形或长椭圆形，先端有粗锯齿，中间一片较大，托叶长而尖。总状花序腋生，荚果为螺旋形，有疏毛，先端有喙。种子繁殖。不仅可建植普通绿地、水土保持草坪，也可用来建植学校、厂矿及动物园草坪。

24. **垂盆草** *Sedum sarmentosum* Bunge

多年生肉质草本。肉质茎平卧或上部直立，近地面的平卧茎节处极易滋生不定根。似匍匐状，株高 15～20cm，三叶轮生，端尖，近披针形，全缘。聚散状花序，小花无柄，稀少，淡黄色。萼片披针形至短圆形，顶端较钝。既可种子繁殖又可营养繁殖。可用于草坪点缀、镶边以及建植花坛、假山石缝装饰和片植小块封闭式观赏性绿地。

25. **红花酢浆草** *Oxalis rubra* St. Hil.

常绿或半常绿多年生草本植物。植株丛生，高度仅 20～30cm。叶具有长柄，基生，三小叶复生，小叶倒心脏形，叶面有时具有近似叶形的白晕。花瓣基部连合，数朵构成伞房花序。分株繁殖。适于绿地花坛成片栽培，亦可在路边行植及山石园石边丛植。

26. **沿阶草** *Ophiopogon japonicus* L.

多年生草本植物。根粗壮，常膨大成椭圆，纺锤形的小块根；茎短缩，地下根茎细长；叶基生，叶子与禾草的叶相似，呈密丛的禾叶状，下垂，常绿。总状花序，花葶通常比叶短，苞片披针形，顶端急尖或钝。种子和营养体繁殖均可。管理粗放，取材方便，公园、街头绿地树丛边缘、林下都已广泛应用。

27. **马蔺** *Iris lactea var. chinensis* Koidz.

多年生草本。根状茎短而粗壮，常聚集成团，基部具有纤维的老叶和叶鞘，红褐色或深褐色。叶线形，平滑无毛。花蓝紫色，匙形，先端尖，向外弯曲中部有黄色条纹；内轮 3 片较小，披针形，直立；雄蕊贴于弯曲花柱的外侧；花药长，纵裂。蒴果长圆柱形，具 3 棱，顶端细长。一般为营养体繁殖。可作为花坛镶嵌植物及观赏缀花草坪。

28. **蒲公英** *Taraxacum mongollcum* Hand.

多年生草本。株高 10～25cm，叶长圆状倒披针形或倒披针形，逆向羽状分裂，侧裂片长圆状披针形或三角形，具齿，顶裂片较大，羽状浅裂或仅具波状齿，基部渐狭成短柄，疏被蛛丝状毛或无毛。花茎数个，与叶等长，被蛛丝状毛；总苞淡绿色；舌状花黄色，外层舌片的外侧中央具红紫色宽带。瘦果，褐色，全部有刺状突起。播种繁殖和根栽法。和禾草类草混播，建植缀花草坪。

29. **沙打旺** *Astragalus huangheensis* H. C. Fu et Y. H. Liu

多年生草本植物。株高 1～2m，丛生。主根深长，侧枝较多，茎中空。奇数羽状复叶，小叶椭圆形。总状花序腋生，旗瓣菱状匙形，花冠紫色。一般用种子繁殖。可作盐碱地抗盐栽培。

30. **紫花地丁** *Viola yedoensis* Makino

多年生草本。无地上茎。根茎粗壮，根白色至黄褐色。叶片长圆形或长圆状披针形，先端钝，叶基截形或楔形，叶缘具圆齿，中上部尤为明显；果期叶大，基部常成微心形；托叶基部与叶柄合生，叶柄具狭翅，上部翅较宽，小苞片生于花梗的中部。萼片卵状披针形。花瓣 5，紫堇色或紫色，有距。蒴果无毛。繁殖用种子，秋播。一般可和禾草类草混播，建植缀花草坪。

思 考 题

1. 在常用的园林植物中，列举常绿乔木、落叶乔木、花灌木、藤木类、匍地类、竹木类、室内装饰类各 5 种。

2. 列举一、一二年生花卉、宿根花卉、球根花卉各 5 种，水生花卉 2 种。

3. 列举冷季型草坪植物、暖季型草坪植物、草本地被植物各 5 种。

第四章 园林植物形态与生长

第一节 园林植物形态

园林植物的形态由根、茎（枝条）、叶、花、果实和种子组成。

一、根

1. 根系

植物体地下部分根的总称称为根系（见图 4-1）。主要是支持和吸收的功能。

（1）直根系　主根粗长，垂直向下。如国槐、山桃、油松、云杉等。

（2）须根系　主根不发达或早期死亡，而由茎的基部发生许多较细的不定根。如棕榈、蒲葵等。

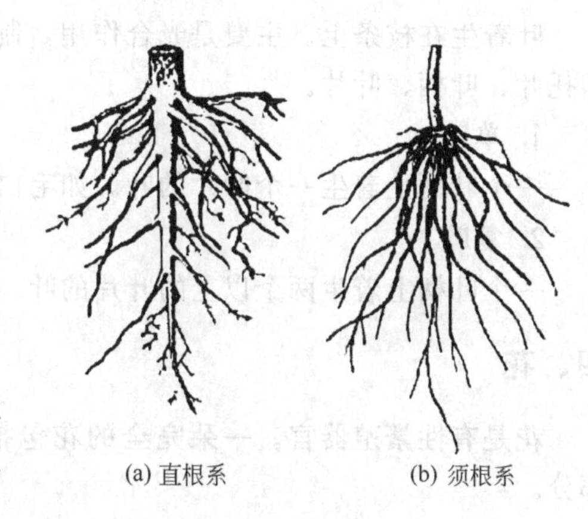

图 4-1　根系的类型

2. 根的变态

（1）板根　热带树木在干基与根茎之间形成板壁状突起的根。如印度橡皮树。

（2）呼吸根　伸出地面或浮在水面用以呼吸的根。如落羽杉。

（3）附生根　用以攀附他物的不定根。如络石、凌霄。

（4）气根　生于地面以上植物体上的根。如绿萝。

（5）寄生根　着生于寄主的组织内，以吸收水分和养料的根。如槲寄生。

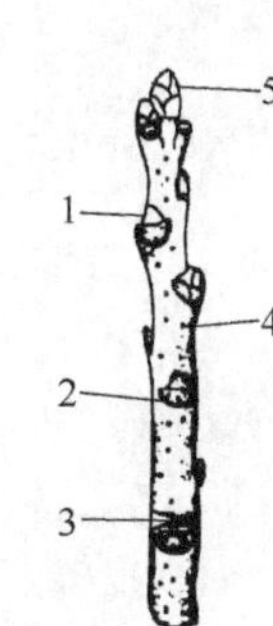

图 4-2　枝条

1—腋芽；2—叶痕；3—芽鳞痕；4—皮孔；5—顶芽

二、茎或枝条

草本植物称茎。树木植物称枝条，形成树的骨架，支撑树体。

1. 茎或枝条

着生叶、花、果实等器官。茎或枝条上有节，着生叶，节与节之间叫节间。枝条的横截面由外向内分为表皮、韧皮部、形成层、木质部和髓（见图 4-2）。

2. 芽

尚未萌发的枝、叶、花的雏形。着生在枝条上（见图 4-3）。

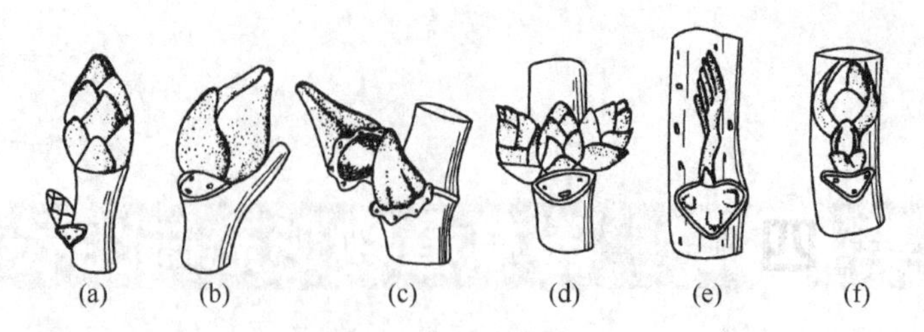

图 4-3　芽的类型

(a) 顶芽；(b) 假顶芽；(c) 柄下芽；(d) 并生芽；(e) 裸芽；(f) 叠生芽

三、叶

叶着生在枝条上。主要是光合作用，制造有机营养。一枚完全的叶包括三部分，即托叶、叶柄、叶片。

1. 单叶

一个叶柄上着生一个叶片的叶。如毛白杨、桃、悬铃木、丁香等。

2. 复叶

一个叶柄上着生两个以上的叶片的叶。如国槐、洋槐、珍珠梅、五叶地锦等。

四、花

花是有性繁殖器官。一朵完全的花包括花梗与花托、花萼、花冠、雄蕊、雌蕊部分。

1. 花梗与花托

支撑和着生花萼、花冠、雄蕊、雌蕊的部分。

2. 花萼

位于花的最外轮，由萼片组成，一般绿色，较花瓣小。

3. 花冠

位于花萼内侧，由花瓣组成，一般颜色鲜艳。

4. 雄蕊

位于花冠的内侧，由花药和花丝组成。

5. 雌蕊

位于花的中心部位，由柱头、花柱、子房组成。

五、果实

果实是开花受精后子房（有的树种包括花托）发育而成的。外是果皮，内是种子。

六、种子

种子位于果实内，由子房内的胚珠经受精后发育而成。是新个体的开始。

第二节 园林树木生长

一、生命周期

1. 实生树木

由种子萌发，经幼年期、青年期、壮年期、老年期直至衰老死亡的过程。

(1) 幼年期 从种子萌发开始至性成熟（第一次开花）为止。三四年不等（无性繁殖的个体无幼年期）。营养生长为主。

(2) 青年期 从第一次开花结实到大量结实期，一般五六年。这一时期结实量较少，仍以营养生长为主，是根系和树冠的形成期。

(3) 壮年期 从大量结实开始到结实衰退为止。树冠和根系已达高峰，又叫繁殖期，以生殖生长为主。十几年或几十年或上百年。

(4) 老年期 从结实衰退开始至衰老死亡前为止。生理机能衰退，枝条逐渐死亡，直至全株死亡。

2. 营养繁殖树木

一般用成年树的营养器官进行繁殖，因此，生命周期只有成年期和老年期。

3. 树木的寿命

世界上寿命最长的生物是树木。一般乔木长于灌木，灌木长于藤本。而乔木中针叶树种长于阔叶树种。如落叶松可达 400 年，红松可达 300 年，阔叶树可达 100 年左右。

二、年周期

树木的年周期：树木在一年内随季节的变化，在生理和形态上的周期变化称为树木的年周期。从春季萌芽开始到下一年萌芽前止。分为生长期和休眠期。

1. 休眠期转入生长期

从冬季到春季随着气温逐渐升高，温带树木一般日平均温度达到 3℃就加速了树木的生命活动，树液开始流动，芽开始膨大，直到萌发为止的这段时间。由于不同的树木对积温的要求不同，所以从休眠期转入生长期的时间也不同。

2. 生长期

从春季芽开始萌发到秋季开始落叶为止。此时期是树木最重要的一个时期，完成生长、开花、结实的过程。

3. 生长期转入休眠期

从秋季落叶开始到结束。根茎进入此期最晚，是光照时间缩短和温度降低造成的。

4. 休眠期

秋季落叶后到春季芽膨大前。

思考题

1. 简述园林植物的形态。
2. 简述园林树木的年周期。

第五章 园林植物育苗

第一节 种子繁殖

一、种子的选择

树种的选择非常重要，直接影响到植株的质量。在购买种子时要考虑到种子的来源及供应商的信誉，一是要在种子的纯度、成熟度等质量上必须有保证，二是所买来的种子是否为所订购的种子。因此，在购种子时要到林业、园艺等科研单位或专业种子公司去购买。

二、种子的储藏

种子的储藏方法很多，如干藏、沙藏、低温储藏等。不同植物的种子有不同的生理特性，如种子的休眠习性、寿命长短等，应根据不同特性采取不同的储藏方法。下面重点介绍干藏、沙藏的植物种类及其主要方法、注意事项。

1. **干藏**

(1) 适于干藏的种子　一般来说，干藏适用于安全含水量低的种子，绝大多数草本植物的种子需要干藏，木本植物需要干藏的种子主要有杜鹃属、山桐子等植物的小粒种子和腊梅、白辛树属、喜树、重阳木属及豆科植物的一些树种。

(2) 干藏的方法　干藏前种子一定要去除杂质、病粒和瘪种子，经风干后（含水量在9%～13%，有些植物的种子含水量还要低）用通风良好的纱布袋装好，置于通风干燥的环境中储藏，或干燥后密封，置于冰箱中，在14℃条件下冷藏。要经常检查种子的储藏情况，发现发霉或受潮应及时处理。

2. **沙藏（湿藏）**

(1) 适于沙藏的种子　适用于不耐干燥的种子，即种子安全含水量较高的种子，种子过干就会失去发芽能力。一般沙藏结合越冬储藏，可使种子完成生理后熟作用，使硬皮种子种皮软化，有利于种皮的通透性，促进种子的萌发。大多数木本植物的种子都适用于沙藏，如木兰属、含笑属、山茱萸属、松科、柏科、胡桃科、壳斗科、冬青科、小檗科、七叶树科、樟科、木犀科等科、属植物。

(2) 沙藏的方法　首先要进行种子处理，主要是洗净种子，去除种皮上带有的果肉，清除病粒、瘪粒等杂质，阴干（种皮干燥即可），并用800倍多菌灵药液浸泡15min。其次是湿沙的准备，要用新的河沙，如旧沙要用水冲洗，以减少病菌数量；

河沙的颗粒最好稍粗一些，沙粒大小在1mm左右为好，有利于通气和排水，最好也用多菌灵处理；沙子的含水量以用手握紧沙子手指缝不滴水，手松开后沙子成团而不散开为宜，种沙的比例为1∶3，然后根据种沙总量选用合适的容器。种子量大时也可采取坑藏，在高燥、阴面、排水良好处挖坑，并在坑底铺粗砂或小石子，以利排水，而且坑底要在地下水位之上。种子和沙子成层（层积）或混合在一起，装入容器或坑中，所采用的容器要通风良好或留有通风孔，坑藏要有通风孔道；坑藏时，在离地面20cm时再覆盖湿沙，湿沙上再覆土使之高于周围地面，坑的四周还要挖排水沟，以防雨水灌入使种子腐烂。无论是容器沙藏还是坑藏，储藏期都要经常检查种子的储藏情况，发现有种子霉变，或种子的温度高、湿度大时要及时处理，以防造成更大的损失。如在储藏期有种子萌发则要及时取出播种（见图5-1）。

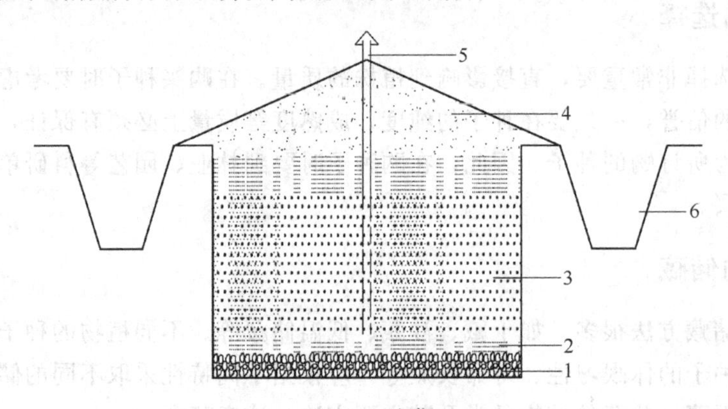

图5-1 沙藏

1—卵石；2—沙子；3—种沙混合物；

4—覆土；5—通气孔；6—排水沟

三、草本花卉播种

1. 育苗盘或播种床的准备

把育苗盘消毒后装上配制好的营养土，然后用手稍压实，用板刮平。营养土平面应低于苗盘上沿1.5～2cm。播种量大应做床播种。一般低畦播种，畦宽1.2m左右，畦内覆8～10cm的营养土。

2. 浇水

用喷壶浇水，育苗盘也可用浸水法浇水。苗床用喷壶浇水，不要来回浇，要一次性浇透。因为较干土粒受水冲击后不易破碎，而土粒已湿再受水冲击就容易破坏土壤结构造成板结。

3. 播种

小粒种子可撒播，大、中粒种子点播或撒播。

4. 覆土

播种后除少数微小种子外，一般都要覆上细土将种子盖好。覆土的厚度取决于种子大小，种子大适当覆厚些，种子小应覆薄些，一般在0.1～3cm幅度内。

5. 盖地膜

应在育苗盘或苗床上盖上地膜。

四、园林树木播种

1. 选地及整地

一般应选择地势较高、土壤肥沃疏松、排水通气良好、水源充足的播种地。整地要细致，结合整地施加有机肥，提高土壤肥力。在秋后翻地，经过冬天的低温可使土壤中的病菌和虫卵、蛹等冻死或被鸟类啄食，减少病虫害的发生，亦可改善土壤的水、肥、气、热等条件。

2. 做畦（床）

经过冬天的冰冻，土质疏松，再经进一步耕、耙，然后做畦（床），苗床按其高度可分高畦（床）（床面高于步道15～25cm）、低畦（床）（床面低于步道10～15cm）、平畦（床）（床面略高于或略低于地面）。南方多雨地区或不耐水湿的品种多采用高畦（床），北方降雨量较低的地区可采用平畦（床）或低畦（床），育苗时根据不同地区不同品种灵活掌握。苗床的宽度一般以1m为宜，苗床的长度可根据地块的大小和喷灌情况来定，一般不超过20m。

3. 床土处理

一般采用呋喃丹和五氯硝基苯或地菌灵混合拌土，效果较为理想，但切记呋喃丹有剧毒，使用时要特别注意。

4. 播种及播种后管理

（1）播种期　一般树种主要采用春播；有些树种可随采随播，如腊梅；有些大粒种子可在秋季或冬季播种，如有些壳斗科、李属和松柏类等树种可采用秋冬播种。

（2）播种量的确定　主要根据幼苗的叶片大小和生长速度来决定，阔叶树一般2～4万株/亩，小叶树种还可多些；生长速度快或叶片较大的树种如厚朴、梧桐、泡桐等1～2万株/亩即可；生长速度较慢或叶较小的针叶树如金钱松、落叶松等10～15万株/亩；幼苗生长速度较快的杉木、水杉等6～8万株/亩。如培育留床苗，密度要适当减少。幼苗的密度不可过大，否则会影响幼苗的质量和移栽成活率。根据每亩幼苗的数量、种子的千粒重、种子的萌发率确定亩播种量。

（3）播种深度　播种深度一般视种子的大小和幼苗的拱土能力而定，大粒种子一般播种深度在3～5cm，小粒种子可适当浅覆土，如山桐子、枫香等上覆土仅盖住种子即可。无论大粒种子还是小粒种子，上覆土最好采用含有机质较高的壤土或沙质土壤，有利于幼苗的萌发和出土，有条件的可用泥炭与河沙的混合物覆盖种子，效果更佳。

（4）播种后的管理　播种后的水分管理非常重要。土壤含水量过高，种子容易霉烂；含水量过低，种子难以萌发；尤其在种子萌发后土壤缺水，很容易造成芽干，降低出苗率。水分浇灌的方法也根据种子的大小来决定，大粒种子可采用喷灌；小粒种子只能喷雾，以防冲走种子。在种子萌发前还要注意鸟兽盗食种子。

(5) 苗期管理　从出苗到幼苗期管理的重点是水分、防病虫害、除草和适当遮阴。此期要注意合理灌溉，水分过多加之高温会引起病害的大发生，幼苗期的病害主要是立枯病、猝倒病和白绢病，一般在幼苗根茎木质化之前每隔 10～15 天用 800 倍地菌灵灌根，能较好地控制幼苗病害的发生。因呋喃丹残效期较长，在播前用呋喃丹处理床土，苗期一般不会发生虫害。苗期除草，可用选择性除草剂如盖草能、精禾草克等杀死禾本科杂草，也可在播后苗前用灭生性除草剂除草，同时应特别注意除草剂的使用剂量和使用方法，并根据不同的种苗进行适当的遮光。

幼苗生长到一定的高度，生长速度加快，此期通常称为速生期，期间应加强肥水管理，促进苗木迅速生长，同时适时除草防病。进入秋季，要少施氮肥，尽量少浇水，使苗木早停梢，防止冬天冻梢现象的发生。

总之，从品种选择、种子储藏到育苗，每一步都非常关键，哪一步出错，都会影响到苗木的生长或造成苗木的损失，直接或间接地影响到以后的生产。“一年之计在于春”，培育幼苗即是培育苗圃的春天。

第二节　扦插繁殖

扦插繁殖是利用离体的植物营养器官如根、茎（枝)、叶等的一部分，在一定的条件下插入基质中，利用植物的再生能力，使之发育成一个完整新植株的繁殖方法。

一、枝插

用植物枝条的一段作为插穗的扦插方法。应用较普遍。

1. 绿枝插

在树木生长季节，在生长季剪取未木质化或半木质化的新梢作插穗的扦插方法。最好在早晨随采随插。插穗长 10～15cm，入土深度为插穗的 1/3～1/2 为宜，留上部或顶部 2～3 叶露出地面。插后遮阴和喷水保湿。如桧柏、月季、紫薇等。

2. 硬枝插

一般用木质化的一年生枝条作插穗。于树木落叶后结合冬剪采集，捆好后分层埋在湿沙中，在 15℃环境下储藏。春季土壤解冻后取出，插穗长 10～25cm，具 3～4 个芽，下端切口离近节部约 1cm，平切或斜切，切面要求光滑。入土深度为插条的 1/2～2/3 为宜，插后将土压紧，再在行间覆膜保湿增温。贴梗海棠、无花果、葡萄、地锦、石榴等常用此法繁殖。

二、根插

以根段作为插穗的扦插方法。将粗 0.3～1.5cm 的根，剪成 5～15cm 长作插根，上口平剪，下口斜剪，直插于土中，扦插后发生不定根和芽。杜梨、山定子、海棠、苹果营养系矮化砧等，可利用苗木出圃残留下根段进行根插。

三、叶插

利用叶的再生机能，切下叶片进行扦插，长出不定根和不定芽，从而形成新的植株的方法为叶插法。叶插法多用于部分花卉植物。

1. 全叶插

全叶插是以完整叶片为插穗，利用平置法，即将去掉叶柄的叶片平铺沙面上，用大头针或竹签固定，使叶背与沙面密接；也可以用直插法，即将叶柄插入基质中，叶片直立于沙面，从叶柄基部发生不定芽及不定根。

2. 片叶插

片叶插是将叶片分切数块，分别进行扦插，每块叶片上均形成不定芽、不定根。但不论哪种插法，都要保持良好的温度、湿度条件，才能收到较好的效果。

第三节　嫁接繁殖

嫁接是指人们有目的地利用两种植物能够结合在一起的能力，将一种植物的枝或芽接到另一种植物的茎（枝）或根上，使之愈合生长在一起，形成一个独立植株的繁殖方法。

一、嫁接准备

1. 砧木

树木的下半部，靠根系吸收水分和养分。选择亲和力和抗性强的树种。一般用根系发达，生长健壮的实生苗。砧木须于1年或2～3年以前播种育苗。

2. 接穗

嫁接时接在砧木上的枝或芽。选择要繁殖的优良品种中的健壮、无病虫害的植株做接穗母株。用枝条中部饱满枝芽做接穗。落叶树种春季枝接，可在晚秋生长停止后采取接穗，储藏待用，或随采随用。

3. 工具

（1）劈接刀　用来劈开砧木切口。其刀刃用以劈砧木，其楔部用以撬开砧木的劈口。

（2）手锯　用来锯较粗的砧木。

（3）枝剪　用来剪接穗和较细的砧木。

（4）芽接刀　芽接时用来削接芽和撬开芽接切口。

（5）铅笔刀或刀片　用来切削草本植物的砧木和接穗。

（6）水罐和湿布　用来盛放和包裹接穗。

（7）绑缚材料　用来绑缚嫁接的部位。常用的绑缚材料一般为有塑料条带。

二、嫁接方法

1. 芽接

（1）嵌芽接　又叫带木质部芽接，此法不受树木离皮与否的季节限制。芽片切削时，自上而下切取，在芽的上部 1～1.5cm 处稍带木质部往下切一刀，再在芽的下部 1.5cm 处横向斜切一刀，即可取下芽片，一般芽片长 2～3cm，宽度不等，依接穗粗度而定。砧木的切法是在选好的部位自上向下稍带木质部削与芽片长宽均相等的切面。接着将芽片插入切口使两者形成层对齐，用塑料带绑扎好即可（见图 5-2）。

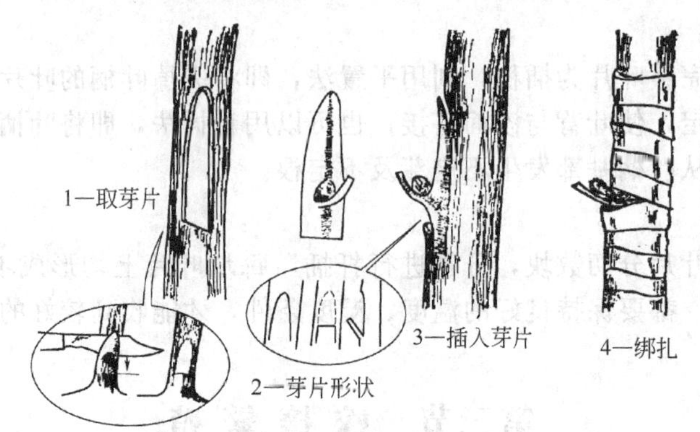

图 5-2　嵌芽接

(2)“丁”字形芽接（不带木质部）芽接前采当年生新鲜枝条为接穗，立即去掉叶片，留有叶柄。削芽片时先从芽上方 0.5cm 左右横切一刀，刀口长约 0.8～1cm，深达木质部，再从芽片下方 1cm 左右连同木质部向上切削到横切口处取下芽。砧木的切法是距地面 5cm 左右，选光滑无疤部位横切一刀，深度以切断皮层为准，然后从横切口中央切一垂直口，使切口呈一“T”字形。把芽片放入切口，往下插入，使芽片上边与“T”字形切口的横切口对齐。然后用塑料带从下向上一圈压一圈地把切口包严，注意将芽和叶柄留在外面，以便检查成活（见图 5-3）。

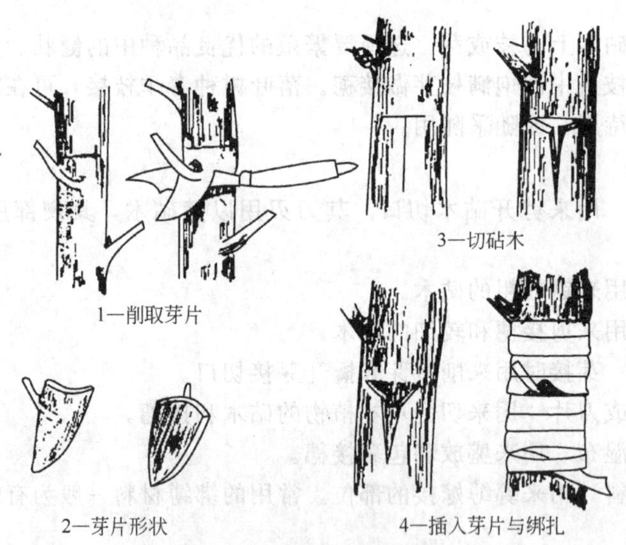

图 5-3　“丁”字形芽接

2. 枝接

把带有数芽或 1 芽的枝条接到砧木上称枝接。

（1）切接法　嫁接时先将砧木距地面5cm左右处剪断，选择较平滑的一面，用切接刀在砧木一侧垂直向下切，深约2～3cm。削接穗时，接穗上要保留2～3个完整饱满的芽，将接穗从距下切口最近的芽位背面，用切接刀向内切达木质部（不要超过髓心），随即向下平行切削到底，切面长2～3cm，再于背面末端削成0.8～1cm的小斜面。将削好的接穗，长削面向里插入砧木切口，使双方形成层对准密接。接穗插入的深度以接穗削面上端露出0.2～0.3cm为宜，俗称"露白"，有利愈合成活。如果砧木切口过宽，可对准一边形成层，然后用塑料条由下向上捆扎紧密，使形成层密接和伤口保湿（见图5-4）。

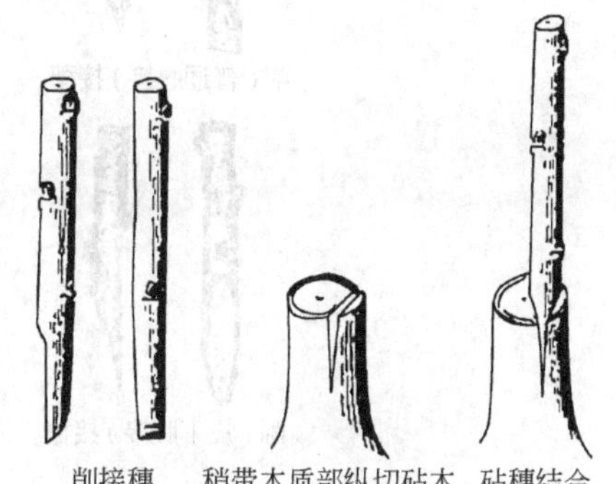

图5-4　切接

（2）劈接　通常在砧木较粗、接穗较小时使用。将砧木在离地面5～10cm处锯断，用劈接刀从其横断面的中心直向下劈，切口长约3cm，接穗削成楔形，削面长约3cm，接穗外侧要比内侧稍厚。接穗削好后，把砧木劈口撬开，将接穗厚的一侧向外，窄面向里插入劈口中，使两者的形成层对齐，接穗削面的上端应高出砧木切口0.2～0.3cm。当砧木较粗时，可同时插入2个或4个接穗。一般不必绑扎接口，但如果砧木过细，夹力不够，可用塑料薄膜条或麻绳绑扎。为防止劈口失水影响嫁接成活，接后可培土覆盖或用接蜡封口（见图5-5）。

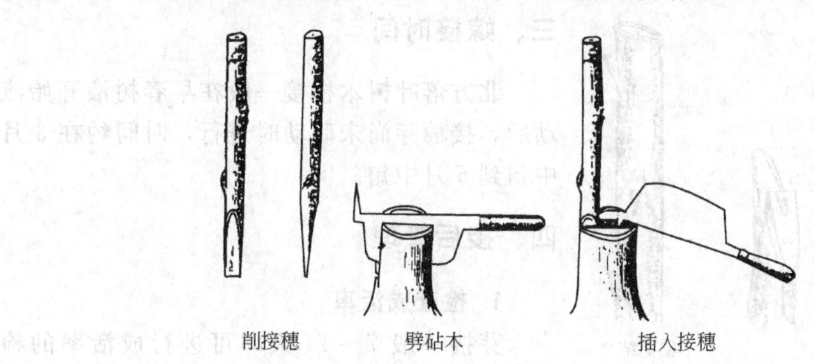

图5-5　劈接

（3）腹接　又分普通腹接及皮下腹接两种。

普通腹接把接穗削成偏楔形，长削面长3cm左右，削面要平而渐斜，背面削成长2.5cm左右的短削面。砧木切削应在适当的高度，选择平滑的一面，自上而下深切一口，切口深入木质部，但切口下端不宜超过髓心，切口长度与接穗长削面相当。将接穗长削面朝里插入切口，注意形成层对齐，接后绑扎保湿。

皮下腹接是在皮下，将砧木横切一刀，再竖切一刀，呈"T"字形切口，切口不伤或微伤。接穗长削面平直斜削，背面下部两侧向尖端各削一刀，以露白为度。撬开皮层插入接穗（见图5-6）。

（4）舌接　舌接适用于砧木和接穗1～2cm粗，且大小粗细差不多的嫁接。舌接

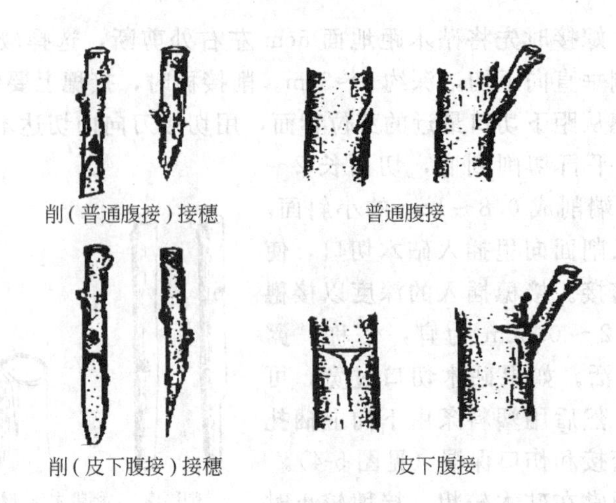

图 5-6　腹接

砧木、接穗间接触面积大，结合牢固，成活率高，在园林苗木生产上用此法高接和低接的都有。将砧木上端削成 3cm 长的削面，再在削面由上往下 1/3 处，顺砧木往下切 1cm 左右的纵切口，成舌状。在接穗平滑处顺势削 3cm 长的斜削面，再在斜面由下往上 1/3 处同样切 1cm 左右的纵切口，和砧木斜面部位纵切口相对应。将接穗的内舌（短舌）插入砧木的纵切口内，使彼此的舌部交叉起来，互相插紧，然后绑扎(见图 5-7)。

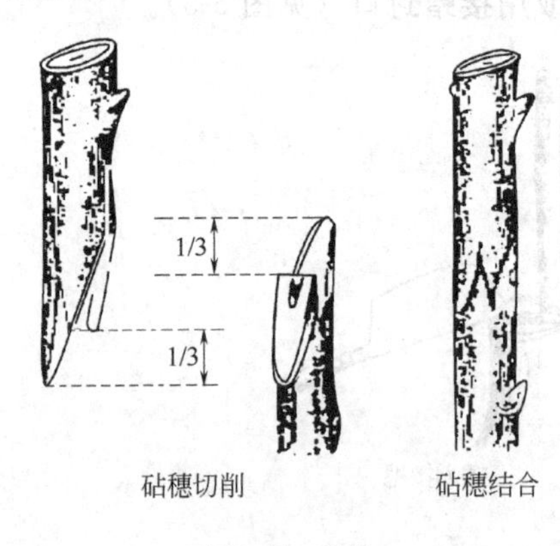

图 5-7　舌接

三、嫁接时间

北方落叶树木枝接一般在早春树液开始流动后，接穗芽尚未萌动时进行，时间约在 3 月中旬到 5 月中旬。

四、接后管理

1. 检查成活率

芽接一般 7～14 天即可进行成活率的检查，成活者的叶柄一触即掉，芽体与芽片呈新鲜状态；未成活则芽片干枯变黑。枝接一般在接后 20～30 天进行成活率的检查。成活后接穗上的芽新鲜饱满，未成活则接穗干枯或变黑。

2. 解除绑绳

一般当新芽长至 2～3cm 时，可解除绑绳，解绑绳过早，接口仍有被风吹干的可能。

3. 剪砧、抹芽、除蘖

嫁接成活后要及时将接口上方砧木部分剪去。对于嫁接难成活的树种，可分两次或多次剪砧。砧木常萌发许多蘖芽，要及时抹除砧木上的萌芽和根蘖，一般需要去蘖

2～3次。

第四节 压条繁殖

压条繁殖是把未脱离母体的枝条压入土壤，待生根后再与母体分离，成为独立植株的育苗方式。可分为以下方法。

一、普通压条

普通压条法为最常用的方法。适用于枝条离地面比较近而又易于弯曲的树种，如迎春、连翘、无花果、夹竹桃、大叶黄杨等。具体方法为：在秋季落叶后或早春发芽前，利用1～2年生的成熟枝进行压条。雨季一般用当年生的枝条进行压条。常绿树种以生长期压条为好。将母株上近地面的1～2年生的枝条弯到地面，在接触地面处，挖一深10～15cm，宽10cm左右的沟，靠母树一侧的沟挖成斜坡状，相对壁挖垂直。将枝条顺沟放置，枝梢露出地面，并在枝条向上弯曲处，插一木钩固定，覆以松软土并稍踏实。待枝条生根成活后，从母株上分离即可。一根枝条只能压一株苗。一母株周围可同时压数枝，呈伞状。对于移植难成活或珍贵的树种，可将枝条压入盆中或筐中，待其生根后再切离母株。

二、垂直压条

垂直压条又叫培土压条，方法是春季萌芽前自地面重剪枝条，促使基部发生萌蘖。当新梢长到20～30cm时进行第1次培土，培土前可去掉新梢基部几片叶或进行纵刻伤等以利生根，培土厚度约为新梢长度的1/2左右。当新梢长到40～50cm时进行第2次培土，在原土堆上再增加10～15cm土。枝条下端埋入土中的部分就可生根。生根后可以剪下形成新的植株。

三、波状压条

波状压条适用于枝条长而柔软或为蔓生的树种，如地锦、紫藤、金银花、葡萄等。即将整个枝条波浪状压入沟中，波谷压入土中，波峰露出地面，使压入地下的部分产生不定根，而露出地面的芽抽生新枝，这样一个枝条可获得多棵新植株。

四、水平压条

水平压条又称连续压条。压条繁殖方法之一。将要繁殖的枝条截去过长部分，春季时在树旁掘约5cm浅沟，将枝条水平压入浅沟内，用枝杈固定，使生根和发梢，待新梢长到20cm左右时第1次培土，新梢长到30～40cm时进行第2次培土。入冬前或翌春扒开培土，将生根的新株剪离即可。靠近母株基部保留1～4根枝条，供来年再行水平压条之用。此法能使同一枝条上得到多数植株。葡萄、苹果矮化砧、紫藤、蔓越橘、蔓生蔷薇等常用此法繁殖。

五、高空压条

高空压条又叫高枝压条法，在生长季进行。方法是选充实的1～3年生枝条，在其基部进行环剥或纵刻伤等，再于环剥或刻伤处用塑料薄膜包以保湿生根基质如湿锯末、泥炭等，2～3个月后即可生根。生根后剪离母体即成为一个新的独立植株（见图5-8）。

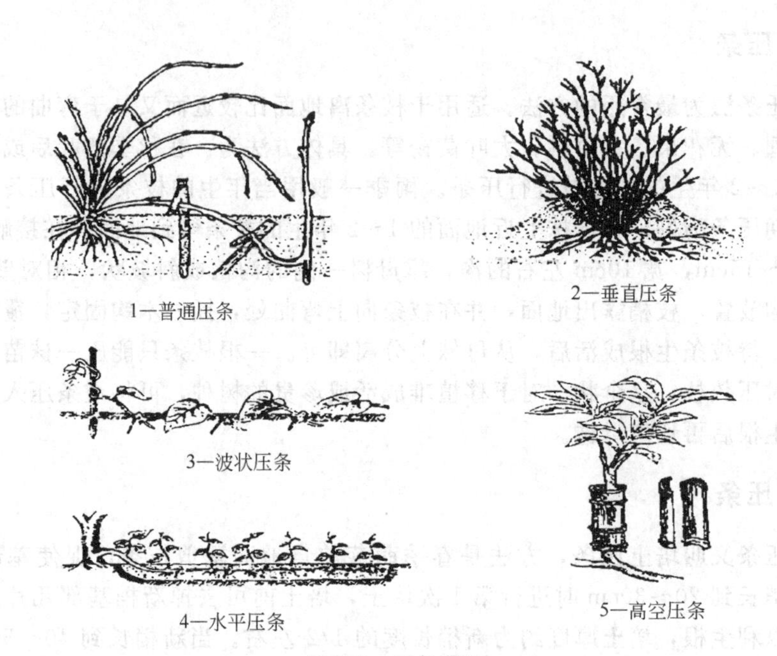

图5-8　压条繁殖

第五节　分株繁殖

分株繁殖又叫分生繁殖，是将植物体分生出来的幼植体（根蘖等），或者植物营养器官的一部分（茎等）进行分离或分割，脱离母体形成新的独立植株的繁殖方法。多对丛木类、灌木类或分蘖强的乔木用此方法。树干连带根一起从母株上分离下来。

一、根蘖分株法

利用有些植物根上易生不定芽、萌发成根蘖苗的特点，将其与母枝分离后形成新的植株。如火炬树、木槿、紫薇、小檗、酸枣、红花槐等。

二、匍匐茎分株法

有些园林植物能由枝条的节部生根发芽，将其与母体分离可得到新植株。如连翘、紫藤、地锦等。

思 考 题

1. 简述种子的沙藏（湿藏）方法。
2. 简述草本花卉的播种方法。
3. 简述硬枝扦插的方法。
4. 嫁接主要有几种方法？简述“丁”字形芽接。
5. 压条繁殖有几种方法？简述普通压条的方法。
6. 简述分株繁殖的方法。

第六章 园林绿化施工与管理

第一节 乔灌木栽植施工技术

一、树木定点放线、种植穴挖掘技术

1. 定点放线

即在现场测出苗木栽植位置和株行距。由于树木栽植方式各不相同，定点放线的方法也有很多种，常用的有以下3种。

(1) 自然式配置乔、灌木放线法

① 网格法：适用范围大而地势平坦的绿地。根据植物配置的疏密度，先按一定的比例在设计图及现场分别打好方格，在图上用尺量出树木在某方格的纵横坐标尺寸，再按此位置用皮尺量在现场相应的方格内。

② 仪器测放法：范围较大，测量基点准确的绿地，可以用平板仪定点。即依据基点，将单株位置及片株的范围线，按设计依次定出，并钉木桩标明，桩上应写清树种、株数。注意定点前先应清除障碍。

③ 目测法：对于设计图上无固定点的绿化种植，如灌木丛、树群等可用上述两种方法划出树群树丛的栽植范围，其中每株树木的位置和排列可根据设计要求在所定范围内用目测法进行定点，定点时应注意植株的生态要求及自然美观。定好点后，多用白灰打点或打桩，标明树种、栽植数量（灌木丛、树群）、坑径。

(2) 整形式（行列式）放线法　利用仪器、皮尺、测绳等工具以地面固定设施为准，如建筑的边界、园路的中心点或道牙为依据，按种植设计量出每株树木的位置，钉上木桩，上面写明树种名称、挖穴规格，要求做到横平竖直，整齐美观。

2. 刨坑（挖穴）

刨坑（挖穴）的质量，对植株以后的生长有很大的影响。在按设计确定位置后，以所定的灰点为中心沿四周向下挖掘，把表土与底土按统一规定分别放置，并不断修直穴壁达到规定深度与宽度，使穴保持上口沿与底边垂直，大小一致，切忌挖成上大下小的锥形或锅底形，一般应比规定根幅范围或土球大小加宽放大20～30cm，加深10～40cm，这样栽植树木才能保证树木根系的充分舒展，栽植踩实不会使根系劈裂，卷曲或上翘，保证园林树木的正常生长发育。

操作方法有手工操作和机械操作两种。

(1) 手工操作　主要工具有锄或锹、十字镐等。具体操作方法，以定点标记为圆心，以规定的坑（穴）径（直径）先在地上划圆，沿圆的四周向下垂直挖掘到规定的深度。然后将坑底刨松、弄平。栽植露根苗木的坑（穴）底，挖（刨）松后最好在中央堆个小土丘，以利树根伸展。挖（刨）完后，将定点用的木桩仍放在坑（穴）内，以备散苗时核对。

（2）挖坑（穴）机械操作　挖坑（穴）机的种类很多，必须选择规格合格的。操作时轴心一定要对准定点位置，挖至规定深度，整平坑底，必要时可加以人工辅助修整。

二、掘苗（起苗）

栽植时起出苗木的质量好坏会直接影响苗木后期栽植成活率，因此在起苗前应做好有关准备工作，按照起苗的操作规程认真进行，苗木起出后作适当处理和保护。

1. 选苗

提高栽植成活率和以后的效果，移植前必须对苗木进行严格的选择。在起苗之前，按设计要求到苗圃选择合适的苗木，并做出标记，习称"号苗"。除符合设计所要求的苗木规格和树形外，还必须注意选择生长健壮、无病虫害、无机械损伤、树形端正、根系发达的苗木。并用系绳、挂牌等方式，做出明显标记，以免掘错。所选数量应略多于设计要求数量，以便补充损坏淘汰之苗。

2. 起苗前准备工作

（1）起苗时间　最好在苗木休眠期，生理活动微弱时起苗，并且和栽植时间紧密配合做到随起随栽，尽量多带宿土，少伤根系。如果苗木生长地的土壤过于干燥，应提前数天灌水；反之土质过湿时，就提前设法排水，以利于掘时的操作。

（2）拢冠　对于侧枝低矮的常绿树（如雪松、油松等）、冠丛庞大的灌木，特别是带刺的灌木（如花椒、玫瑰、黄刺玫等），为方便操作，应先用草绳将其冠捆拢，但应注意松紧适度，不要损伤枝条。拢冠的作业也可与选苗结合进行。

（3）起掘准备　准备好锋利的起掘苗木的工具，带土球掘苗，要准备好合适的蒲包、草绳、塑料布等包装材料。

（4）试掘　为保证苗木根系规格符合要求，特别是对一些情况不明之地所在生长的苗木，在正式掘苗之前应选数株进行试掘，以便发现问题采取相应措施。起苗时，常绿苗应当带有完整的根团土球，土球直径可按苗木胸（干）径的10倍左右确定，土球高度一般可比宽度少5～10cm。一般的落叶树苗也多带有土球，但在秋季和早春起苗移栽时，也可裸根起苗。裸根移落叶灌木，根幅半径可按苗高的三分之一左右确定。

3. 起苗方法

根据苗木带土与否，分为裸根起苗和带土球起苗。

（1）裸根起苗　裸根法适用处于休眠状态的落叶乔、灌、藤本。

落叶乔木以干为圆心，按胸径的4～6倍为半径（灌木按株高的1/3为半径定幅）画圆，于圆外绕树起苗，垂直挖下至一定深度，切断侧根，然后于一侧向内深挖，适当按摇树干，探找深层主根的方位，并将其切断，如遇粗根，掏空四周土层用手锯锯断，切忌强按树干和硬切粗根，造成根系劈裂。根系全部切断后、放倒苗木，轻轻拍打外围土块，对于已劈裂主根应进行修剪，及时运走，准备栽植。

此法操作简便，节省人力、运输及包装材料。但由于易损伤多量的须根，掘起后至栽前，多根部裸露，容易失水干燥，根系恢复需时也较长。

(2) 带土球起苗　以干为圆心，以干的周长为半径画圆，确定土球的大小。土球的形状可根据施工方便挖成方形、圆形或长方的半球形，但是应注意保证土球完好，土球要削光滑，包装要严，草绳要打紧不能松脱，土球底部要封严不能漏土。

此法在移植过程中水分不易损失，对恢复生长有利，但操作较困难、费工，要耗用包装材料，土球笨重，增加了运输负担，因此一般不采用带土球移植。但目前移植常绿树、竹类和生长季节移植落叶树多不得不用此法。

三、运苗与假植

苗木的运输与假植质量，也是影响植树成活的重要环节，实验证明“随掘、随运、随栽”对植树成活率最有保障。也就是说，苗木从挖掘到栽好，应争取在最短时间内完成。这样可以减少树根在空气中暴露时间，对树木的成活是大有好处的。

1. 运苗

装车前，车箱内应先垫上草袋等物，以防车板磨损苗木，苗木装车时，应排列整齐，根系向前，树梢向后，顺序安放，不要压得太紧，做到上不超高，梢不拖地，根部应用苫布盖平，并用绳捆好，专人跟车押运。短途运输中途最好不停留，长途运苗，为保证根系不被风吹干，装车前将苗木根系浸入事先调制好的泥浆中然后取出，包好装车，中途洒水，以有效地保护根系，保证成活。带土球苗运苗时，苗高不足2m者可立放，苗高2m以上的应使土球在前，梢向后，呈斜放或平放，并用木架将树冠架稳、装紧、垫牢，防开车时晃动。

2. 假植

苗木运到施工现场后未能及时栽完，裸根苗应选用湿土将苗根埋严，进行“假植”。

(1) 裸根苗木短期假植法　临时可用苫布或草袋盖严，或在栽植处附近，选择合适地点，先挖一浅横沟，约2～3m长。然后稍斜立一排苗木，紧靠苗根再挖一同样的横沟，并用挖出来的土将第一排树根埋严，挖完后再码一排苗，依次埋根，直至全部苗木假植完。

(2) 带土球的苗木，运到工地以后，能很快栽完的，可不必假植　如1～2天内不能栽完，应选择不影响施工的地方，将苗木排码（放）整齐，四周培土，树冠之间用草绳围拢，假植时间较长者，土球间隙也应填土。

(3) 植树施工期较长，则对裸根苗应妥善假植　事先在不影响施工的地方，挖好30～40cm深，1.5～2m宽，长度视需要而定的假植沟，将苗木分类排码，树头最好向顺风方向斜放沟中，依次错后安（码）放一层苗木，根部埋一层土，全部假植完毕以后，还要仔细检查，一定要将根部埋严实，不得裸露，若土质干燥还应适量灌水，既要保证树根潮湿，而土质又不可过于泥泞，以免影响以后操作。

假植期间根据需要，应经常给常绿苗木的叶面喷水。

四、栽植

1. 栽植前的修剪

在栽植前，苗木必须经过修剪，其主要目的是为了减少水分的散发，保证树势平衡以保证树木成活。修剪时其修剪量依据不同树种而要求有所不同，一般对常绿针叶树及用于植篱的灌木不多剪，只剪去枯病枝，受伤枝即可。对于较大的落叶乔木，尤其是生长势较强、容易抽出新枝的树木如杨、柳、槐等可进行强修剪，树冠可剪去1/2以上，这样可减轻根系负担，维持树木体内水分平衡，也可使树木栽后稳定，不致招风摇动，对于花、灌木及生长较缓慢的树木可进行疏枝，短截去全部叶或部分叶，去除枯病枝、过密枝，对于过长的枝条可剪去1/3～1/2，另外修剪时要注意分枝点高度，灌木的修剪要保持自然树形，短截时应保持外低内高，树木栽植前，还应对根系进行适当修剪，主要将断根、劈裂根、病虫根和过长的根剪去，修剪时剪口应平而光滑并及时涂抹防腐剂以防水分蒸发、干旱、冻伤及病虫危害。

2. 栽植方法

（1）配苗　苗木修剪后，按照设计的要求确定栽植的位置，检查树穴没有塌落的情况下，按穴边木桩写明的树种配苗，做到“对号入座”进行配苗。

（2）栽种

① 露根乔木大苗的栽植法：一人将树苗放入坑中扶直，另一人用坑边好的表土填入，至一半时，将苗木轻轻提起，使根颈部位与地表相平，使根自然地向下呈舒展状态，然后用脚踏实土壤，或用木棒夯实，继续填土，直到与穴（坑）边稍高一些，再用力踏实或夯实一次。最后用土在坑的外缘做好灌水堰。

② 带土球苗的栽植法：栽植土球苗，须先量好坑的深度与土球高度是否一致，如有差别应及时挖深或填土，绝不可盲目入坑，造成来回搬动土球。土球入坑后应先在土球底部四周垫少量土，将土球固定，注意使树干直立。然后将包装材料剪开，并尽量取出（易腐烂之包装物可以不取）。随即填入好的表土至坑的一半，用木棍于土地四周夯实，再继续用土填满穴（坑）并夯实，注意夯实时不要砸碎土球。最后开堰。

③ 立支柱：对于大规格的苗木，为防灌水后土塌树歪或大风吹倒苗木，在栽植后应设支柱支撑，常用通直的木棍、竹竿作支柱，长度视苗高而异，以能支撑树的1/3～1/2处即可，一般用长1.7～2m，粗5～6cm的支柱，支柱应于种植时埋入，也可栽后打入土20～30cm即可，但应注意不要打在根上和损坏土球，立支柱的方式大致有单支式、双支式、三支式三种。支法有立支和斜支，立支柱时支柱与树相捆绑处，既要捆紧又要防止日后摇动擦伤干皮，捆绑时树干与支柱间应用草绳或棉布隔开后再

绑，只有这样才能保证树木的正常生长、发育。

五、养护管理

树木栽后管理包括灌水、封堰及其他。栽植后24h内必须浇头遍水，三日内浇透第二遍水，十日内浇透第三遍水。水一定要浇透，使土壤充分吸足水分，树根与土壤紧密结合，以利于根系发育，方保成活，浇水时防止冲垮水堰，浇水渗入后，应将歪斜树木扶直，注意树干四周泥土是否下沉时开裂，如有这种情况应及时对塌陷、开裂处加土填平踩实。为了保墒，应及时在行中耕除草，封水堰。封堰时要使泥土略高于地面，有利于防风、保湿和保护根系，定期检查树木的病虫害，做到以预防为主，及时控制病虫害的发生，保证树木的茁壮成长。

第二节　花坛施工技术

一、平面花坛施工技术

所谓“平面花坛”，系指从表面观赏其图案与花色者。花坛本身除呈简单的几何形式外，一般不修饰成具体的形体。这种花坛在园林中最为常见。

1. 整地

栽培花卉的土壤，必须深厚、肥沃、疏松。所以，开辟花坛之前，一定要先整地，将土壤深翻40～50cm，将石块、杂物拣除或过筛剔出。如果栽植深根性花木，还要翻得更深一些。若土质过劣则换以好土，若土质贫瘠则应施足基肥。

平面花坛的表面，不一定呈水平状，花坛用地应处理成一定的坡度，为便于观赏和有利排水，可根据花坛所在位置，决定坡的形状。若从四面观赏，可处理成尖顶状、台阶状、圆丘状等形式。如果只单面观赏，则可处理成一面坡的形式。

花坛的地面，应高出所在地平面，尤其是四周地势较低之处，更应该如此。同时要做边界，以免水土流失和防止游人践踏。可在平整后，四周用花卉材料作边饰，不得已情况下也可用水泥砖、陶砖砌好配以精致的矮栏，更能增加美观和起到保护作用。但应注意花坛镶边和围栏都应与花坛本身和四周环境相协调，既不可过于简单、粗陋，破坏景观，又不能过于复杂、华丽而喧宾夺主。

2. 定点、放线

栽花前，按照设计图，先在地面上准确的划出花坛位置和范围的轮廓线。放线方法可灵活多样。现简单介绍几种常用的放线方法。

(1) 图案简单的规划式花坛　根据设计图纸，直接用皮尺量好实际距离，并用灰点、灰线作出明显标记。如果花坛面积较大，可用方格法放线，即在设计图纸上画好方格，按比例相应地放大到地面上即可。

(2) 模纹花坛　要求图案、线条准确无误，故对放线要求极为严格，可以用较粗的铅丝，按设计图纸的式样，编好图案轮廓模型，检查无误后，在花坛地面上轻轻压出清楚的线条痕迹。

（3）连续和重复图案的花坛　有些模纹花坛的图案，是互相连续和重复布置的，为保证图案的准确性，可以用较厚的纸张（马粪纸等），按设计图剪好图案模型，在地面上连续描画出来。

总之，放线方法多种多样，可以根据具体情况灵活采用。此外，放线要考虑先后顺序，避免踩乱已放印好的线条。

3. 栽植

（1）起苗　植株移栽前将苗床浇一次水，使土壤保持一定湿度，以防起苗时伤根。起苗时，要根据花坛设计要求的植株高低、花色品种进行掘取，然后放入筐内避免挤压。

① 裸根苗：应随栽随起，尽量保持根系完整。

② 带土球苗：如果花圃土壤干燥，应事先灌水，起苗时要保持土球完整，根系丰满。如果土壤过于松散，可用手轻轻捏实。起下后，最好于阴凉处囤放一两天，再运苗栽植。这样，可以保证土壤不松散，又可以缓缓苗，有利于成活。

③ 盆育花苗：栽时最好将盆退去，但应保证盆土不散，也可以连盆栽入花坛。

（2）花苗栽入花坛的基本方式

① 一般花坛　如果小花苗就具有一定的观赏价值，可以将幼苗直接定植，但应保持合理的株行距，甚至还可以直接在花坛内播花籽，出苗后及时间苗管理。这种方式既省人力、物力，而且也有利于花卉的生长。

② 重点花坛　一般应事先在花圃内育苗，待花苗基本长成后，于适当时期，选择符合要求的花苗，栽入花坛内。这种方法比较复杂，各方面的花费也较多，但可以及时发挥效果。

宿根花卉和一部分盆花，也可以按上述方法处理。

（3）栽植方法　栽花前几天，花坛内应充分灌水渗透，待土壤干湿合适后再栽。运来的花苗应存放在荫凉处，带土球的花苗应保持土球完整，裸根花苗在栽前可将须根切断一些，以促使速生新根。栽植穴（坑）要挖大一些，保证苗根舒展。栽入后用手压实土壤，并随手将余土耙（耧）平。栽好后及时灌水。

用五色草栽植模纹花坛时，应根据圃地记录，应将不同品种的五色草区分开，因红草和黑草春季差别很小，要到秋季才能分出各自的颜色，应特别注意不要弄乱。为使图案线条明显，一般都用白草镶作轮廓线。白草性喜干燥，耐寒性也比较强，所以在栽植白草的地方，最好垫高一些，以免积水受涝。模纹花坛应经常修剪整齐，以提高观赏效果。

（4）栽植顺序

① 单个的独立花坛，应由中心向外的顺序退栽。

② 一面坡式的花坛，应由上向下栽。

③ 高、低不同品种的花苗混栽者，应先栽高的，后栽低矮的。

④ 宿根、球根花卉与一、二年生花混栽者，应先栽宿根花卉，后栽一、二年生草花。

⑤ 模纹式花坛，应先栽好图案的各条轮廓线，然后再栽内部填充部分。

⑥ 大型花坛，可分区、分块栽植。

（5）栽植距离　花苗的栽植间距，要以植株的高低、分蘖的多少、冠丛的大小而定，以栽后不露地面为原则。也就是说，其距离以相邻的两株（棵）花苗冠丛半径之和来决定。当然，栽植尚未长成的小苗，应留出适当的空间。

模纹式花坛，植株间距应适当小些，以植株大小或设计要求决定。五色草类株行距一般可按 3cm×3cm，中等类型花苗如石竹、金鱼草等，可按 15～20cm；大苗类如一串红、金盏菊、万寿菊等，可按 30～40cm，呈三角形种植。花坛所用花苗不宜过大，但必须很快形成花蕾，达到观花的目的。

规则式的花坛，花卉植株间最好错开栽成梅花状（或叫三角形栽植）排列。

（6）栽植的深度　栽植的深度对花苗的生长发育有很大的影响。栽植过深，花苗根系生长不良，甚至会腐烂死亡；栽植过浅，则不耐干旱，而且容易倒伏。一般栽植深度，以所埋之土刚好与根茎处相齐为最好。球根类花卉的栽植深度，应更加严格掌握，一般覆土厚度应为球根高度的 1～2 倍。

4. 养护管理

花坛上花苗栽植完毕后，需立即浇一次透水，使花苗根系与土壤紧密结合，提高成活率。平时应注意及时浇水、中耕、除草、剪除残花枯叶，保持清洁美观。如发现有害虫滋生，则应立即根除，若有缺株要及时补栽。对五色草等组成的模纹花坛，应经常整形，修剪，保持图案清晰、整洁。

二、立体花坛施工技术

所谓立体花坛，就是用砖、木作结构，将花坛的外形布置成花瓶、花篮及鸟、兽等形状。有些除栽有花卉外，配置一些有故事内容的工艺美术品所构成的花坛，也属于立体花坛。

1. 结构造型

用钢筋、管材和砖块等按设计要求做成造型骨架主体，先用直径 1cm 左右的钢筋网做造型的基本轮廓，再用软的铁纱网包住龙骨，调整好造型的整个轮廓。内部预埋水管和微喷头。将事先和好熟化的稻草泥摔到骨架上，使泥与铁纱网紧密结合。泥的厚度要求 5～10cm，找出的面用蒲包或麻包片裹在泥的外部，用铁丝扎牢将泥固定。也可先将要制作的形象，用木棍作中柱，固定在地上，再用竹条或铅丝编制外形，外边用蒲包垫好，中心填土夯实，所用土壤中最好加一些碎稻草。为减少土方对四周的压力，可在中柱四周砌砖，并间隔放置木板。外形做好后，一定要用蒲包等材料包严，防止漏土。

2. 栽植

立体花坛的主体植物材料一般用五色草布置。所栽植的小草由蒲包的缝隙中插进去，插入之前，先用铁钎子钻一小孔，插入时注意苗根要舒展，然后用土填严，并用手压实。栽植的顺序一般应由下部开始，顺序向上栽植，栽植密度应稍大一些。为克服植株（茎的背地性所引起的）向上弯曲生长现象，应及时修剪，并经常整理外形。

花瓶式的瓶口或花篮式的蓝口，可以布置一些开放的鲜花。立体花坛基座四周，应布置花草或布置成模纹式花坛。

立体花坛布置好后，每天都应喷水，一般喷两次，天气炎热，干旱时，应多喷几次。所喷之水，要求水点要细，避免冲刷。

三、斜面花坛施工技术

斜面花坛是以斜面为观赏面，经常设置在斜坡处或者搭架构建而成。这类花坛一般为单面观赏的模纹（毛毡）花坛，植物材料一般用五色草布置。其施工顺序如下：

1. 摆放种植箱

种植箱以长方形扁平塑料箱为宜，如豆腐屉，深度为15～18cm左右。将塑料箱摆放在平面上并进行统一编号，将编号写在塑料箱侧面易于查找。

2. 放置栽培基质

栽培基质宜选用富含养分且质量轻的腐殖土为宜，需有一定的黏结度，不能用沙土，否则浇水后基质易流失。每隔一定距离按品字形固定一些挡土板，防止浇水后由于重力原因造成基质向底部堆积。

3. 放样

方法同平面花坛，但由于种植箱可移动，因此在放样时，图案可根据箱子大小尺寸做适当修整，使图案在施工时便于拼装。

4. 栽植

放样后按图案纹样要求分箱栽入所需色彩的五色草苗。多为直接扦插于培养土上，栽植密度应大，每平方米400～500株。一般应提前1个半月到2个月进行扦插养护，实行两次修剪后，应用效果较好。要使花坛图案纹样细致、清晰，富于立体感和表现力，则应在修剪上下功夫。修剪有很多技巧：将图案轮廓突出部分实行弧形修剪；底色实行平剪；在两种颜色交界处实行斜剪，使交界处成凹状。修剪的轻重要适度，过轻不易使花纹清晰，过重则下部枝叶稀疏，使土壤裸露，影响观赏效果。

5. 在斜面花坛支架上固定种植箱

支架可以用木板、角钢或脚手架制成，倾斜角度一般为45°～60°，也有垂直放置的。一般斜面上用角钢根据种植箱的宽度做成排架，安装时以种植箱能卡在两排角钢之间为准，用铅丝固定种植箱于架子上，一般从架子下部开始固定。支架底部要根据斜面花坛的总重量按1∶3的比例配重，以保持花坛的稳定性。

6. 养护

日常管理主要是浇水和适当进行修剪，如有坏死苗及时进行更换。

第三节　草坪与地被种植

世界各国的现代化城市都非常重视发展草坪、地被植物。地面铺上草坪就像铺上一块绿色地毯，茵茵绿草给人以平和、凉爽、亲切、舒适的感觉，对人们的生活环境起到良好的美化作用，同时草坪植物还可以起到防止水土流失、固坡护堤、保护环境卫生、减少噪声、调节气温、增加空气中的相对湿度等作用。

草坪的建设应按照既定的草坪设计进行。在草坪设计中，一般都已确定了草坪的位置、范围、形状、供水、排水、草种组成及草坪上的树木种植情况。而草坪施工的内容，就是要求根据已确定的设计来完成一系列的草坪开辟和种植过程。这一施工过程，主要包括土地整理、布置给排水设施、铺种草坪草和后期养护管理等工序。

一、整地

栽种草坪，必须事先按设计标高整理好场地，主要操作内容包括挖（刨）松土地、整平、施肥等，必要时还要换土。对于有特殊要求的草坪如运动场草坪还应设置排地下水设施。

1. 土壤准备

草坪植物的根系80%分布在40cm以上的土层中，而且50%以上是在地表以下20cm的范围内。虽然有些草坪植物能耐干旱，耐瘠薄，但种在15cm厚的土层上，会生长不良，应加强管理。为了使草坪保持优良的质量，减少管理费用，应尽可能使土层厚度达到40cm左右，最好不小于30cm，在小于30cm的地方应加厚土层。

对于含有砖石等杂质的土壤，虽然对草坪植物生长没有多大影响，但妨碍管理操作，所以应将杂物挑（拣）出来，必要时应将30～40cm厚的表土全部过筛。如果土中含有石灰等有害于草坪植物生长的物质，则应将40cm厚的表层土全部运走，另外换上沙质壤土，以利于草坪植物的生长发育。

2. 施底肥

为提高土壤肥力，最好施一些优质有机肥料做基肥。但不要用马粪，因其中含有大量杂草种籽，会造成以后草坪中野草蘖生，后患无穷。

施肥量：每100m^{2}施农家肥400～500kg，或每100m^{2}施麻渣150～200kg。如需施磷肥可每100m^{2}施过磷酸钙1.5～2kg。不论施哪种肥料，都应粉碎并和土壤搅拌均匀，撒后翻入土中。

3. 防虫

为防治地下害虫，保护蘖根，可于施肥的同时施以适量农药。必须注意撒施均匀，避免药粉成块状而影响草坪植物成活。

4. 平整

完成以上工作以后，按设计标高将地面整平，并注意保持一定排水坡度（一般采用0.3%～0.5%的坡度）。场地当中千万不可出现坑洼之处，以免积水，最后用碾子轻轻碾压一遍。

体育场草坪对于排水的要求更高，除应注意搞好地表排水（坡度一般可采用0.5%～0.7%）以外，还应设置地下排水系统。

整地质量好坏，是草坪建立成败的关键之一，必须认真对待，绝不可马虎从事。

二、排水及灌溉系统

草坪与其他场地一样，需要考虑排除地面水，因此，在最后平整地面时，要结合考虑地面排水问题，不能有低凹处，以避免积水。草坪多利用缓坡来排水，在一定面积内修一条缓坡地沟道，其最低下的一端可设雨水口接纳排出的地面水，并经地下管道排走，或以沟直接与湖池直接相连。理想的平坦草坪的表面应是中部稍高，逐渐向四周或边缘倾斜。

地形过于平坦的草坪或地下水位过高或聚水过多的草坪、运动场的草坪等均应设置暗管或明沟排水，最完善的排水设施是用暗管组成一个系统与自由水面或排水管网相连接（见图 6-1）。

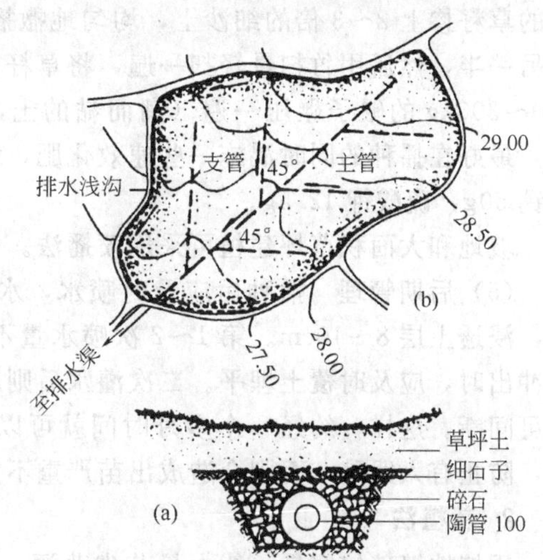

图 6-1 草坪暗管排水系统示意图

草坪灌溉系统是兴造草坪的重要项目。目前国内外草坪大多采用喷灌，为此，在场地最后整平前，应将喷灌管网埋设完毕。

三、种植

草坪排水供水设施敷设完成，土面已经整平耙细，就可以进行草坪植物的种植施工。草坪种植方式主要有草籽播种、分栽、铺砌草块、铺草卷等几种。

1. 播种法

利用播种繁殖形成草坪，其优点是施工投资最小，从长远看，实生草坪植物的生命力较其他繁殖法为强。缺点是杂草容易侵入，养护管理要求较高，形成草坪的时间比其他方法更长。

（1）选种　要选择优良合格种籽，播种前应做发芽试验和催芽处理，确定合理的播种量。播种用的草籽必须要选用正确的草种，发芽率高。一般要求草籽纯度在90%以上，发芽率在50%以上。

（2）种子处理　有的种子发芽率不高并不是因为质量不好，而是因各种形态、生理原因所致。为了提高发芽率，达到苗全、苗壮的目的，在播种前可对种子加以处理。如细叶苔草的种子可用流水冲洗数十小时；结缕草种子可用0.5%氢氧化钠溶液浸泡 24h，捞出后再用清水冲洗干净，最后将种子放在阴凉、干燥处，即可播种；野牛草种子可用机械的方法搓掉硬壳。而羊胡子草籽的处理方法有两种：一为流水冲洗96h；一为用40～50℃的温水浸种，并随时用棍搅拌，水凉后用清水冲洗，以除去种皮外面的蜡质，晾干种皮，即可播种。

（3）播种时间　主要根据草种与气候条件来决定。播种草籽，自春季至秋季均可进行。以北京地区为例，暖季型草坪播种宜在5～6 月；冷季型草坪播种宜在3～4 月或8～9 月。二月兰播种宜在4～5 月或8～9 月；崂峪苔草播种宜在4～5 月；白三叶播种宜在4～5月或8～9月。由于各地气候条件不同，应因地制宜地选择本地区最适宜的播种时间。冬季不过分寒冷的地区，以早秋播种为最好，此时土温较高，根部发育好，耐寒力强，有利越冬。草坪在冬季越冬有困难的地区，只能采用春播。但春播苗多易直立生长，播种量应稍多些。

(4) 播种方法　一般采用撒播法。先在地上做3m宽的条畦，并灌水浸地，水渗透稍干后，用特制的钉耙（耙齿间距2～3cm），纵横耧沟，沟深0.5cm，然后将处理好的草籽掺上2～3倍的细沙土，均匀地撒播于沟内。最好是先纵向撒一半，再横向撒另一半，然后用竹扫帚轻扫一遍，将草籽尽量扫入沟内，并用平耙耧平。最后用重200～300kg的碾子碾压一遍（潮而黏的土，不宜振压）。为了使草籽出苗快，生长好，最好在播种的同时混施一些速效化肥，北京地区每平方米可施硫酸氨25g，过磷酸钙50g，硫酸钾12.5g。

坡地和大面积草坪建植可采用喷播法。

(5) 后期管理　播种后应及时喷水，水点要细密、均匀，从上而下慢慢浸透地面，浸透土层8～10cm。第1～2次喷水量不宜太大，喷水后应检查，如果发现草籽被冲出时，应及时覆土埋平。二次灌水后则应加大水量，经常保持土壤潮湿，喷水决不可间断。这样，约经一个多月时间就可以形成草坪了。此外，还必须注意围护起来，防止有人践踏，否则会造成出苗严重不齐。

2. 栽植法

用植株繁殖较容易，能大量节省草源，一般$1m^2$的草块可以栽成草坪5～$10m^2$或更多一些。与播种法相比，此法操作方便，费用较低，节省草源，管理容易，能迅速形成草坪。对于种子繁殖较困难的草种或匍匐茎、根状茎较发达的种类适合用此方法，北京地区常用此法栽植的有野牛草、大羊胡子、小羊胡子、白三叶、麦冬、崂峪苔草等。

(1) 栽植时间　全年的生长季均可进行。但如果种植时间过晚，当年就不能覆盖地面。最佳的栽植时间是生长季中期，如北京地区最佳的栽植时间是：暖季型草宜在5～6月，冷季型草宜在4～9月。

(2) 选择草源　草源地一般是事前建立的草圃，以保证草源充足，特别是分枝能力不强的草种。在无专用草圃的情况下，也可选择杂草少，目的草种生长健壮的草坪做草源地。草源地的土壤如果过于干燥，应在掘草前灌水，水渗入深度应在10cm以上。

(3) 掘草　掘取匍匐性草根，其根部最好多带一些宿土，掘后及时装车运走。草根堆放要薄，并放在阴凉之地，必要时可以搭棚存放，并经常喷水保持草根潮湿，一般每平方米草源可以栽种草坪5～$10m^2$。掘非匍匐性草根，应尽量保持根系完整丰满，不可掘得太浅造成伤根。掘前可将草叶剪短，掘下后可去掉草根上带的土，并将杂草挑净，装入湿蒲包或湿麻袋中及时运走。如不能立即栽植也必须铺散存放于阴凉处，并随时喷水养护。一般每平方米草源可栽草坪2～$3m^2$。

(4) 栽草　分条栽与穴栽。

条栽法：条栽比较节省人力，用草量较少，施工速度也快，但草坪形成时间比点栽的要慢。操作方法很简单，先挖（刨）沟，沟深5～6cm，沟距20～25cm，将草蔓（连根带茎）每2～3根一束，前后搭接埋入沟内，埋土盖严，碾压、灌水，之后要及时挑除野草。

穴栽法：穴栽比较均匀，形成草坪迅速，但比较费人工。栽草每两人为一个作业组，一人负责分草并将杂草挑净，一人负责栽草，用花铲刨坑，深度和直径均为5～7cm，株距根据不同草种而有所不同（见表6-1）。呈梅花形（三角形）将草根栽入穴内，用细土埋平，用花铲拍紧，并随时顺势耧平地面，最后再碾压一次，及时喷水。

表6-1 北京地区不同草种分栽密度

草 种	密 度	分栽方式	草 种	密 度	分栽方式
野牛草	(15～20)cm×(15～20)cm	穴栽	匍匐剪股颖	20cm×20cm	穴栽
羊胡子草	(12～15)cm×(12～15)cm	穴栽	白三叶	10cm×10cm	穴栽
结缕草	15cm×15cm	条栽	麦冬	10cm×10cm	穴栽
草地早熟禾	10cm×10cm	穴栽	崂峪苔草	10cm×10cm	穴栽

提高栽植效果的措施。为提高成活率，缩短缓苗期，移栽过程中要注意两点：一是栽植的草要带适量的护根土（心土），二是尽可能缩短掘草到栽草的时间，最好当天掘草当天栽，栽后要充分灌水，清除杂草。

3. 铺草块

就是用带土成块移植铺设草坪的方法，此法可带原土块移植，所以形成很快。除土冻期间一年四季均可施工，尤以春、秋两季为好。各草种均适用，缺点是成本高，且容易衰老。

(1) 选草源地　选择无杂草、覆盖度95%以上，草色纯正，生长势强，而且有足够大的面积为草源。

(2) 掘草块　在选好的草源地上，事先灌足一次水，待水渗透后便于操作时，人工可用平锹或用带有圆盘刀的拖拉机，将草源地切成长块状，草块大小根据运输方法及操作是否方便而定，大致有以下几种：45cm×30cm、60cm×30cm、30cm×12cm，切口约10cm深，然后用平锹或平铲起出草块即成。掘取草块应边缘整齐、厚度一致，紧密不散，这样才能保证草块的质量。草块带土厚度约5～6cm或稍薄些。

(3) 运输及存放草块　草块掘好后，可放在宽20cm×长100cm×厚2cm的木板上，每块木板上放草块2～3层。装车时用木板抬，防止破碎，并码放靠近、整齐。运至铺草坪现场后，应将草块单层放置，并注意遮阴，经常喷水，保持草块潮湿，并应及时铺栽。

(4) 铺草块　铺草块前，应检查场地是否整平等准备工作情况，必须将一切现场准备工作做完后方可施工。铺草块时，必须掌握好地面标高，最好采用钉桩拉线的方法，作为掌握标高的依据。可每隔10m钉一木桩，用仪器测好标高，做好标记，并在木桩上拉紧细线绳。铺草时，草块的土面应与线平齐，草块薄时应垫土找平，草块太厚则应适当削薄一些。

铺设草块可采取密铺或间铺。密铺应使缝隙错落互相咬茬，草块边要修整齐，互相衔接不留缝，草块间填满细土，随时用木拍拍实，使草块与草块、草块与地面紧密连接。间铺间隙应均匀，缝的宽度为4～6cm。

一定要保证铺平，否则将来低洼积水，会影响草坪生长。最后用500kg的碾子碾压，并及时喷水养护，保持土壤湿润直至新叶开始生长。铺草时，发现草块上带有少量杂草的，应立即挑净，如杂草过多则应淘汰。

4. 铺草卷

经育苗地培育出的草像地毯一样，可以卷起来运至工地，又像地毯一样铺开，并及时喷水养护，短时间内即可恢复生机，形成草坪景观。其优点是工期短，见效快，缺点是成本略高于其他草坪种植方法。

草卷的铺设方法及管理技术如下。

(1) 起草搬运　地毯式草卷长宽以1m为宜，每卷卷起直径为15～20cm，重约30kg（含水量25%～30%），苗龄2个月即可卷起出圃。苗龄越长根系透过无纺布数越大，卷起时较费力，卷带床土较多，但不影响成活。搬运时可采用简易担架，应轻抬轻放避免撕裂。

(2) 铺设　轻抬轻放的草卷边缘较整齐，$1m^2$接$1m^2$依次铺下，地边地角处可剪栽补贴，接缝处靠紧踏实并适当覆土弥合，切勿边角重叠，否则会使上层接地不实，根系悬空，下层草苗被盖坏死。全部铺完后进行滚压。

(3) 第一次水必须浇透，使之与土壤接实，接上地气，便于向下扎根。然后撒上0.3cm左右的加肥细土，再浇第二遍水，使根系间填实，有利缓苗复壮。2～3天后根系代谢正常后，转入正常养护。

第四节　垂直绿化施工技术

垂直绿化又叫立体绿化，就是充分利用藤本、攀缘、垂吊植物，在立交桥、楼顶边缘、立柱、围栏、围墙、陡坡等建筑物立面、边缘进行栽培，从而达到防护、绿化、美化的效果。垂直绿化不仅能增加建筑物的艺术效果，使环境整洁美观、生动活泼，而且占地少、见效快、绿化覆盖率高，大大改善城市的生态环境。近年来，随着我国高层建筑不断增加，进行垂直绿化便成为一种迫切需要。

一、垂直绿化常用种类及种植形式

1. 庭院垂直绿化

一般与棚架、网架、廊、山石配置，以美化和经济效益为主，如木香、紫藤、葡萄、猕猴桃、观赏南瓜等，创造庭院幽静、自然的小环境。

2. 墙面垂直绿化

一般在楼房、平房、围墙下面选择吸附力强的攀缘植物，如爬山虎、凌霄、络石等，从而增强城市绿化覆盖率，消除硬质景观对人们视觉造成的恶劣影响。

3. **住宅垂直绿化**

住宅垂直绿化是包括阳台、天井、晒台等的绿化。在这些地方设立支架，使攀缘植物沿栅栏、支架生长。尽量选择耐瘠薄，根系较浅的植物，如牵牛花、茑萝等，它们管理粗放，花期长，美化、绿化效果都很好。

4. **陡坡、假山绿化**

陡坡宜选用根系发达、速生、固着力强的攀缘植物，如葛藤、油麻藤，以起到护坡、保持水土、美化的作用。假山石旁可适当栽植攀缘力强的爬山虎、凌霄、扶芳藤或牵牛花、紫藤等缠绕类植物，以不影响山石之美为主，增加自然灵气。

二、棚架植物栽植及施工技术

棚架绿化是攀缘植物在一定空间范围内，借助于各种形式、各种构件如花门、绿亭、花榭等构成的，并组成景观的一种垂直绿化形式。棚架植物的栽植应当按下述方法处理。

1. **棚架植物的选择**

棚架的结构不同，选用的植物也应不同。砖石或混凝土结构的棚架，可种植大型藤本植物，如紫藤、凌霄等；竹、绳结构的棚架，可种植草本的攀缘植物，如牵牛花、啤酒花等；混合结构的棚架，可使用草、木本攀缘植物结合种植。

2. **植物材料处理**

用于棚架栽种的植物材料，若是藤本植物，如紫藤、常绿油麻藤等，最好选一根独藤长 5m 以上的；如果是如木香、蔷薇之类的攀缘类灌木，因其多为丛生状，要剪掉多数的丛生枝条，只留 1～2 根最长的茎干，以集中养分供应，使今后能够较快地生长，较快地使枝叶盖满棚架。

3. **种植槽、穴准备**

在花架边栽植藤本植物或攀缘灌木，种植穴应当确定在花架柱子的外侧。穴深 40～60cm，直径 40～80cm，穴底应垫一层基肥并覆盖一层壤土，然后才栽种植物。不挖种植穴，而在花架边沿用砖砌槽填土来作为植物的种植槽，也是花架植物栽植的一种常见方式。种植槽净宽度在 35～100cm 之间，深度不限，但槽顶与槽外地坪之间的高度应控制在 30～70cm 为好。种植槽内所填的土壤，一定要是肥沃的栽培土。

4. **栽植**

花架植物的具体栽种方法与一般树木基本相同。但是，在根部栽种施工完成以后，还要用竹竿搭在花架柱子旁，把植物的藤蔓牵引到花架顶上，若花架顶上的檩条比较稀疏，还应在檩条之间均匀地放一些竹竿，增加承托面积，以方便植物枝条生长和铺展开来，特别是对缠绕性的藤本植物如紫藤、金银花等更需如此。

5. **养护管理**

在藤蔓枝条生长过程中，要随时抹去花架顶面以下主藤茎上的新芽，剪掉其上萌生的新枝，促使藤条长得更长，藤端分枝更多。对花架顶上藤枝分布不均匀的，要作人工牵引，使其排布均匀。以后每年还要进行一定的修剪，剪掉病虫枝、衰老枝和枯枝。

三、墙垣绿化施工技术

墙垣绿化是泛指用攀缘植物装饰建筑物外墙和各种围墙的一种立体绿化形式。这类绿化施工有两种情况，一种是利用建筑物的外墙或庭院围墙进行墙面绿化，另一种是在庭院围墙、隔墙上作墙头覆盖性绿化。

1. 墙面绿化

(1) 绿化材料选择　适于作墙面绿化的植物一般是茎节有气生根或吸盘的攀缘植物，其品种很多，如爬山虎、五叶地锦、扶芳藤、凌霄等。

(2) 墙面处理　表面粗糙度大的墙面有利于植物爬附，垂直绿化容易成功。墙面太光滑时，植物不能爬附墙面，就只有在墙面上均匀地钉上水泥钉或膨胀螺钉，用铁丝贴着墙面拉成网，供植物攀附。

(3) 栽植　墙面绿化种植可采用地栽或容器种植两种形式。地栽一般沿墙面种植，带宽50～100cm，土层厚50cm以上，苗稍向外倾斜；种植槽或容器栽植时，一般种植槽或容器高度为50～60cm，宽50～80cm，槽底每隔2～2.5cm应留出一个排气孔。栽种时，苗木根系距墙体15cm左右，株距采用50～70cm，而以50cm的效果更好些。栽植深度以苗木的根团全埋入土中为准。

(4) 保护措施　为了确保成活，在施工后一段时间中要设置篱笆、围栏等，保护墙脚刚栽上的植物。以后当植物长到能够抗受损害时，才拆除维护设施。

2. 墙头绿化

(1) 绿化材料选择　主要用蔷薇、木香、三角花等攀缘灌木和金银花、常绿油麻藤等藤本植物，搭在墙头上用以绿化实体围墙或空花隔墙。

(2) 栽植　要根据不同树种藤、枝的伸展长度，来决定栽种的株距，一般的株距可在1.5～3.0m之间。墙头绿化植物的种植穴挖掘、苗木栽种等，与一般树木栽植基本相同。

四、护坡绿化施工技术

护坡绿化是用各种植物材料，对具有一定落差坡面起到保护作用的一种绿化形式。包括大自然的悬崖峭壁、土坡岩面以及城市道路两旁的坡地、堤岸、桥梁护坡和公园中的假山等。护坡绿化要注意色彩、高度要适当，花期要错开，要有丰富的季相变化。施工技术因坡地的种类不同而要求不同。

1. 绿化材料选择

(1) 河、湖护坡要根据临水空间开阔的特点，选择耐湿、抗风的植物。

(2) 道路、桥梁两侧坡地绿化应选择吸尘、防噪、抗污染的植物。而且要求不得影响行人及车辆安全，并且要姿态优美的植物。

道路边坡可用的植物种类较多，主要有草本植物、灌木、藤本植物等。可用于护坡的草本植物大部分属于禾本科和豆科。灌木目前在边坡绿化中使用的较少，目前已使用的灌木主要有紫穗槐、柠条、沙棘、胡枝子、红柳和坡柳等。藤本植物宜栽植在靠山一侧裸露岩石下一般不易坍方或滑坡的地段，或者坡度较缓的土石边坡。可用于道路、桥梁两侧坡地绿化的藤本植物主要包括爬山虎、五叶地锦、蛇葡萄、三裂叶蛇葡萄、藤叶蛇葡萄、东北蛇葡萄、地锦、葛藤、扶芳藤、常春藤和中华常春藤等。

2. **栽植**

一般在坡角和第一级平台砌种植池，栽植攀缘植物、花灌木及垂挂植物。

① 草本植物的繁殖可采用营养繁殖，也可采用种子繁殖。

② 灌木的种植可以采用扦插的方式，也可采用播种的方式。

③ 藤本植物主要采用扦插的方式进行种植。

五、阳台绿化施工技术

阳台绿化是利用各种植物材料包括攀缘植物，把阳台装饰起来的垂直绿化形式。在绿化美化建筑物的同时，也美化了城市。阳台绿化是建筑和街景绿化的组成部分，也是居住空间的扩大部分。

1. **绿化植物选择**

阳台的植物选择要注意三个特点。

① 要选择抗旱性强、管理粗放、水平根系发达的浅根性植物，以及一些中小型草木本攀缘植物或花木。

② 要根据建筑墙面和周围环境相协调的原则来布置阳台。除攀缘植物外，可选择居住者爱好的各种花木。

③ 适于阳台栽植的植物材料有：地锦、爬蔓月季、十姐妹、金银花等木本植物，牵牛花、丝瓜等草本植物。

2. **花箱和支架的制作及安装**

阳台绿化可以把花箱、花盆放在阳台的地上，或将花箱、花盆摆放在花架上。也可在阳台的外侧安装花箱和花槽，在阳台下方和顶阳台做成一个垂直花架。或者利用顶阳台固定，搭成一个向外伸的花架，来种植攀缘植物和各种花卉。

在安装花箱、花架等绿化装置时，首先考虑的是安全。必须用较长的膨胀螺栓，三角支撑架牢牢地把花箱、花架等绿化装置固定在墙上，其荷载量最好能达到150kg/m^2。

(1) 花箱的制作　制作花箱的材料，可以用木材、铅皮板、铁皮板、不锈钢皮板等。用木板时，要涂防腐漆，使其经久耐用。

花箱最佳宽度在20cm，高度在25cm左右，长度视窗台和阳台的大小和个人的喜好而定。在花箱的两端离底部约5cm处开一小孔，供排水用。在离底部约5cm处用隔板隔开，隔板上面装种植土，隔板下面作储水用，以减少以后浇水次数。

在花箱靠墙的边上，固定2个以上的扁条，材料可以是板条、铁条或铝条。这些扁条有2个以上的孔，扁条固定在花箱上，通过扁条孔牢牢地把扁条和花箱固定在墙上。

(2) 花箱的安装　在窗台和阳台上安装花箱，安全操作和管理极为重要。

为了安装简单方便，可以和扁条一起做成支撑架。即把固定花箱的扁条加长1个三角支撑的长度，再打弯向上和花箱外沿接上，就做成了1个三角支撑架。按扁条上孔的位置，在墙体上凿两个钉眼，花箱上固定了几个扁条就凿几个钉眼，用膨胀螺栓把扁条牢固地固定在墙上，花箱就固定在墙上了。固定螺栓长度不能小于8cm，直径不能小于1.5cm。

在窗台和阳台外也可安装花架，摆放盆花。如果种植攀缘植物，必须制作安装藤架，藤架必须固定牢固，以确保安全。

六、垂直绿化的养护管理

因垂直绿化多立地条件恶劣，土壤贫瘠、干旱、生长环境差，所以选用攀缘植物多用速生、耐贫瘠、耐旱的本地品种。并且应加强后期管护，增强其适应性，从而更好地发挥其绿化、美化、防护功能。

1. 水肥管理

每年在土壤中施有机肥，改善土壤结构，特别是6～8月雨水勤的季节更应及时补足肥力，生长季节结合叶面追肥，保证养分供应。新植和近期移植的各类攀缘植物，应连续浇水，直至植株不灌水也能正常生长为止。如有条件可安装墙面滴灌、人工土壤，保证水分供应。要掌握好3～7月份植物生长关键时期的浇水量，做好冬初冻水的浇灌，以有利于防寒越冬。由于攀缘植物根系浅、占地面积少，因此在土壤保水力差或天气干旱季节应适当增加浇水次数和浇水量。

2. 人工牵引

在光滑的墙面上拉铁丝网，或在廊、架、棚上支撑木架，进行牵引和压枝蔓延。牵引的目的是使攀缘植物的枝条沿依附物不断伸长生长，特别要注意栽植初期的牵引，新植苗木发芽后应做好植株生长的引导工作，使其向指定方向生长。对攀缘植物的牵引应设专人负责，从植株栽后至植株本身能独立沿依附物攀缘为止。应依攀缘植物种类不同、时期不同，而使用不同的方法，如捆绑设置铁丝网（攀缘网）等。

3. 病虫害防治

攀缘植物的主要病虫害有：蚜虫、螨类、叶蝉、天蛾、虎夜蛾、斑衣蜡蝉、白粉病等。在防守上应贯彻“预防为主，综合防治”的方针。栽植时应选择无病虫害的健壮苗，勿栽植过密，保持植株通风透光，防止或减少病虫发生。栽植后应加强攀缘植物的肥水管理，促使植株生长健壮，以增强抗病虫的能力，及时清理病虫落叶、杂草等，消灭病源虫源，防止病虫扩散、蔓延。加强病虫情况检查，发现主要病虫害应及时进行防治，在防治方法上要因地、因树、因虫制宜，采用人工防治、物理机械防治、生物防治、化学防治等各种有效方法。在化学防治时，要根据不同病虫对症下药，喷布药剂应均匀周到，应选用对天敌较安全，对环境污染轻的农药，既控制住主要病虫的危害，又注意保护天敌和环境。

4. **整形修剪**

结合人工牵引，根据其不同功能进行修剪，或以均匀为主，或以水平整齐为主，一般不剪蔓，只对下垂枝、弱枝修剪，从而促其生长。修剪可以在植株秋季落叶后和春季发芽前进行，剪掉多余枝条，减轻植株下垂的重量，为了整齐美观也可在任何季节随时修剪，但对于主要用于观花的种类，要在落花之后进行修剪。

5. **中耕除草**

中耕除草的目的是保持绿地整洁，减少病虫害发生条件，保持土壤水分。除草应在整个杂草生长季节内进行，以早除为宜，要对绿地中的杂草彻底除净，并及时处理。在中耕除草时不得伤及攀缘植物根系。

第五节 屋顶花园施工技术

屋顶绿化是一种不需占用土地，不需增加建筑面积，而能有效提高绿化覆盖率的绿化形式。近几年来，有些单位利用结构好的平屋顶种植花草树木，以及布置水池、喷泉等，成为人们欣赏的一个景点，有的还可供人们上去休息娱乐。邻近城市干道的屋顶绿化，可成为街景的一个组成部分，增加了城市的景观效果。

一、屋顶绿化的基本条件

利用新建楼房的屋顶或改造旧楼屋顶进行的绿化，最关键的问题是结构承重的安全以及防水要求。

对于新建楼房的屋顶绿化，需要根据各层构造的做法和设施，计算出每平方米面积上折合的荷载量，从而进行梁板、柱、基础等结构计算。而旧楼屋顶绿化，则应对原有建筑的屋顶构造、结构承重体系、抗震级别、地基基础、墙柱及梁板的构件承载力，进行逐个的结构验算，准确计算屋顶可能增加的承重量和动荷载，之后才能确定该屋顶能否进行屋顶绿化并决定屋顶绿化形式，是否可建水池、花架等，是否可供人们上去休息、娱乐。

并非所有平屋顶都可以进行绿化，不经技术鉴定，任意增加屋顶荷载，会给建筑的安全使用带来隐患。

二、屋顶绿化对植物和土壤的要求

屋顶绿化一般构造剖面分层是：各类植物、种植土层、过滤层、排水层、防水层、结构承重层。

由于屋顶绿化受条件限制，在选择绿化植物和种植土时，必须遵照下列原则：

① 屋顶绿化种植材料应选择适应性强、耐旱、耐瘠薄、喜光、抗风、不易倒伏的园林植物。因此要选用须根系的乔灌木、矮化乔灌木及容易生长、景观效果好的地被植物和花卉，并且品种优良、适合本地生长的植物。

② 种植土关系到植物能否旺盛生长和房屋能否承重的问题，因此种植土要选用人工配制的轻质合成土，要含有植物生长所必需的各类元素，密度要小，并根据种植的不同植物生长发育的需要，把种植土的厚度控制到最低限度。

三、屋顶绿化施工

屋顶绿化虽然能有效地增加绿化面积并美化屋顶，但进行屋顶绿化不是件容易的事情。目前，我国各地屋顶绿化还不普遍，经验不多，现仅将比较常用的施工方法介绍如下：

(1) 基质层　是指满足植物生长条件，具有一定的渗透性能、蓄水能力和空间稳定性的轻质材料层。基质理化性状要求见表 6-2。

表 6-2　基质理化性状要求

理化性状	要　求	理化性状	要　求
湿容重	450～1300kg/m³	含氮量	>1.0g/kg
非毛管孔隙度	>10%	含磷量	>0.6g/kg
pH 值	7.0～8.5	含钾量	>17g/kg
含盐量	<0.12%		

注：资料来源于垂直绿化技术规范。

基质主要包括改良土和超轻量基质两种类型。改良土由田园土、排水材料、轻质骨料和肥料混合而成；超轻量基质由表面覆盖层、栽植育成层和排水保水层三部分组成。屋顶绿化基质荷重应根据湿容重进行核算，不应超过 1300kg/m³。常用的基质类型和配制比例参见表 6-3，可在建筑荷载和基质荷重允许的范围内，根据实际酌情配比。基质的厚度必须依据屋顶的荷载力和种植植物的种类而变化。最低厚度不得小于 35cm。

表 6-3　常用基质类型和配制比例参考

基质类型	主要配比材料	配制比例	湿容重/(kg/m³)
改良土	田园土，轻质骨料	1∶1	1200
	腐叶土，蛭石，沙土	7∶2∶1	780～1000
	田园土，草炭，(蛭石和肥)	4∶3∶1	1100～1300
	田园土，草炭，松针土，珍珠岩	1∶1∶1∶1	780～1100
	田园土，草炭，松针土	3∶4∶3	780～950
	轻砂壤土，腐殖土，珍珠岩，蛭石	2.5∶5∶2∶0.5	1100
	轻砂壤土，腐殖土，蛭石	5∶3∶2	1100～1300
超轻量基质	无机介质		450～650

注：1. 基质湿容重一般为干容重的 1.2～1.5 倍。
2. 资料来源于垂直绿化技术规范。

(2) 隔离过滤层　为了防止种植土中细小颗粒和骨料随浇灌而流失，堵塞排水管道，在排水层上铺设一层既能透水又能过滤的聚酯纤维无纺布等材料做过滤层。隔离过滤层铺设在基质层下，搭接缝的有效宽度应达到 10～20cm，并向建筑侧墙面延伸至基质表层下方 5cm 处。

（3）排（蓄）水层　一般包括排（蓄）水板、陶砾（荷载允许时使用）和排水管（屋顶排水坡度较大时使用）等不同的排（蓄）水形式，用于改善基质的通气状况，迅速排出多余水分，有效缓解瞬时压力，并可蓄存少量水分。排（蓄）水层铺设在过滤层下，应向建筑侧墙面延伸至基质表层下方 5cm 处。

施工时应根据排水口设置排水观察井，并定期检查屋顶排水系统的通畅情况。及时清理枯枝落叶，防止排水口堵塞造成壅水倒流。

（4）隔根层　一般有合金、橡胶、PE（聚乙烯）和 HDPE（高密度聚乙烯）等材料类型，用于防止植物根系穿透防水层。隔根层铺设在排（蓄）水层下，搭接宽度不小于 100cm，并向建筑侧墙面延伸 15～20cm。

（5）分离滑动层　一般采用玻纤布或无纺布等材料，用于防止隔根层与防水层材料之间产生粘连现象。柔性防水层表面应设置分离滑动层；刚性防水层或有刚性保护层的柔性防水层表面，分离滑动层可省略不铺。分离滑动层铺设在隔根层下。搭接缝的有效宽度应达到 10～20cm，并向建筑侧墙面延伸 15～20cm。

（6）屋面防水层　屋顶绿化防水做法应达到二级建筑防水标准。绿化施工前应进行防水检测并及时补漏，必要时做二次防水处理。宜优先选择耐植物根系穿刺的防水材料，铺设防水材料应向建筑侧墙面延伸，应高于基质表面 15cm 以上。

四、养护管理技术

（1）浇水　灌溉间隔一般控制在 10～15 天。简单式屋顶绿化一般基质较薄，应根据植物种类和季节不同，适当增加灌溉次数。

（2）施肥　应采取控制水肥的方法或生长抑制技术，防止植物生长过旺而加大建筑荷载和维护成本。植物生长较差时，可在植物生长期内按照 30～50g/m^2 的比例，每年施 1～2 次长效 N、P、K 复合肥。

（3）修剪　根据植物的生长特性，进行定期整形修剪和除草，并及时清理落叶。

（4）病虫害防治　应采用对环境无污染或污染较小的防治措施，如人工及物理防治、生物防治、环保型农药防治等措施。

（5）防风防寒　应根据植物抗风性和耐寒性的不同，采取搭风障、支防寒罩和包裹树干等措施进行防风防寒处理。使用材料应具备耐火、坚固、美观的特点。

栽植乔木和大型植物材料应加设固定设施。

（6）灌溉设施　宜选择滴灌、微喷、渗灌等灌溉系统。有条件的情况下，应建立屋顶雨水和空调冷凝水的收集回灌系统。

第六节　大树移植技术

有些新建的园林绿地或城市重点街道，为了使绿化尽快得以见效，往往考虑采用移植大树的方法。此外，为保留建设用地范围内树木也需要实施大树的移植。可见，大树移植也是园林绿化施工中的一项重要工程。

一、大树选择

根据设计图纸和说明所要求的树种规格、树高、冠幅、胸径、树形、长势等，到郊区或苗圃进行调查，选树并编号。注意选择接近新栽地生境的树木，野生树木主根发达、长势过旺的，不易成活，适应能力也差。

不同类别的树木，栽植难易不同。一般灌木比乔木移植容易；落叶树比常绿树容易；扦插繁殖或经多次移植须根发达的树，比播种未经移植直根性和肉质根类树木容易；叶型细小比叶少而大者容易；树龄小比树龄大的容易。

大树移植，一般选用乡土树种，特殊情况例外。此外，应选择生长在地形平坦、便于挖掘和包装运输地段的树木。

二、移植时间与要求

移植通常分3个时期。

(1) 春季移植　早春是最佳的移植时间。因为这时树液开始流动并开始生长、发芽，挖掘时损伤的根系容易愈合和再生。移植后，经过从早春到晚秋的正常生长，树木移植时受伤的部分已复原，给树木顺利越冬创造了有利条件。

常绿树小苗露根移植以根冠初露生长点为宜，一般在3月下旬开始，如黄杨、桧柏等，土球苗移植虽然可以迟些，但亦应在4月中旬完工为好。

落叶乔灌木移植时期可早些，以树液流动充分吸水，但尚未发芽时为好，柿树、紫薇等少数树种在芽萌动时及时移植更为适宜。

(2) 生长期移植　园林苗圃在生长期进行苗木移植主要有两个原因：一是有些地块春季腾不出来，这样有一些品种的苗木无法在春季按期移植而安排在生长季进行；二是现代繁殖技术进步，生长季扦插的大量苗木需要及时移到地里，是快速育苗生产的需要。

生长期移植苗木，由于树木的蒸腾量大，此时移植对大树成活不利，在必要时可加大土球，加强修剪、遮阴、尽量减少树木的蒸腾量，也可成活，但费用较高。在北方的雨季和南方的梅雨季，由于空气中的湿度较大，因而有利于移植，可带土球移植一些针叶树种。

生长期移植除土球苗外，苗圃经常移植当年扦插苗，一般是磕盆带坨栽。生长期移植苗木时间最好选阴雨天或傍晚施工为好，有条件时，移后可适当遮阴。

(3) 休眠期移植　休眠期移植指的是秋末到上冻前以及冬季进行的移植，时间一般在11月份至翌年2月份，冬季移植由于是冻土层深，挖掘费工，苗圃不提倡，但在特殊情况下，可适量移植较大规格苗木，如槐树、栾树、银杏等。

秋末到上冻前移植的树种的数量不易过多，目前北京地区冬前移植比较成功的树种有槐树、白蜡、毛白杨、栾树等较大规格乡土树种，一般是露根移植，但采取带土球移植成活率更高，把握性更大。

休眠期移植除浇 2 次水、培土、修剪外，对较大伤口应涂防护剂，以减少失水。

三、大树移植的准备工作

1. 选苗

苗木质量的好坏直接影响栽植成活和以后的绿化效果，所以植树施工前苗木应具备以下条件：一是无病虫害和机械损伤；二是根系发达而完整，主根短直，接近根茎一定范围内要有较多的侧根和须根；三是苗干粗壮通直（藤本植物除外），有一定的适合高度，不徒长；四是主侧枝分布均匀，能构成完美树冠，而且丰满；五是起重及运输机械能够到达移植树木的现场。

2. 大树预掘的方法

为了保证树木移栽的成活率，在移栽前采取一些措施，以促进树木的须根生长。常用的做法有：多次移植、预先断根、根部环状剥皮等。

（1）多次移植　此法适用于专门培养大树的苗圃中，速生树种的苗木可以在头几年每隔 1～2 年移植一次，待胸径达 6cm 以上时，可每隔 3～4 年再移植一次。而慢生树待其胸径达 3cm 以上时，每隔 3～4 年移一次，长到 6cm 以上时，则隔 5～8 年移植一次，这样树苗经过多次移植，大部分的须根都聚生在一定的范围，因而再移植时可缩小土球的尺寸和减少对根部的损伤。

（2）预先断根法（回根法）　适用于一些野生大树或一些具有较高观赏价值的树木的移植，一般是在移植前 1～3 年的春季或秋季，以树干为中心，2.5～3 倍胸径为半径或较小于移植时土球尺寸为半径划一个圆或方形，再在相对的两面向外挖 30～50cm 宽的沟（其深度则视根系分布而定，一般为 60～100cm），对较粗的根应用锋利的锯或剪，齐平内壁切断，然后用沃土（最好是沙壤土或壤土）填平，分层踩实，定期浇水，这样便会在沟中长出许多须根。到第二年的春季或秋季再以同样的方法挖掘另外相对的两面，到第三年时，在四周沟中均长满了须根，这时便可移走（见图 6-2）。挖掘时应从沟的外缘开挖，断根的时间可按各地气候条件有所不同。

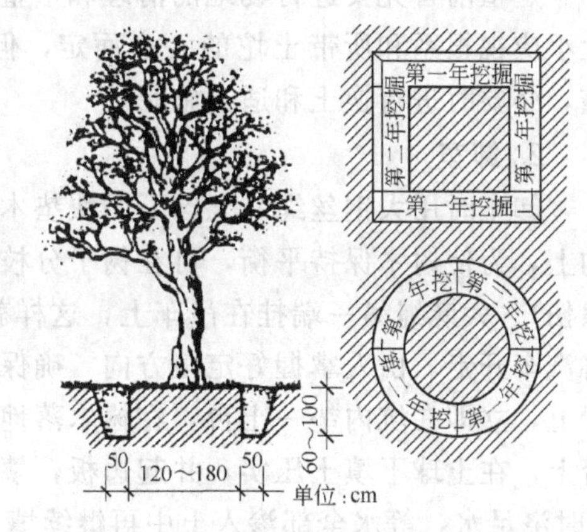

图 6-2　树木切根法

（3）根部环状剥皮法　同上法挖沟，但不切断大根，而采取环状剥皮方法，剥皮的宽度为 10～15cm，这样也能促进须根的生长，这种方法由于大根未断，树身稳固，可不加支柱。

3. 大树的修剪

修剪是大树移植过程中，对地上部分进行处理的主要措施。凡病枯枝、过密杈、徒长枝、干扰枝均应剪去。气温高、湿度低、根系少时应重剪；湿度大、根系多时可适当轻剪，此外修剪时，还应考虑到树木的绿化效果。

四、起苗包装的方法

当前常用的大树移栽挖掘包装方法主要有以下 3 种。

(1) 软包装移栽法　适于移植胸径 10～15cm 的大树，土球（壤土）不超过 1.30m 时可软包装。土球过大，容易散球且会增加运输困难；土球过小，又会伤害过多的根系而影响树木的成活。挖掘土球时，先用草绳将树冠围拢，其松紧程度以不折树枝又不影响操作为宜，然后铲除树干周围的浮土。

(2) 木箱包装移栽法　树木胸径超过 15cm、土球直径超过 1.30cm 以上的大树，由于土球的体积、重量较大，为确保移植过程土块的完好一般采用木箱包装。掘苗前将树干四周地表的浮土铲除，然后根据树木的大小决定挖掘土台的规格，一般可按树木胸径的 7～10 倍作为土台的规格。

(3) 机械移栽法　近年来在国内正发展一种新型的植树机械，名为树木移植机，又名树铲，主要用来移植带土球的树木，可以连续完成挖栽植坑、起树、运输、栽植等全部移植作业。树木移植机生产率高，移植苗木的成活率高，还可以适当延长移植的作业季节，而且在石块、瓦砾较多的地方也能作业。机械移植既减轻了工人的劳动强度，又提高了作业的安全性。

五、树木定植

1. 定植准备工作

定植前首先要进行场地的清理和平整，然后按设计要求进行定点放线。栽植坑的大小应视根系和所带土坨的大小而定，但是坑应比土坨稍大，且上下一致，坑底平整，必要时进行换土和适当施肥。

2. 卸车

卸车时用大钢丝绳从土球下两块垫木中间穿过，两边长度相等，将绳头挂于吊车钩上，为使树木保持平衡，可在树干分枝点下方拴一大麻绳（拴绳处可衬垫草，以防擦伤）。大麻绳另一端挂在吊车上，这样就可以把树平衡吊起。土球离开车后，迅速将汽车开走。由人掌握好定植方向，确保向阳面和原产地一致，把土球降到选好的位置上，立即在坑内垫一土台，在树木落地前，迅速拆去中间底板或包装蒲包，放到土台上，在土球下填土压实，并起边板，填土压实。如坑深在 40cm 以上，应在夯实 1/2 时浇足水，等水全部渗入土中再继续填土。

3. 定植后养护

定植大树以后必须进行养护工作，应采取下列措施。

(1) 定期检查　主要是了解树木的生长发育情况，并对检查出的问题如病虫病害、生育不良等苗木及时采取补救措施。

(2) 浇水　栽后应设立支架，并大量浇水（10 天以后再浇 1 次），并且及时做好保墒工作。

(3) 摘除花序与施肥　为了减少树木体内营养消耗，促进恢复生长，应将花序全部摘掉。移植后第一年秋天，就应当施一次追肥。第二年早春和秋季，也至少要施肥2～3次。

(4) 包裹树干　为了保持树干的湿度，减少树皮蒸腾的水分，要对树干进行包裹。在盛夏季节为降低蒸腾量，也可在树冠周围搭荫棚或挂草帘。裹干时可用浸湿的草绳从树基往上密密地缠绕树干，一直缠裹到主干顶部。接着，再将调制的黏土泥浆厚厚地糊满草绳子裹着的树干。以后可经常用喷雾器为树干喷水保湿。

(5) 根系保护　根系较其地上部分耐寒力差，由于根系无休眠期，所以形成层最易受冻。根系受冻后常表现为发芽晚，生长弱，因此冬季要注意加强根系防寒抗寒的能力。树木移植后，定植穴内要进行土面保温，即先在穴面铺20cm厚的泥炭土，再在上面铺50cm的雪或15cm的腐殖土或20～25cm厚的树叶。早春，在土壤开始化冻时，必须把保温材料拨开，否则被掩盖的土层不易解冻，影响树木根系生长。

第七节　反季节绿化施工技术

常规绿化施工一般是在正常情况下进行的。而在目前很多重大市政建设工程的配套绿化工程中，出于特殊时限的需要，绿化要打破季节限制，克服不利条件，进行非正常季节施工。

从植物生存生长规律出发，传统的绿化施工季节是从3月中旬开始至5月初结束或者是10月中旬至11月下旬，此间是正常施工季节。此外的时间，生长旺盛的夏季，冬季的极端低温与根系休眠缺乏再生能力都造成移植成活比较困难。这形成了非正常季节施工的难点。

为解决非正常季节绿化施工中遇到的难点，主要从种植材料的选择、种植土壤的处理、苗木的运输和假植、种植前的修剪及种植等方面严格把关，从而尽可能提高种植成活率。

一、苗木选择

由于非种植季节气候环境相对恶劣，对种植植物本身的要求就更高了。因此在选择苗木时，应从以下几方面入手。

(1) 选移植过的树木　最近两年已经移植过的树木，其新生的细根都集中在根蔸部位，树木再移植时所受影响较小，在非适宜季节中栽植的成活率较高。

(2) 采用假值的苗木　假植几个月以后的苗木，其根蔸处开始长出新根，根的活动比较旺盛，在不适宜的季节中栽植也比较容易成活。

(3) 选土球最大的苗木　从苗圃挖出的树苗，如果是用于非适宜季节栽种，其土球应比正常情况下大一些。土球越大，根系越完整，栽植越易成功。如果是裸根的苗木，也要求尽可能带有心土，并且所留的根要长，细根要多。

(4) 用盆栽苗木下地栽种　在不适宜栽树的季节，用盆栽苗木下地栽种，一般都很容易成活。

(5) 尽量使用小苗　小苗比大苗的移栽成活率更高，只要不急于很快获得较好的绿化效果，都应当使用小苗。

二、种植前土壤处理

非正常季节的苗木种植土必须保证足够的厚度，保证土质肥沃疏松、透气性和排水性好。种植或播种前应对该地区的土壤理化性质进行化验分析，采取相应的消毒、施肥和客土等措施。

三、苗木的假植和运输

大苗在非正常季节种植中，假植是很重要的。可提前创造条件在休眠期断根，种植在容器中，如木箱、柳竹筐、花盆。在生长季节，也就是施工时，根据容器情况，不脱离或脱容器栽植下地。其特点是：可靠性大，管理简单，可操作性强。

（1）大木箱囤苗法　针对大规格落叶乔木，如胸径超过 20cm 的银杏，按照施工计划及场地条件，在发芽前进苗。木箱规格根据银杏土球直径放大 40cm，按此规格制作矩形木箱，然后将银杏植于箱中。选择开阔、无其他施工、交通方便的场地，按两列排行，预留巷道。及时灌水，疏枝 1/4～1/5，植后木箱苗均正常展叶，在 6 月 15 日～7 月 8 日种植。

（2）柳筐囤苗　针对 7～8cm 的落叶乔木如臭椿、栾树，1.8～2.0m 的落叶灌木如丁香和珍珠梅等，于 4 月 13 日～4 月 17 日进苗，植于 60cm 柳筐中，填土踩实，按三行排列及时灌水疏枝。柳筐苗均正常展叶、抽枝。条件具备后，带筐栽植，种植后去柳筐上部 1/2。

（3）盆栽苗木　将小叶黄杨、沙地柏、金叶女贞、小檗、锦带等植于 30cm 花盆中。按 5～6 列排行，预留巷道。盆中基质用原床土加入适量肥料，进行正常的肥、水养护。条件具备时，去掉花盆，苗木土球不散，花盆可再利用。

（4）大规格常绿乔木　针对大规格常绿乔木，如 6～7m 高的雪松，5～6m 高的油松等，采取大土坨麻包打包，早晚种植及一系列特殊措施。

措施一：夏季高温容易失水。因此苗木进场时间以早、晚为主，雨天加大施工量。在晴天的条件下，每天给新植树木喷水两次，时间适宜在上午 9 时前、下午 4 时后，保证植株的蒸腾所需的水分。

措施二：所有移植苗都经过了断根的损伤，即使在进入容器前进行了修剪，原有树势也已经削弱。为了恢复原来树势，扩大树上树冠，应采取措施对伤根进行恢复并施生根粉促根生长。施工后，在土坨周围用硬器打洞，洞深为土坨 1/3，然后灌水。

措施三：搭建遮阳棚。用毛竹或钢管搭成井字架，在井字架上盖上遮阳网，必须注意网和栽植的树木要保持一定的距离，以便空气流通。

除了做好假植工作以外，苗木的运输也要合乎规范，在运输方面应该做到苗木运输量应根据种植量确定。苗木在装车前，应先用草绳、麻布或草包将树干、树枝包好，同时对树身进行喷水，保持草绳、草包的湿润，这样可以减少在运输途中苗木自身水分的蒸腾量。苗木运到现场后应及时栽植。苗木在装卸车时应轻吊轻放，不得损伤苗木和造成散球。起吊带土球（台）小型苗木时应用绳网兜土球吊起，不得用绳索缚捆根颈起吊。重量超过1t的大型土台应在土台外部套钢丝缆起吊。土球苗木装车时，应按车辆行驶方向，将土球向前，树冠向后码放整齐。裸根乔木长途运输时，应覆盖并保持根系湿润。装车时应顺序码放整齐，装车后应将树干捆牢，并应加垫层防止磨损树干。

花灌木运输时可直立装车。装运竹类时，不得损伤竹竿与竹鞭之间的着生点和鞭芽。

裸根苗木必须当天种植，自起苗开始暴露时间不宜超过8h。当天不能种植的苗木应进行假植。带土球小型花灌木运至施工现场后，应紧密排码整齐，当日不能种植时，应喷水保持土球湿润。

四、种植前修剪

对选用的苗木，栽植之前应当进行一定程度的修剪整形，减少叶面呼吸和蒸腾作用，以保证苗木顺利成活。

(1) 裸根苗木修剪　栽植之前，应对根部进行整理，剪掉断根、枯根、烂根，短截无细根的主根；还应对树冠进行修剪，一般要剪掉全部枝叶的1/3～1/2，使树冠的蒸腾作用面积大大减小。

(2) 带土球苗木的修剪　带土球的苗木不用进行根部修剪，只对树冠修剪即可。修剪时，可连枝带叶剪掉树冠的1/3～1/2；也可在剪掉枯枝、病虫枝以后，将全树的每一个叶片都剪截1/2～2/3，以大大减少叶面积的办法来降低全树的水分蒸腾总量。

另外，对于苗木修剪的质量也应做到剪口平滑，不得劈裂。枝条短截时应留外芽，剪口应距留芽位置以上1cm。修剪直径2cm以上的大枝及粗根时，截口必须削平并涂防腐剂。

五、苗木种植

为了确保栽植成活，在栽植过程中要注意以下一些问题并采取相应的技术措施。

(1) 栽植时间确定　经过修剪的树苗应马上栽植。如果运输距离较远，则根蔸处要用湿草、塑料薄膜等加以包扎和保湿。栽植时间最好在上午11时之前或下午16时以后，在冬季则只要避开最严寒的日子就行。

(2) 栽植　在非正常季节种植苗木时，土球大小以及种植穴尺寸必须要达到并尽可能超过标准的要求。对含有建筑垃圾，有害物质均必须放大树穴，清除废土换上种植土，并及时填好回填土。在土层干燥地区应于种植前浸穴。挖穴、槽后，应施入腐熟的有机肥作为基肥。栽植时把树苗根部的包扎物除去，在种植穴内将树苗立正栽好，填土后稍稍向上提一提，再压实土壤并继续填土至穴顶。最后，在树苗周围做出10～15cm高的拦水围堰。

(3) 灌水　树苗栽好后要立即灌水，灌水时要注意不损坏土围堰。土围堰中要灌满水，让水慢慢浸下到种植穴内。为了提高定植成活率，可在所浇灌的水中加入生长素，刺激新根生长。

（4）支撑　大树的支撑宜用扁担桩十字架和三角撑，低矮树可用扁担桩，高大树木可用三角撑，也可用井字塔行架来支撑。扁担桩的竖桩不得小于2.3m，桩位应在根系和土球范围外，水平桩离地1m以上，两水平桩十字交叉位置应在树干的上风方向，扎缚处应垫软物。三角撑宜在树干高2/3处结扎，用毛竹或钢丝绳固定，三角撑的一根撑干（绳）必须在主风向上位，其他两根可均匀分布。发现土面下沉时，必须及时升高扎缚部位，以免吊桩。

六、苗木管理与养护

由于是在不适宜的季节中栽树，因此，苗木栽好后就更加要强化养护管理。平时，要注意浇水，浇水要掌握“不干不浇，浇则浇透”的原则，还要经常对地面和树苗叶面喷洒清水，增加空气湿度，降低植物蒸腾作用。在炎热的夏天，应对树苗进行遮阴，避免强阳光直射。在寒冷的冬季，则应采取地面盖草、树侧设立风障、树冠用薄膜遮盖等方法，来保持土温和防止寒害。

思考题

1. 树木的定点放线主要有哪些方法？
2. 立体花坛施工的技术要点是什么？
3. 用铺草块方法进行草坪种植的技术要点是什么？
4. 棚架植物的栽植技术主要包括哪些？
5. 屋顶绿化的结构包括哪些？
6. 大树移植主要选择在哪些时间和季节进行？
7. 大树移栽挖掘包装方法主要有哪几种？
8. 应采取哪些措施对定植以后的大树进行养护？
9. 反季节绿化的栽植过程中要注意哪些问题？

彩图3-1 银杏

彩图3-2 雪松

彩图3-3 白皮松

彩图3-4 水杉

彩图3-5 龙桑

彩图3-6 玉兰

彩图3-7 鹅掌楸（马褂木）

彩图3-8 西府海棠

彩图3-9 水栒子

彩图3-10 碧桃

彩图3-11 日本晚樱

彩图3-12 刺槐

彩图3-13 国槐

彩图3-14 龙爪槐

彩图3-15 石榴

彩图3-16 流苏

彩图3-17 玫瑰

彩图3-18 黄刺玫

彩图3-19 榆叶梅

彩图3-20 毛樱桃

彩图3-21 紫荆

彩图3-22 紫薇

彩图3-23 紫丁香

彩图3-24 猬实

彩图3-25 金银木

彩图3-26 贴梗海棠

彩图3-27 月季

彩图3-28 棣棠

彩图3-29 金钟花

彩图3-30 木香

彩图3-31 平枝　子

彩图3-32 早园竹

彩图3-33 百日草

彩图3-34 矮牵牛

彩图3-35 荷花

彩图3-36 睡莲

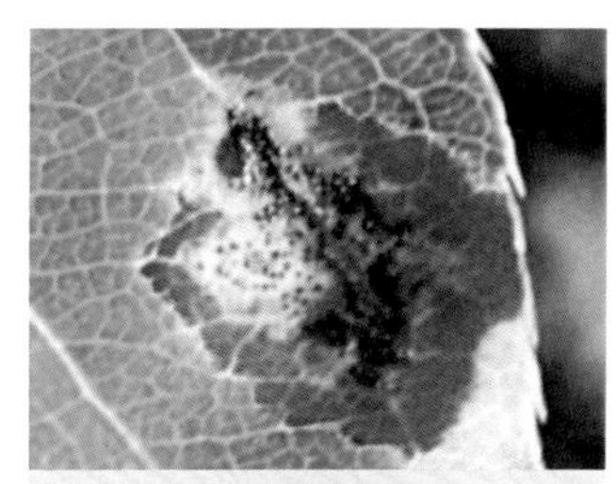
叶正面病斑

叶背面锈孢子器

锈孢子器

桧柏上冬孢子角

彩图10-1 苹－桧锈病

彩图10-2 紫薇白粉病

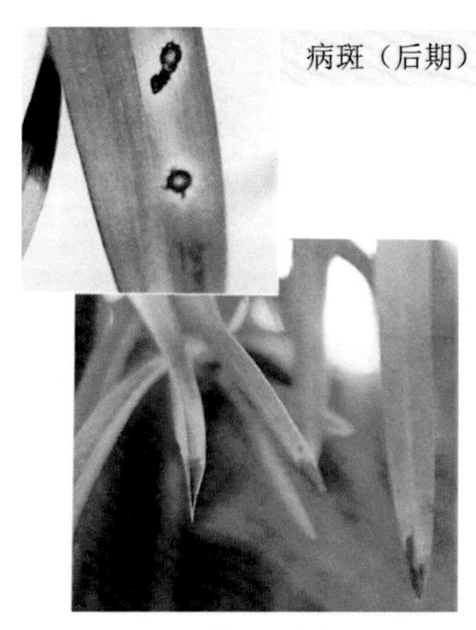
病斑（后期）

彩图10-3 兰花炭疽病

彩图10-4 月季黑斑病

彩图10-5 仙客来灰霉病

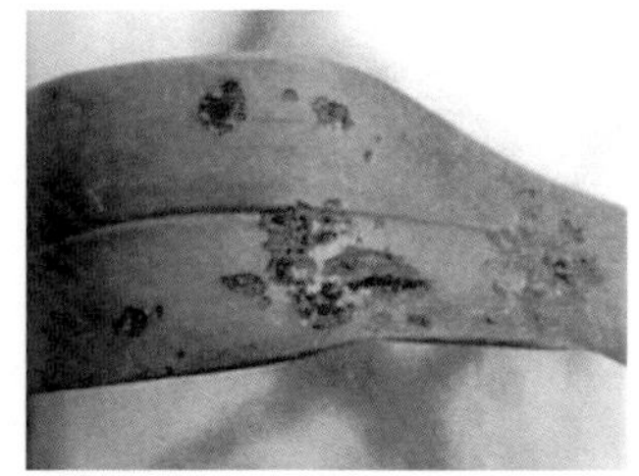
彩图10-6 兰花病毒病

泡桐丛枝病为害状

彩图10-7 泡桐丛枝病

彩图10-8 仙客来根结线虫病

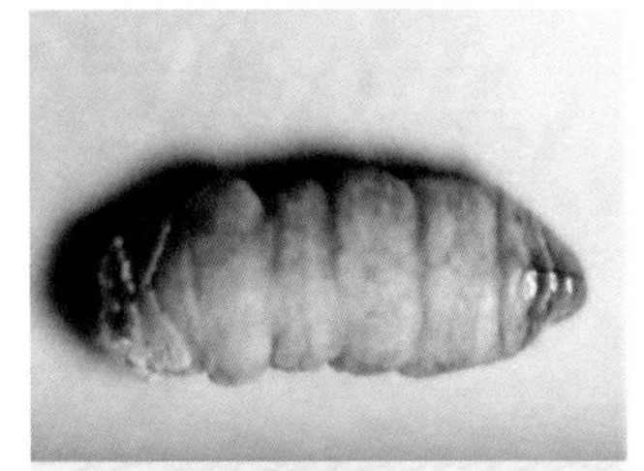
雌成虫

幼虫及护囊剖面

雄蛹

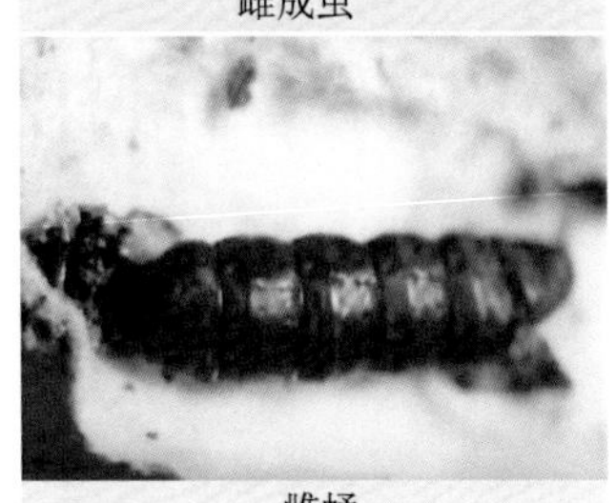
雌蛹

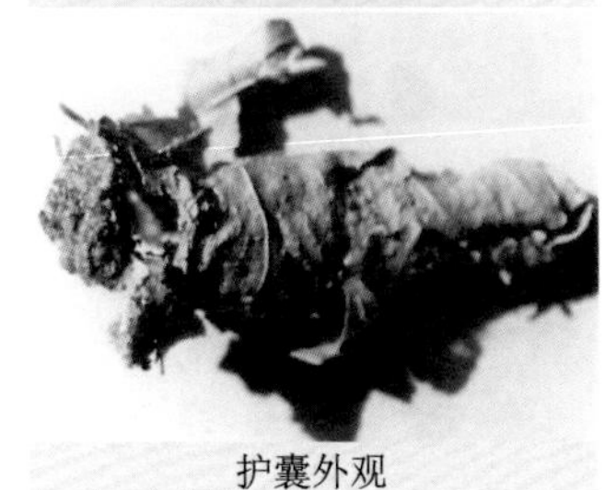
护囊外观

为害状

彩图10-9 大蓑蛾

成虫

幼虫

茧

初孵幼虫为害状

彩图10-10 黄刺蛾

彩图10-11 杨扇舟蛾

彩图10-12 丝棉木尺蛾

彩图10-13 大青叶蝉

彩图10-14 梧桐木虱

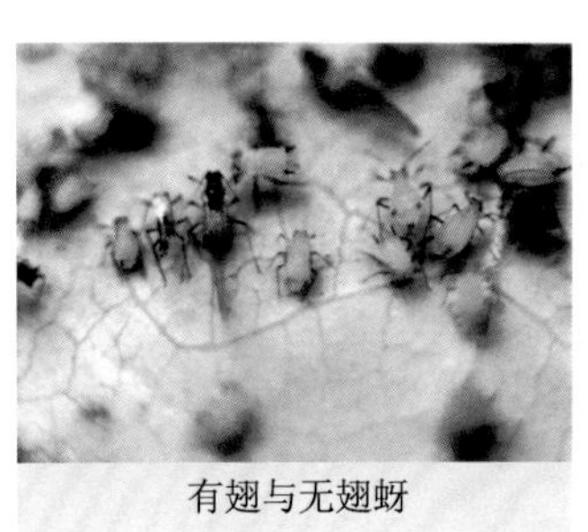
有翅与无翅蚜

为害状

彩图10-15 锈线菊蚜

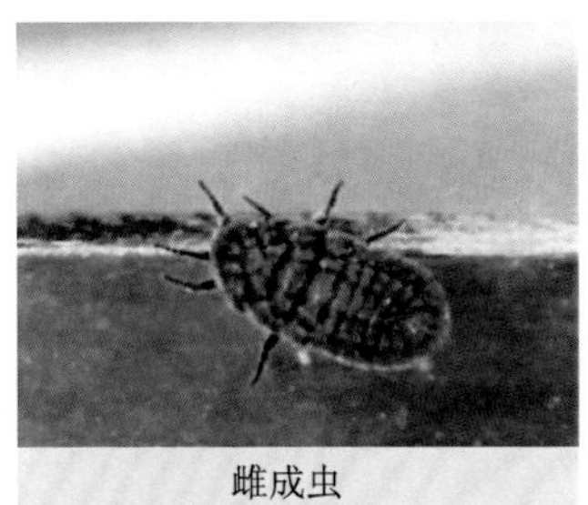
雌成虫

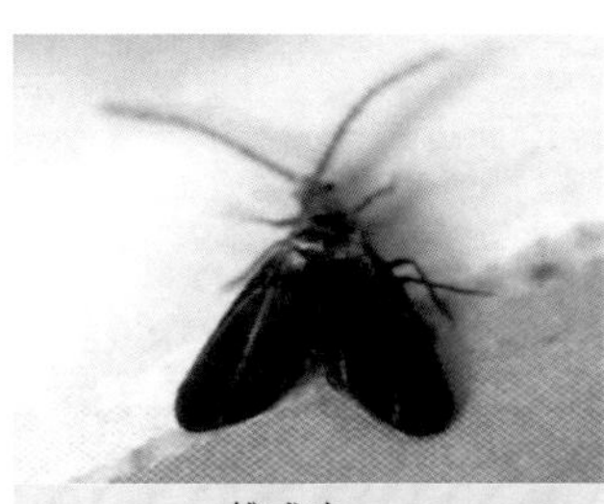
雄成虫

雌雄交尾

蜕皮及虫体群体

卵粒

彩图10-16 日本履绵蚧

成虫

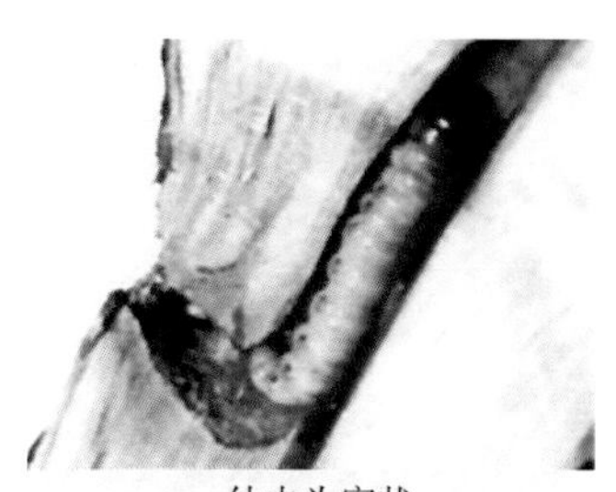
幼虫为害状

羽化状（蛹外裸半截）

彩图10-17 白杨透翅蛾

吐丝结网状

为害状

彩图10-18 朱砂叶螨

注：第十章彩图均引自徐公天《园林植物病虫害防治原色图谱》，2003

彩图11-1 剪刀类工具

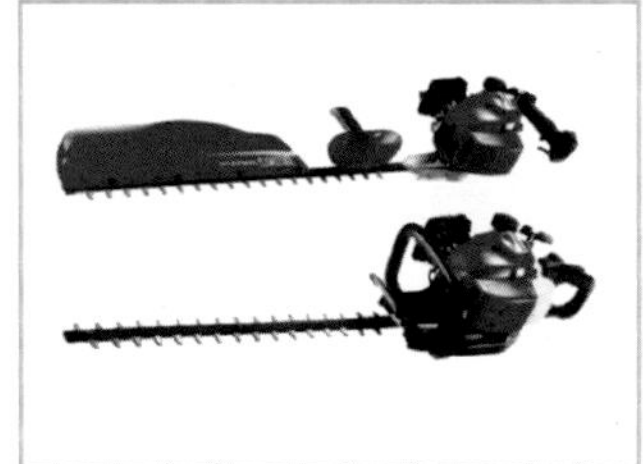

彩图11-2 绿篱修剪机

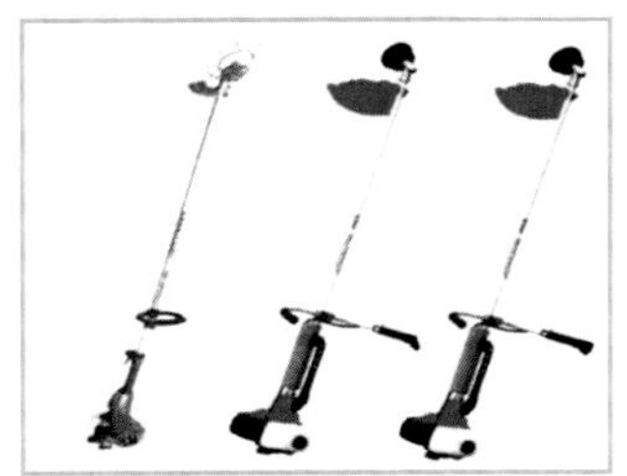

彩图11-3 割灌机

彩图11-4 草坪机

彩图11-5 高压自动喷雾器

第七章 园林植物的土壤、水分和营养管理

园林树木多生长在人工管理的绿地条件下，所需水分与矿物养分的获得与自然条件下生长的树木差异很大，一些树木生长在人为的水分、养分供给充分的土壤中，受到良好的管护；另一些树木则生长在干旱、养分供给不足的土壤中。园林树木在生长中经常受到人为活动干扰的影响，且常处于人为造成的恶劣环境下生长，为了园林树木的正常生长，树木的土、水、肥管理是一项重要的工作。

第一节 园林植物的土壤管理技术

园林树木土壤管理是在树木养护过程中利用多种措施的综合作用来提高土壤养分状况、改善土壤结构和理化性质，使树木所需养分在土壤中储藏、分解及不断有效供给，调整水分、空气在土壤中的合理空间，以保证园林树木健康生长，并通过土壤管理，在防止和减少水土流失与尘土飞扬的同时，增强园林景观的艺术效果。

一、园林土壤的基本状况

土壤是植物生长发育所需水分和矿质养分的载体、固定植物的介体，是地壳表层经风化、腐殖化作用而形成的，是自然界岩石、气候、地形、生物和时间综合作用的结果，其良好的养分积累、土壤结构和理化性质能满足树体对水、肥、气、热的要求。土壤具有潜在的生物生产力，对树木生长的影响主要表现在土壤厚度、质地、结构、水分、空气、温度等物理性质和土壤酸度、营养元素、有机质等化学性质，以及土壤的生物环境。园林树木生长的土壤多为自然形成的土壤，也有在人为作用下形成的，形成条件十分复杂，养分积累、土壤结构和理化性质发生很大变化，主要有以下几个种类。

(1) 平原肥土　平原地区人们耕作的土壤，在人们的经过几年、几十年的耕耘改造下，土壤熟化、养分积累、土壤结构和理化性质的改良有利于树木的生长，直接种植即可，如平原肥土中的蔬菜地、种植作物的大田、果园等。

(2) 荒山荒地土壤　在山区平原，处于自然状态下的土壤，养分状况、土壤结构和理化性质保持着原有特性，但差异很大，需要根据绿化要求对土壤进行改造。

(3) 建筑废弃地土壤　多为城镇居民区等房屋拆迁的土地、建筑垃圾堆积地，土壤中常积存有大量砖头瓦块、水泥、石灰及生活煤灰等垃圾物质，养分状况、土壤结构和理化条件较差，需要进行清理改造方能进行绿化种植。

(4) 水边低湿地土壤　在河湖边低洼地方的土壤，多为湿润黏重、孔隙小、通气不好，在北方多形成次生盐渍化土壤，多需要排水、改造土质方能绿化，宜直接用作湿地景观。

(5) 人工土层土壤　既有建筑、市政建设，人为挖掘、堆垫形成的土壤，有将深层的心土翻到地表，或施工机械碾压土壤，使得土壤养分状况较差、土壤坚实、通气不良，土壤结构和理化性质变化很大；也有在屋顶建造花园，在地下停车场、地下铁道、地下储水槽等地下设施顶部垫起的土层，缺水缺肥、土壤干燥是其特点，需要有针对性的采取措施。

(6) 工矿污染地土壤　在工厂矿区，由于废物、废水、废气的污染，造成土壤养分、土壤结构和理化性质变化，影响植物的生长，需要有针对性的对污染采取措施。

(7) 盐碱地土壤　盐碱地土壤是由于地表盐分积累、pH 值增加的土壤。

土壤种类的不同，养分积累、土壤结构和理化性质不同，对树木生长的影响主要表现在土壤厚度、质地、结构、水分、空气、温度等物理性质，土壤酸度、营养元素、有机质等化学性质，以及土壤的生物环境。

土壤的热量变化受太阳能、冷空气影响，经表层土壤吸收传到深层；土壤的增温和冷却速度取决于土壤各层的温差、土壤导热率、热容量和导湿率等。土壤表面和深层的温差越大，热量交换就越多，如沙土较黏土升温快、散热也快；湿土层温度较干土变化小，增温、冷却较缓。因此在昼夜情况下，热容量大的黏土白天增温比沙土慢，夜间冷却也慢；在春秋两季，春季黏土比沙土冷，温度上升时比沙土慢，秋季黏土比沙土热容量大，温度下降时比沙土慢。土壤温度既影响植物根系的活动，也影响着土壤有机质的分解和养分转化、盐类的溶解、土壤微生物的活动等。根际土壤温度变化与树体生长有关，主要对光合作用与水分平衡的影响。在一定高温条件下，当土温为 29℃逐渐上升，光合、蒸腾率随土温上升而减少，到 36℃时根组织的干物质量下降，甚至叶中钾和叶绿素的含量显著减少。当冬季土温低于－3℃时，根系冻害发生，低于－15℃时大根受冻。土壤中含有树木生长所必需的各种养分，由根系从土壤中吸收，土壤的矿质元素大部分保持在有机碎屑物、腐殖质及不溶性的无机化合物中，通过缓慢的风化和分解作用，才能成为有效养分而为树木所吸收，树木根系通过离子交换方式吸收这些营养元素。土壤水分是提高土壤肥力的重要因素，肥水不可分，矿质养分在有水的情况下才被溶解和被植物吸收利用，一般树木的根系适应田间持水量 60%～80%的土壤水分，在土壤含水量为 5%～12%时落叶树会出现叶片凋萎。土壤干旱时溶液浓度增高，树木根系不能正常吸水且会产生外渗现象，施肥后立即灌水可以维持正常的土壤溶液浓度以利树木的吸收。土壤通气状况影响树木正常生长，一般在土壤空气中含氧量不低于 15%时根系生长正常；土壤通气不良，空气中二氧化碳增加到 37%～55%时，根系停止生长。故土壤淹水造成通气不良，抑制根系呼吸，造成根系中毒，影响根系生长。各种树木对土壤通气条件要求不同，生长在低洼水沼地的越橘、池杉、水松忍耐力最强；可生长在水田地埂上的柑橘、柳、桧、槐等对缺氧反应不敏感；桃、李、油松等对缺氧反应最敏感。土壤有害盐类以碳酸钠、氯化钠和硫酸钠为主，其中碳酸钠危害最大。妨碍树木生长的极限浓度是：硫酸钠 0.3%，碳酸盐 0.03%，氯化物 0.01%。大多数树木根系分布在 2.5～3m 以上的土层内，树体受害轻者，生长发育受阻、表现枝叶焦枯，严重时整株死亡。

二、园林绿地良好土壤具备的基本性状

园林土壤，有些养分状况、土壤结构和理化性质条件较好，不需要改造，直接种植即可，如平原肥土中的蔬菜地、种植作物的大田、果园等，经过几年、几十年的耕耘，土壤熟化、养分积累、土壤结构和理化性质的改良有利于树木的生长。但大多需要经过适当措施进行调整改造，才能给予园林树木生长适宜的土壤条件。虽然不同种类的园林树木对土壤的水分、热量、气体、养分要求不同，但良好的土壤要具有能协调土壤水分、热量、气体、养分的能力以适应其生长。一般说来，良好土壤具备以下几个基本性状：

（1）土壤养分均衡供给　良好的园林土壤的养分状况应该是：有机质含量应在1.5%～2%以上，肥效长，缓效养分、速效养分搭配适宜，有利于多年生的树木长期吸收获取养分；大量、中量和微量营养成分的比例适宜，养分配比相对均衡。树木根系生长的土层中应养分储量丰富；心土层、底土层也应有较高的养分含量，以利于树木根系向下生长。

（2）土壤结构上下适宜　与其他土壤类型比较，园林绿化用地的土壤很多受过人为影响，后经过人工改造，因而不像自然土壤、耕作土壤经漫长时间形成明显的土层结构。园林树木主要根系生长的土层应该是在1～1.5m深度内，适宜的土壤为上松下实结构，特别是在表层土0～40(60)cm之间树木大多数吸收根的分布区内，土层要疏松，质地较轻，有利于通气、透水、增温；心土层较坚实土层，质地较重，有利于保水保肥。

（3）理化性状良好　物理性质主要指土壤的固、液、气三相物质在整个容积的组成及其比例，三者是土壤通气保水、热量协调、养分含量储藏多少的物质基础。通常情况下，大多数园林树木要求土壤质地适中，耕性好，有较多的水稳性和临时性的团粒结构，当土壤固相物质、液相物质、气相物质分别为40%～60%、20%～40%、15%～37%时，土壤容重为1～1.3g/cm³，有利树木生长发育。

城市里大多数园林绿地的土壤由于各种原因，理化性状较差，水、气矛盾突出，土壤板结，黏重，耕性差，通气透水不良。许多绿地因人踩、车压的土壤厚度分别达3～10cm、20～30cm，土壤硬度分别达14～70kg/cm²、12～110kg/cm²。当土壤硬度大于14kg/cm²，通气孔隙度在10%以下时，会抑制微生物活动与树木根系伸展，影响园林树木生长，因此需要采取措施对土壤进行改良。

三、土壤管理技术

1. 土壤耕作改良

城市园林绿地的土壤由于人为原因，养分状况、土壤结构和理化性能较差，水、气矛盾十分突出，主要表现是土壤板结，黏重，土壤耕性极差，通气透水不良，微生物活动困难，影响树木根系伸展，影响园林树木生长，因此需要对土壤进行改良。合理的土壤耕作可改善土壤的水分和通气条件，促进微生物的活动，加快土壤的熟化进

程，使难溶性营养物质转化为可溶性养分，从而提高土壤肥力。由于大多数园林树木都是多年生长的深根性植物，根系活动旺盛，分布深广，通过土壤耕作为根系提供更广的伸展空间，以保证树木随着年龄的增长对水、肥、气、热的不断需要。由于园林树木都是多年生长的特点，无法像农业生产一样，一分收获、一分耕耘，只能在树木生长过程中进行土壤的耕作，园林土壤的耕作方法主要包括：

(1) 深翻熟化　树木栽植前的挖穴虽然达到了相当的宽度、深度，但随着树木的生长，穴壁以外紧实土壤的不良性状就会妨碍根系的生长和吸收。树木的根系深入土层的深浅和范围会影响树木的逐年生长发育、开花结实，因此深翻实际上也扩大了原来挖穴整地的范围。深翻就是对园林树木根区范围内的土壤进行深度翻垦，主要目的是加快土壤的熟化，使“生土”变“熟土”，这是因为深翻能增加土壤孔隙度，改善理化性状，促进微生物的活动，加速土壤熟化，使难溶性营养物质转化为可溶性养分，提高了土壤肥力，从而为树木根系向纵深伸展创造了有利条件，增强了树木的抗性，使树体生长健壮。

① 深翻时期　园林树木土壤一年四季均可深翻，但应根据各地的气候、土壤条件以及园林树木的类型适时深翻才会收到良好效果。深翻的时间主要是指从树木开始落叶至第二年萌动之前的时期，南方包括冬季，而北方地区主要在以下两个时期：

a. 秋季　秋末落叶前后进行深翻为最好。此时，树木地上部分的生长已渐趋缓慢或基本停止，养分开始回流转入积累，同化产物的消耗减少，地下根系仍在活动，甚至还有一次小的生长高峰，树体营养丰富，深翻以后，不但根系伤口能够迅速愈合，而且还会在越冬前，从伤口附近发出大量新根，在下一生长季到来时，就能恢复生长，不仅不会出现生长障碍，而且还会使生长加速。如结合施基肥更有利于损伤根系的恢复生长，对树木来年的生长十分有益。同时，秋季深翻有利于冬季雪水的下渗，还有利于土壤风化和越冬保墒。如秋耕后经大量灌水，可使土壤下沉，有利根系与土壤紧密接合，有助根系生长。

b. 春季　在春季土壤解冻后及时进行深翻。此时树木地上部分尚处于休眠状态，根系则刚开始活动生长较为缓慢，伤根后容易愈合和再生。从土壤养分季节变化规律看，春季土壤解冻后土壤水分开始向上移动，土质疏松操作省工，但土壤蒸发量大易导致树木干旱缺水，特别是树木根系生长旺盛时深翻，会因根系损伤、吸收能力下降，地上蒸腾强烈，出现水分亏损，不但生长量大大减少，而且枝叶会褪绿发黄，待第二年才能逐渐恢复。在春旱、多风地区，春季翻耕后需及时灌水，或采取措施覆盖根系，春季深翻深度也较秋耕为浅。

② 深翻间隔期与深度

a. 深翻间隔期　土壤深翻后的熟化作用可保持多年，因此没有必要每年都进行深翻。深翻作用持续时间的长短与土壤的特性有关，一般黏土地、涝洼地，翻后易恢复紧实，保持时间较短，每1～2年深翻耕一次；疏松的沙壤土熟化保持时间则较长。可每4～5年深翻耕一次。地下水位低，排水好，深翻后第二年即可显示出深翻效果，多年后效果尚较明显；排水不良的土壤，保持深翻效果的时间较短。通常，有条件的地方可4～5年深翻一次，以保持树木的生长旺势。

b. 深翻深度 深翻的深度与地下水位、土壤质地、岩石种类、树种及其深翻的方式等有关。地下水位高时宜浅，低时宜深；黏重土壤宜深，沙质土壤可适当浅翻；山地土壤下层为半风化的岩石时宜深，以增厚土层，下层为砾石应深翻，结合客土方法拣出砾石并换好土，以免肥、水淋失；栽植深根性树木宜深翻，反之宜浅；需要雨水下渗时，下层有黏性致密的黄淤土、胶泥板或建筑地基等残存物形成的隔水层时，要打破此层以利渗水。可见，深翻深度要因地、因树而异，以稍深于园林树木主要根系垂直分布层为度，要掌握离干基越近越浅的原则。一般为60～100cm，最好距根系主要分布层稍深、稍远一些，以促进根系向纵深生长，扩大吸收范围，提高根系的抗逆性。此外，环状深翻与辐射深翻可深一些，全面深翻应浅些。

③ 深翻方式 园林树木土壤深翻方式根据破土的方式不同，可分为全面深翻和局部深翻。全面深翻是指将绿地进行全部深翻，此方法熟化作用好，应用范围小。局部深翻是针对具体植物进行小范围翻垦的方式，此方法应用最广。局部深翻又可分为行间深翻、隔行深翻、树盘深翻，树盘深翻中有环状深翻和辐射状深翻。

树盘深翻是指在树木树冠边缘内，即树冠的地面垂直投影线内挖取环状深翻沟或辐射状深翻沟，既有利于树木根系向外扩展，也有利近根颈附近根系更新，这多适用于园林草坪中的孤植树和株间距大的树木。行间深翻则是在两行树木的行中间，挖取长条形深翻沟，用一条深翻沟达到对两行树木同时深翻的目的，在行列式种植的片林中，为减少对树木的根系伤害或减少当年费用，也可用隔行深翻的形式，这种方式多适用于呈行列布置的树木，如风景林、防护林带、园林苗圃等。深翻方式很多，应根据具体情况灵活运用。

各种土壤深翻熟化应结合施有机肥和灌溉进行，将翻出的土壤打碎，清除砖石杂物后与肥料拌匀以后回填。如果土壤不同层次的肥力状况相差悬殊，为根系生长创造有利条件，则应将表土层的土壤回填在根系密集层范围内，心土放在土壤表层。这样，不但有利于根系对养分的吸收、促进根系的生长，而且有利于心土的熟化。土壤深翻后及时灌溉，有利土壤与根系结合，保证水分供给，也有利于肥分分解降低局部浓度，也利于根系吸收。

(2) 松土除草 园林树木土壤条件复杂，有的地方土壤板结，水分蒸发；有的地方土壤则杂草丛生；有些时候土壤干旱缺水，有时候杂草丛生。因此，松土除草是每个生长季经常采取的措施。松土的作用在于疏松表土，不但可以切断土壤表层的毛细管，减少土壤水分蒸发，防止土壤泛碱，改良土壤通气状况，促进土壤微生物活动，加速有机质的分解和转化，从而提高土壤的综合营养水平；而且，通过中耕能尽快恢复土壤的疏松度，改进通气和水分状态，使土壤水、气关系趋于协调，有利于树木的生长。除草的作用是排除杂草灌木对水、肥、气、热、光的竞争，避免杂草、灌木、藤蔓对树木的危害。杂草根系盘结，与树木争夺水肥；藤本植物攀缘缠绕，扰乱树形，甚至绞杀树木。清除杂草，减少杂草对水分、养分的竞争，使树木生长的地面环境更清洁美观，同时还阻止病虫害的滋生蔓延。松土除草常结合在一起操作，但季节不同，主次不同。

春季至初夏，北方多干旱少雨，杂草刚生长，根很小，以松土保墒为主，除草为辅；夏季雨水充足，高温高湿，杂草生长旺盛，杂草对水分、养分的竞争很强，不利树木生长，以除草为主，松土保墒为辅。

与深翻不同，松土除草是一项经常性工作。松土除草次数应根据当地的气候条件、树种特性以及杂草生长状况而定。各地城市园林部门根据当地各类绿地中的园林树木的特点与环境，土壤松土除草次数都有不同的要求，有条件的地方一般每年土壤的松土除草次数要2～3次甚至更多。土壤松土除草大多在生长季节进行，第一次在盛夏到来之前，以松土保墒为主，如以消除杂草为主要目的的松土除草，松土除草时间在杂草出苗期和结实期效果较好，这样能消灭大量杂草，减少除草次数。松土除草具体时间应选择在土壤不过于干，又不过于湿时，如天气晴朗或初晴之后进行，可以获得最大的保墒效果。松土深度视树木根系的深浅而定，通常限制在6～10cm的深度内，大苗6～9cm，小苗2～3cm，过深伤根，过浅起不到松土除草的作用。而且应掌握靠近干基浅，远离干基深的原则。大树，每年可在盛夏到来之前松土除草一次，并要注意割除树身的藤蔓。

(3) 客、培土壤

① 客土　在栽植园林树木时或深翻时，栽植地的土壤条件较差，满足不了树木的要求，实行局部换土，如在岩石裸露地，人工爆破坑栽植或土壤十分黏重，土壤过酸、过碱以及土壤严重污染等情况下，采取全部或部分换入肥沃土壤以获得适合的栽培条件。

② 培土　是在园林树木生长过程中，根据树木的需要在树木生长地添加部分土壤基质，以增加土层厚度，保护根系，补充营养，改良土壤结构的措施。在我国南方高温多雨的山区，降雨量大，易造成大量的水土流失，生长在坡地的树木根系大量裸露，造成树木缺水缺肥、生长势差甚至可能导致树木整株倒伏或死亡，这时就需要及时培土。培土应是一项经常性的土壤管理工作，应根据土质确定培土基质类型。如土质黏重的应培含沙质较多的疏松肥土甚至河沙；含沙质较多的可培塘泥、河泥等较黏重的肥土以及腐殖土。培土量视植株的大小、土源、成本等条件而定，但一次培土不宜太厚以免影响树木根系生长。若就地培土易造成更严重的水土流失。

2. 土壤质地改良

在园林绿地里，土壤质地过黏或过沙都不利于树木生长。黏重的土壤易板结，渍水，通透性差，根系生长困难，容易引起根腐；反之，土壤沙性太强，漏水，漏肥，容易发生干旱。可通过以下几种方法进行改良。

(1) 有机质改良　有机质的作用像海绵一样，既能保持水分和矿质营养，也能通气透水。当土壤为沙土时，增施纤维素含量高的有机质。有机质的作用像海绵一样，保持水分和矿质营养。在黏土中，增施纤维素含量高的有机质，利用有机质有疏松特性，造成较大的孔隙度，改善黏土的透气排水性能。

一般认为$1hm^2$的施肥量不应多于$250m^3$，约相当于增加3cm表土。改良土壤的最好有机质有粗泥炭、半分解状态的堆肥和腐熟的厩肥。未腐熟的肥料施用，特别是新鲜有机肥，氨的含量较高，发酵时容易损伤根系，施后不宜立即栽植植物，应待肥料发酵后再应用。

(2) 无机改良　土壤质地过黏或过沙都不利于树木生长，近于中壤质的土壤有利于多数树木的生长，可以将不同质地的两类土壤掺入对方土壤。因此过黏的土壤在挖穴或深挖过程中，以“沙压黏”进行改良，应结合施用有机肥掺入适量的粗沙，增加非毛管空隙的量，提高通气透水的能力；反之，如果土壤沙性过强，以“黏压沙”进行改良，结合施用有机肥掺入适量的黏土或淤泥，增加毛管空隙，保水保肥，使土壤向中壤质的方向发展。利用粗沙改良黏土，避免使用细沙，同时要注意加入量的控制。如果加入的粗沙太少，作用不大。因此在一般情况下，加沙量必须达到原有土壤体积的1/3，才能显示出改良黏土的良好效果。除了在黏土中加沙以外，也可加入其他松散物质，如陶粒、粉碎的火山岩、珍珠岩和硅藻土等。但这些材料比较贵，只能用于局部或盆栽土的改良。

3. 土壤化学改良

(1) 施肥改良 利用施肥对土壤化学性质进行改良，利用施肥不但可以给土壤补充各种大量元素外，还有微量元素和多种生理活性物质，包括激素、维生素、氨基酸、葡萄糖、酶等。化肥施用供给的元素有限，因此多以有机肥为主。有机肥所含营养元素全面，还能增加土壤的腐殖质，其有机胶体又可改良沙土，提高保水保肥能力，改良黏土的结构，增加土壤空隙度，调节土壤的通透性状，改善土壤的水、肥、气、热条件。种植业常用的有机肥料有枝叶土杂堆肥、禽畜粪肥、鱼肥、饼肥、人粪尿、绿肥以及城市的生活垃圾肥等，有机肥均需经腐熟发酵才可使用。

(2) 土壤酸碱度调节 土壤的酸碱度影响土壤养分的分解转化与有效性，影响土壤的理化性质及微生物的活动。不同树种对土壤的酸碱度要求不同，大多数园林树木适宜中性至微酸性的土壤，我国许多地区园林绿地酸性和碱性土壤面积较大，南方的土壤 pH 偏低，北方偏高。土壤的酸碱度与园林树木的生长发育密切相关，通常情况下，当土壤 pH 过低时，土壤中活性铁、铝增多，磷酸根易与它们结合形成不溶性的沉淀，造成磷素养分的无效化、黏粒矿物易被分解、盐基离子大部分遭受淋失，不利于良好土壤结构的形成。当土壤 pH 过高时，发生钙对磷酸的固定，使土粒分散，结构被破坏。所以，土壤酸碱度的调节是一项十分重要的土壤管理工作。

① 土壤酸化处理 土壤酸化主要通过施用释酸物质进行调节，偏碱土壤的 pH 有所下降。施用有机肥料、生理酸性肥料、石膏和硫黄等，通过物质转化产生酸性物质，降低土壤的 pH，符合酸性园林树种生长需要。据试验，每 $1hm^2$ 施用 450kg 硫黄粉，可使土壤 pH 从 8.0 降到 6.5 左右；硫黄粉的酸化效果较持久，但见效缓慢。盆栽树木可用 1：50 的硫酸铝钾，或 1：180 的硫酸亚铁水溶液浇灌，降低盆栽土的 pH。

② 土壤碱化处理 土壤碱化是通过施入碱性物质指对偏酸的土壤进行处理，使之土壤 pH 有所提高。如土壤中施加石灰、草木灰等碱性物质，但以石灰较普遍。调节土壤酸度用的“农业石灰”，即石灰石粉（碳酸钙粉）。石灰石粉越细越好，有利增加土壤内的离子交换强度，以达到调节土壤 pH 的目的，生产上一般用 300～450 目的较适宜。石灰石粉的施用量（把酸性土壤调节到要求的 pH 范围所需要的石灰石粉用量）应根据土壤中交换性酸的数量确定，其需要量的理论值可按如下公式计算：

石灰施用量理论值＝土壤体积×土壤容重×
阳离子交换量×(1－盐基饱和度)

在酸性强，缓冲作用也强的土壤中，钙的施用量，有时高达3kg/1000kg以上。实际上，一次施入大量的钙也很难与土壤混合均匀，所以一次施用量应为（1.0～1.5）kg/1000kg，分2～3年施入，逐渐改善pH值。

4. 疏松剂改良

园林土壤过于紧实，使用疏松剂来改良土壤结构的作用，调节生物学活性、土壤酸碱度，提高土壤肥力。

土壤疏松剂的功能分别表现在，膨松土壤，提高置换容量，促进微生物活动；增多孔隙，协调保水与通气、透水性；使土壤粒子团粒化。目前，我国在园林绿化中使用的疏松剂以有机类型为主，如泥炭、锯末粉、谷糠、腐叶土、腐殖土、家畜厩肥等，这些材料来源广泛、价格便宜、效果较好，使用过程中要注意腐熟，并在土壤中混合均匀。

四、土壤的生物改良

土壤的生物改良是指利用动物与植物的活动与生长对土壤的一些条件进行改良。

（1）植物改良　在城市园林绿地中，有计划地种植地被植物来达到改良土壤的目的。地被植物在园林绿地中的应用，既能利用有机物或植物活体覆盖土面，可以防止或减少水分蒸发，减少地表径流，增加土壤有机质，调节土壤温度和减少杂草生长，为树木生长创造良好的环境条件。若在生长季进行覆盖，秋后将覆盖的有机物随即翻入土中，增加土壤有机质，改善土壤结构，提高土壤肥力，有利于园林树木根系生长；也在增加绿化量的同时避免地表裸露，防止尘土飞扬，丰富园林景观。因此，地被植物覆盖地面，是一项行之有效的生物改良土壤措施。

地被植物应具备适应性强，有一定的耐阴、耐践踏能力，覆盖面大，繁殖容易，有一定的观赏价值的能力，根系有一定的固持力，枯枝落叶易于腐熟分解。常用木本种类有五加、地锦类、金银花、木通、扶芳藤、常春藤类、络石、菲白竹、倭竹、葛藤、裂叶金丝桃、野葡萄、凌霄类等。草本植物有铃兰、地瓜藤、马蹄金、石竹类、勿忘草、百里香、萱草、酢浆草、鸢尾类、麦冬类、留兰香、玉簪类、吉祥草、石碱花、沿阶草以及绿肥类、牧草类植物，如绿豆、豌豆、苜蓿、红三叶、白三叶、苕子、紫云英等，各地可根据实际情况灵活选用。

在实践中要注意处理好种间关系，应根据习性互补的原则选用物种，否则可能对园林树木的生长造成负面影响。

（2）动物改良　在园林绿地土壤中，常常有大量的昆虫、软体动物、节肢动物、线虫、细菌、真菌、放线菌生存，有利土壤改良。例如蚯蚓，有利土壤混合、团粒形成通气状况的改善。一些微生物，它们数量大、繁殖快、活动性强，能促进岩石风化和养分释放、加快动植物残体的分解，促进土壤的形成和养分分解转化。

利用动物改良土壤，一要保护土壤中现存有益动物种类，严格控制土壤施肥、农药使用、防止土壤与水体污染，为动物创造良好的生存环境；二要推广使用有益菌种，如将根瘤菌、固氮菌、磷细菌、钾细菌等制成生物肥料，它们生命活动的分泌物与代谢产物，既给园林树木提供某些营养元素、激素类物质、各种酶等，刺激树木根系生长，又能改善土壤的理化性能。

五、土壤污染的防止

土壤污染既可指土壤中积累的有毒或有害物质超过了土壤自净能力，也可指有益物质过量，都会对园林树木正常生长发育造成伤害时的土壤状态。土壤污染直接影响园林树木的生长，如通常当土壤中砷、汞等重金属元素含量达到2.2～2.8mg/kg时，就可能使树木的根系中毒，丧失吸收功能；土壤污染还会造成土壤结构破坏，肥力衰竭，引发地下水、地表水及大气等污染，因此，土壤污染不容忽视。防治土壤污染的措施主要有：

(1) 预防措施　禁止工业、生活污染物体、液体混入园林绿地造成污染，加强污水监测管理，各类污水需净化后才能灌溉；清理园林绿地中各类固体废物、有毒垃圾、污泥等；合理施用化肥和农药；采用低量或超低量喷洒农药方法，使用药量少、药效高的农药，严格控制剧毒及有机磷、有机氯农药的使用范围；严格控制污染源。

(2) 治理措施　在某些重金属污染的土壤中，加入石灰、膨润土、沸石等土壤改良剂，控制重金属元素的迁移与转化；降低土壤污染物的水溶性、扩散性和生物有效性；采用客土、换土、去表土、翻土等方法更换已被污染的土壤；另外，还有隔离法、清洗法、热处理法以及近年来为国外采用的电化法等。工程措施治理土壤污染效果彻底但投资较大。

第二节　园林植物的水分管理技术

一、水分管理的意义与原则

树木的生命活动离不开水分。树木根系吸收的水分，用于养分的运输、叶片的光合作用、蒸腾作用及其他的体内活动，95%以上的水分消耗于蒸腾，促进根系吸收水分，随水进入树体的养分也越丰富，也就促进了树木的其他功能，生长也就越旺盛。由于各类园林树木栽培目的不同、对水分要求有不同的生态学特性，“水少是命，水多是病”，土壤水分过多或过少，都会造成树体水分代谢的障碍，影响树木的生长。因此只有通过灌水与排水管理，调节土壤的水分状况，维持树体水分代谢平衡，才能保证树木的正常生长和发育，才能满足栽培目的。园林树木的水分管理，就是根据各类园林树木对水分要求不同，通过多种技术措施和管理手段，来满足树木对水分的合理需求，保障水分的有效供给，达到园林树木健康生长和节约水资源的目的，它包括园林树木的灌溉与排水两方面的内容。园林树木水分科学管理的意义体现在以下三方面：

1. 合理的水分管理确保树木的生长及功能的发挥

水分是树木生存不可缺少的因素，而水分过多与过少都会对树木生长产生抑制，缺水使树木处于萎蔫状态，轻者叶色暗干边，落花落果，重者新梢停长，大量落叶，甚或整株干枯死亡。水分多会造成植株出现徒长，导致倒伏，花芽少，出现烂花、落果现象。土壤中的水分过多会造成土壤缺氧，产生大量有毒物质的积累，导致根系发霉腐烂，甚至窒息死亡。

2. 合理的水分管理改善园林树木的生态环境

水分对城市园林绿地的生态环境有良好的调节作用。水分的变化在园林绿地环境中可调节气温、土温、空气湿度、土壤湿度、树体温度及树体的水分平衡。强光的照射易引起树体高温导致“日灼”，树木可借蒸腾调节树体温度，提高空气湿度；在高温、干旱的土壤上喷灌，可以减低空气温度、土壤温度，增加空气湿度、土壤湿度，改善微生物的生活状况，促进土壤有机质的分解。利用合理的灌溉，可避免地面侵蚀、土壤结构破坏、营养物质淋失，治理土壤盐渍化，以利于园林树木的生长。

3. 合理的水分管理节约用水，降低养护成本

我国是缺水国家，很多城市的水资源十分有限，园林绿地中树木的灌溉用水大多为自来水，与生产生活用水的矛盾突出，应节约并合理利用每一滴水。因此，只有正确全面认识园林树木的需水特性，进行科学合理的水分管理安排，应用先进的灌排技术，既要适时适量满足园林树木的水分需求，确保园林树木健康生长，又要减少水资源的浪费，降低园林的养护成本。

须根据园林树木需水特性、气候、土壤及其他栽培措施制定水分管理原则。

（1）掌握园林树种特性及其年生长节律

① 园林树木种类与需水　园林树木是园林绿化的主体，数量大，种类多，具有不同的生态习性，在水分需求上有较大差异，应该区别对待。一般说来，生长速度快、生长期长、观花、观果树种、观叶的树木种类需水量较大，灌水次数均比一般树种多。耐干旱树种如樟子松、油松、马尾松、木麻黄、圆柏、侧柏、刺槐、锦鸡儿等，其灌水量和灌水次数较少，甚至很少灌水，因耐水湿能力差应注意及时排水；而像水曲柳、枫杨、垂柳、落羽松、水松、水杉等喜欢湿润土壤的树种比耐干旱的树种需要较多的水分，应注意灌水，耐水湿，对排水则要求不严。通常乔木比灌木，常绿树种比落叶树种，阳性树种比阴性树种，浅根性树种比深根性树种对水分的需求量大。但值得注意的是，需水量大的树木种类不一定需常湿，常处于积水条件下也会抑制生长。需水量小的树木种类也不一定常处于干旱状态，过于干旱，树木不但长不好，也会因干旱死亡。而且园林树木的耐旱力与耐湿力并不完全呈负相关。

② 不同生长发育阶段与需水　在树木的生命周期中，各生长发育阶段对水的需求不同，种子萌发时吸足水分，以利种皮膨胀软化，需水量较大，但也要有一定通气条件保证种子呼吸；在幼苗时期，树木的根系弱小，于土层中分布较浅抗旱力差，虽然植株个体较小总需水量不大，但灌水要量小勤浇保持表土适度湿润；随着植株体量的生长，灌水量应有所增加，个体对水分的适应能力也有所增强，灌水量渐增，间隔期渐长。

在树木的年生长周期中，不同的物候期对水分的要求不同。一般认为，在树木生长期中，应保证前半期的水分供应，以利生长与开花结果；后半期则应控制水分，以利树木及时停止生长，适时进行休眠，做好越冬准备。根据各地的条件，观花观果树木，在发芽前后到开花期，新梢生长和幼果膨大期，果实迅速膨大期以及果熟期及休眠期，如果土壤含水量过低，都应进行灌溉。在树木的年生长周期中，生长期的需水量大于休眠期。秋冬季气温降低，大多数园林树木处于休眠或半休眠状态，即使常绿树种的生长也极为缓慢，这时应少浇或不浇水，以防烂根，为防冬季土壤缺水导致树木的生理干旱，浇好冻水；早春由于气温回升快于土温，根系尚处于休眠状态，吸收功能弱，树木地上部分已开始蒸腾耗水，浇解冻水能提升土壤的温度，促进根系吸收水分。随着树木大量的抽枝展叶，需水量也逐渐增大。需水临界期是许多树木在生长期中一个对水分需求特别敏感的时期，缺水将严重影响树木枝梢加长生长和花的发育，即使后期更多的水分供给也难以补偿。需水临界期因各地气候及树木种类而不同，枝条速生期、果实速生期都要求充足的水分，呼吸、蒸腾作用最旺盛时期也需要求充足的水分。相对干旱会促使树木枝条停止加长生长、落果，使营养物质积累向花芽分化转移，园林树木栽培上常采用减水、断水等措施抑制营养器官的生长，促进花芽分化。如对梅花、桃花、榆叶梅、紫薇、紫荆等花灌木，在营养生长期即将结束时通过适当少浇或停浇几次水，提早并促进花芽的形成和发育。

③ 园林树木栽植年限与需水　树木栽植的年限长短对树木的根系生长有影响，反映出对水分需求的不同。刚刚栽植的树木，根系损伤大、吸收功能弱，在短期内难与土壤密切接触，难以吸收足够水分供给树木的需要，常常需要连续多次反复灌水，方能保证成活，如果是常绿树种，需要对枝叶进行喷雾以减少叶面蒸腾。当树木定植经过一定年限后，根系生长达到一定水平，树木进入正常生长阶段，地上部分与地下部分间建立起了新的平衡，已能通过从土壤中获取水分，可按正常管理灌水。

(2) 掌握园林树木用途合理进行水分管理　由于水源、灌溉设施、人力、财力等因素限制，在养护中很难对所有树木进行同等的水分管理，需根据园林树木的用途确定灌溉的重点。优先灌溉对象有花灌木、珍贵树种、孤植树、古树等观赏价值高的树木以及新栽树木。

(3) 掌握气候条件合理进行水分管理　生长在不同地区的园林树木，受当地气候影响，其需水状况有差异。气候条件对于灌水和排水的影响，主要有日照、气温、空气湿度、风速、年降水量、降水强度、降水频度与分布等因素。在干旱的气候条件下或干旱时期，灌水量应多。例如北京地区 4～6 月是干旱季节，日照强烈、气温上升、空气湿度低、风大频繁、降水量少，但正是树木发育的旺盛时期，植株叶面蒸腾和土壤水分蒸发均会加强，枝条生长的'需水临界期'需水量较大，一般都需要多次灌水，花灌木根系较浅，耐旱能力较差，见土干就应灌水。乔木，在此时就应根据其根系条件决定，但在春季干旱的时期，树木开始萌动、生长加速并进入旺盛生长的阶段，所以应保持土壤的湿润，适当进行浇水。当正处于雨季时，不宜多灌水，而要注意排水。由于各地气候条件的差异，灌水的时期与数量也不相同。如华北地区，灌冻水的时间以土壤封冻前为宜，但不可太早。因为 9～10 月不宜过多灌溉，否则会影响枝条的木质化程度，不利于抗寒越冬。在南方地区，9～10 月若出现秋旱，为了保证树木安全越冬，则应适当灌水。

(4) 掌握土壤条件合理进行水分管理　土壤的质地、结构与灌水密切相关。不同土壤具有不同的质地与结构，保水能力也不同。保水能力较好的，灌水量应大一些，间隔期可长一些，如较黏重土壤保水力强，灌溉次数适当减少和灌水量应适当加大，施入有机肥和河沙，增加其通透性；保水能力差的，每次灌水量应酌减，间隔期应短一些，如沙土，保水性较差，应“小水勤浇”，施入有机肥提高保水性能。对于盐碱地要“明水大浇”，使盐分溶解顺水下移，“灌耪结合”（即灌水与中耕松土相结合），减少土壤水分的蒸发，防止盐分随水上移；低洼地要既要避免积水，又要注意排水防碱，多采取“小水勤浇”。地下水位的深浅也是灌水措施和排水措施合理安排的重要参考。地下水位在树木可利用的范围内，先期浇水，当根系延伸到地下水位可以不灌溉；低洼地的地下水位太浅，应注意排水。

（5）掌握经济与技术条件合理进行水分管理　目前园林绿化养护经济条件有限，园林机械化水平不高，劳力不足，加之园林树木的栽培种类多、数量大，所处立地环境的可操作性不同，采取全面普遍灌水与排水使所有树木生长的水分条件处于最适状态是不可能的，只有利用现有的能力在管理中要保证养护重点的水分供给，对有明显水分亏缺的树木进行灌水。对有明显水分过剩影响树木的生长及时进行排水。

（6）水分管理与其他栽培管理措施相结合　在树木栽培管理中，水分管理应与其他技术措施密切结合，并在相互影响下更好地促进树木的生长。管理技术措施对园林树木的需水情况有较多影响。在养护中，经过合理的深翻、松土除草、施用丰富有机肥料的土壤，其结构性能好，可以减少土壤水分的消耗，土壤水分的有效性高，能及时满足树木对水分的需求，因而灌水量较小。生长期中灌溉与施肥相结合，先施肥、后浇透水，利用浇水化解养分的浓度，即避免土壤局部养分浓度过大、肥力过猛，影响根系的吸收或遭到伤害，又可满足树木对养分、水分的正常要求。灌水应与松土除草相结合，因为灌水增加土壤水分，松土除草可以起到保墒作用，保墒做得好可以减少土壤水分的损失，既满足树木对水分的要求，又可减少灌水次数，灌水与松土除草结合，先浇水增加土壤水分，后松土除草保墒减少土壤水分蒸发。

二、城市绿地灌溉

1. 绿化用水的质量

绿化灌溉水的好坏直接影响园林树木的生长。用于园林绿地树木灌溉的水源有地面水（江水、河水、湖水及水库的水）、地下水（自来水、井水等）两类。这两类水中的性状（可溶性物质、悬浮物质以及水温等）差异较大，对园林树木生长及水的使用有不同影响。地面水含有较多树木可利用的有机质及可溶性矿质元素，水温与气温或地温接近，地面水中常含有泥沙和藻类植物，在一般浇灌中不受影响，若用于喷、滴灌水时，容易造成喷头和滴头堵塞；井水和泉水有机质及可溶性矿质元素少，温度较低，在高温条件下灌溉时易抑制或伤害树木根系。园林树木灌溉用水不能含有过多的对树木生长有害的有机、无机盐类和有毒元素及其化合物，城市生活污水处理后的中水如果有毒可溶性盐类含量超过 1.8g（具体可参照 1979 年 12 月国家颁布的《农业灌溉水质标准》，行中根据实际情况可适当放宽）最好不要用于绿地灌溉，长期使用易造成土壤污染，并影响树木生长。

2. 灌水时期

正确的灌水时期对灌溉效果以及水资源的合理利用都有很大影响。理论上讲，科学的灌水是适时灌溉，也就是说在树木最需要水的时候及时灌溉。不能等树木在形态上已显露出缺水症状（如叶片卷曲、果实皱缩等）时才进行灌溉，否则树木的生长发育可能已经招致不可弥补的损失。根据树木外部形态判断树木是否需要灌水是园林树木养护直观判断是否急需灌水的常用方法。早晨看树叶是上翘还是下垂，中午看叶片萎蔫程度轻重，傍晚看萎蔫叶片恢复的速度，是作为绿化树木是否需要灌溉的依据。一些树木虽遇干旱出现萎蔫，较长时间内不灌溉也不至于死亡，但会影响生长。

根据园林生产管理实际，可将树木灌水时期分为以下两种类型。

(1) 管理性灌溉　管理性灌溉是根据园林树木生长发育需要，在相应时段进行的灌水，以满足树木需水要求。通常分为两个灌水时期。

① 休眠期灌水：在我国的北方地区，降水量较少，冬春严寒干旱，休眠期灌水十分必要，分别在秋冬和早春进行。秋末冬初在土壤将要上冻时灌水（北京为 11 月上中旬），称为灌“冻水”或“封冻水”。冬季结冻可放出潜热，有利树木的越冬安全；早春土壤将要化冻时进行浇水，称为灌“解冻水”或“开春水”，既可防止早春干旱，也能提升土温，促进树木萌芽，并增强树木的耐旱能力。因此北方地区的这两次灌水不可缺少，特别是对越冬困难的树种及幼年树木等更为必要。

② 生长期灌水：根据树种不同时期的需要分为花前灌水、花后灌水和花芽分化期灌水。

a. 花前水。花前水在北方地区主要针对易出现早春干旱和风多雨少的现象，在开花前及时灌水补充土壤水分，促进树木萌芽、开花、新梢生长和提高坐果率；预防春寒、晚霜的危害。花前水的具体时间，则因地、因树而异。

b. 花后水。在花谢后半个月左右是很多树木新梢速生期，如果水分不足，会抑制新梢生长。也会易引起大量落果。北方春天多风，土壤水分蒸发量大，花后适当灌水可保持土壤的适宜湿度。前期灌水可促进新梢和叶片生长，扩大同化面积，增强光合作用的能力，提高坐果率，对后期的花芽分化也有良好作用。

c. 花芽分化水。树木多在新梢生长缓慢或停止生长时开始花芽的形态分化，此时正是果实速生期，需要较多的水分和养分，如果水分不足会影响果实生长和花芽分化。因此，这次灌水对观花、观果树在新梢停止生长前及时而适量的灌水，可以促进春梢生长，抑制秋梢生长，有利于花芽分化及果实发育。

管理性灌溉的时间主要根据树木的生长发育规律而定。

(2) 干旱性灌溉　在发生土壤、大气严重干旱，土壤难以满足树木需要的水分时进行的灌水。在我国经常会出现久旱无雨、高温旱象，此时若不及时供水就有可能导致树木死亡。通常根据土壤含水量和树木的萎蔫系数确定干旱灌水时间。当土壤含水量低时，就应决定是否需要灌水。也可通过测定植物萎蔫系数来确定是否需要灌溉，萎蔫系数是指因干旱导致树木外观出现伤害症状时的树木体内含水量。树种和生长环境不同萎蔫系数不同，应通过栽培观察试验，测定各种树木的萎蔫系数，为干旱性灌水时间提供依据。

总之，灌水的时期应根据树种以及气候、土壤等条件而定，在北京地区，一般年份全年灌水6次，3、4、5、6、9和11月各1次。干旱年份或土质不好或因缺水生长不良应增加灌水次数。在西北干旱地区，灌水次数应更多一些。具体灌溉时间则因季节而异，夏季灌溉应在清晨和傍晚，此时水温与地温接近对根系生长影响小；冬季早晚气温较低，灌溉宜在中午前后。此外，还值得注意的是，不能等到树木已从形态上显露出缺水受害症状时才灌溉，而是要在树木从生理上受到缺水影响时就开始灌水。

3. 灌水量

园林树木的灌水量多少受多种因素的影响：不同树种、品种、砧木、植株的大小、生长状况以及不同的土质、不同的气候都与灌水量有关，灌水量要足，不能只把表层土打湿而下面的土壤仍然干燥，因此灌溉量要有个基本标准，它决定于在一定的气候、水文、土壤等条件下，植物生长所需要的水量等。一株树木的灌水量与其根系所在的土壤分布深度有关，适宜的灌水量一般应达到土壤田间持水量的60%～80%。

根据不同土壤的持水量、灌水前的土壤湿度、土壤容重、灌水的深度计算一定面积的灌水量：

灌水量＝灌水面积×灌水层深×土壤田间持水量的容重×（田间持水量－灌水前的土壤湿度）

其中灌水前的土壤湿度应及时测定，土壤容重、田间持水量等几年测定一次即可。

应用此公式计算出的灌水定额，还可根据树种、品种、不同年龄阶段、不同物候及土壤等因素，进行调整，酌情增减，以符合实际需要。

4. 灌水方法

园林树木灌水方法不同，既影响到灌水效果好坏、灌水量多少，而且还影响土壤的结构。较好的灌水方法，应使水分在土壤中均匀分布、提高水分的利用率、节约用水、降低灌水成本、减少水土流失、保持土壤的良好结构。根据供水方式的不同，将园林树木的灌水方法分为以下几种：

(1) 地面灌水　利用河水、井水、塘水大面积灌溉树木的方法，水量大、效率高。地面灌水可分为漫灌、沟灌、畦灌、穴灌、围堰灌水。

① 围堰灌水：灌水前在树根附近松土，在树冠投影以内的地面做好灌水堰，多为圆盘状，也有固定好的方形树池（路边行道树），用水管在盘内灌水。待水渗完以后一两天内，松土保墒，如能覆盖则效果更好。

围堰灌水用水较经济，但浸湿土壤的范围较小，离干基较远的根系难以得到水分供应，灌水前应疏松树堰内土壤，使水容易渗透，此法费工效率低，同时还有破坏土壤结构，使表土板结的缺点。但是在交通不便、水源较远、设施条件较差的情况下，仍为一种有效的灌水方法。灌溉后耙松表土以减少水分蒸发。

② 穴灌：用挖坑机等在树冠投影范围内侧挖穴打洞，将水灌入穴中，以灌满为度。穴的数量依树体、树冠投影大小而定，一般为8～12个，直径20～30cm左右，

穴深以不伤粗根为准，灌后将土还原，也可用垂直埋置2～4个直径10～15cm，长80～100cm的瓦管等作永久性灌水穴，管壁布满许多渗水小孔，埋好后内装碎石或炭末等填充物，灌溉时从竖管上口注水，灌足以后将顶盖关闭，必要时再打开。这种方法用于地面铺装的街道、广场的树木灌水等，十分方便。这种方法用水经济，浸湿土壤的范围较宽而均匀，不易引起土壤板结，特别适用于水源缺乏的地区。

③ 沟灌（侧方灌溉）：在行状栽植的园林植物或成片栽植的树木地段采取沟状灌水，在沟内灌水，慢慢向沟底和沟壁渗透，达到灌溉的目的，水分的蒸发与流失量较少，可以做到经济用水，防止土壤结构的破坏，有利于土壤微生物的活动。因此沟灌是地面灌溉的一种较合理的方法。

④ 漫灌：在地面平整、树木成片栽植的情况下可分区筑埂，在埂内放水淹没地表进行灌溉，待水渗完之后，挖平土埂，松土保墒。漫灌是大面积的表面灌水，水分渗入深，有利根系向下生长，但用水量大，而且破坏土壤结构，表土板结，应尽量避免使用。

(2) 喷灌　称为空中灌水、人工降雨及对树冠喷水等。此方法是灌溉机械化中比较先进的一种技术，但需要人工降雨机及输水管道等全套设备。这种灌水方法的优点，节省用地，灌溉时覆盖面积大，基本上不会产生深层渗漏和地表径流，节约用水，减少对土壤结构的破坏，可保持原有土壤的疏松状态，调节绿化区的小气候，增加空气湿度，减少高温、干热风伤害，对地形要求不高，但是喷灌也有可能造成树木感染白粉病和其他真菌病害、易受风力影响、喷洒不均和成本过高等缺点。

① 固定式喷灌：一般由水源、动力、水泵、输水管道及喷头等部分组成多整体埋在地下，使用时喷头升起灌水。是一种比较先进的灌水技术，目前已广泛用于园林苗圃、园林草坪以及重要的绿地系统。

固定式喷灌的优点是可以节约劳力提高工作效率。缺点是设备价格和管理维护费用较高，使其应用范围受到一定限制。

② 移动式喷灌：由洒水车改建而成，在汽车上安装储水箱、水泵、水管及喷头组成一个完整的喷灌系统；也有输水管道及喷头等部分移动灌溉，通常称为半移动式或半固定式。移动式喷灌具有移动灵活的优点，成本较低。

(3) 滴灌　是以水滴或小水流缓慢施于植物根区的灌水方法，涉及的范围较小。滴灌的优点首先是节约用水。它仅湿润树木根部附近的土层和表土，可减少水分蒸发。优点：滴灌比喷灌节水，系统可以全部自动化，将劳力减至最低限度，适用于各种地形条件的灌水，均匀地保持土壤湿润，同时可保持根区土壤的良好通气。缺点：设备投资较大；管道及滴头容易堵塞，不能调节小气候，易造成其他吸收不到水的根系干旱。

(4) 地下灌溉（或鼠道灌溉）　是利用埋在地下的多孔管道输水，使灌溉水从管道的孔眼中渗出，在土壤毛细管作用下浸润管道周围的土壤。用此法灌水具有地表蒸发小、节省灌溉用水、不破坏土壤结构、便于耕作，节约用水用地，较地面灌水优越，但要求设备条件较高，在碱性土壤中须注意避免“泛碱”。

5. **灌溉中应注意的事项**

（1）要适时适量灌溉　要注意土壤水分的适宜状态，争取灌饱灌透。否则会使树木处于干旱环境中，不利于根系的发育，也影响地上部分的生长，甚至造成旱害；若小水浅灌，次数频繁，根系向浅层生长，不利于树木的抗旱、抗风。长时间超量灌溉则会造成根系的窒息及浪费水。

（2）追肥、灌水相结合　追肥以后应立即灌溉，否则会造成因追肥时局部土壤浓度大树木受到伤害或加重旱情。

（3）生长后期适时停灌　除干旱情况外，9月中旬以后应停止灌水，防止树木因徒长而降低树木抗寒性，但浇冻水除外，浇冻水有利于树木越冬。

（4）生长期灌溉宜早晨或傍晚进行　因为早晨或傍晚水温与地温差异不大，蒸发量较小，有利于根系的吸收。不要在气温最高的中午前后进行土壤灌溉，更不能用温度低的水源（如井水、自来水等）灌溉，否则树木地上部分蒸腾强烈，土壤温度降低，影响根系的吸收能力，导致树体水分代谢失常而受害。

（5）重视水质分析　灌溉需要分析水质，如果含有有害盐类和有毒元素及其他化合物含量过高，应处理后使用，否则不能用于灌溉。喷灌、滴灌的水不应含有泥沙和藻类植物等，以免堵塞喷头或滴头。

三、园林绿地排水

1. **排水的必要性**

园林树木的排水主要是解决土壤中水、气之间的矛盾，防止水分过多，给树木带来缺氧危害。树木生长中即需要土壤中的水分也需要土壤空气，排水是为了减少土壤中多余的水分以增加土壤空气的含量，促进土壤中空气交流，提高土壤温度，激发好气性微生物活动，加快有机物质的分解，改善树木营养状况，使土壤的理化性状得到全面改善。土壤经常发生水分过多、缺乏空气现象，造成树根窒息或毒害，使根系生长衰弱以至死亡，因此排水与灌水同等重要。

2. **排水的条件**

在有下列情况之一时，就需要进行排水：

① 园林绿地临近江河湖海，地下水位高或雨季易遭淹没，形成周期性的土壤过湿。低洼地在降雨时汇集大量地表径流，不能及时流出，形成季节性积水，不利树木生长。

② 土壤下面有坚实不透水的黏土层，阻止水分下渗，形成过高的假地下水位，造成根系分布区积水。

③ 在一些盐碱地区，土壤下层含盐量高，不及时排水洗盐，盐分会随水的上升而到达表层，造成土壤次生盐渍化，对树木生长很不利。

3. **排水方法**

园林绿地的排水分两类。

（1）系统排水　在园林规划及土建施工时就应统筹安排，建好畅通的排水系统。

园林树木的系统排水通常有以下三种：

① 明沟排水　也称沟渠排水，是在地面上挖掘明沟，是过多雨水从沟中流走，排除径流。它常由小排水沟、支排水沟以及主排水沟等组成一个完整的排水系统，在地势最低处设置总排水沟。这种排水系统的布局多与道路走向一致，以利水流畅。优点是排水性能好，沟道淤塞易修复；缺点是占地面积大。

② 暗沟排水　在绿地设计时，在地下埋设管道形成地下排水系统，将地下水降到要求的深度。暗沟排水系统与明沟排水系统基本相同，也有干管、支管和排水管之别。暗沟排水的管道多由塑料管、混凝土管或瓦管做成。建设时，各级管道需按水力学要求的指标组合施工，以确保水流畅通，防止淤塞。其优点是不占地面，保持地貌，但设备费用较高，易堵塞，近几年在绿地中逐渐应用。

③ 地面排水　也称为地形排水、地表径流排水，这是目前使用较广泛、经济的一种排水方法，在绿地建设时，种植面整理成一定的坡度，保证过多的雨水顺绿地表面顺畅流出，然后集中到排水沟，从而避免绿地树木遭受水淹。不过，地面排水方法需要设计者经过精心设计安排，地面坡度在0.1%～0.3%，绿地内无低洼地及积水死角，才能达到预期效果。此种排水通常要与前两种系统之一进行结合。

(2) 应急排水　当降雨强度过大或排水系统堵塞时，人工或机械开沟，将积水引出，排除积水。这是园林中一般采用的临时排水措施。

第三节　肥料管理技术

一、园林树木营养管理的重要性

营养是园林树木生长的物质基础，树木的营养管理就是通过合理施肥来改善与调节树木营养状况的经营活动。

园林树木为寿命长、根深的木本植物，长期生长发育需要的养分数量很大，根系不断从土壤中选择性吸收某些元素，造成土壤中某些营养元素贫乏，树木在生长发育中出现的许多异常状况，常与土壤营养元素不足有着极其密切的关系。而园林绿地土壤中枯落物的清除，造成营养物质的循环中断、土壤养分枯竭；土壤密度大，水气矛盾突出，微生物活动困难，土壤中的有效养分减少。我国城市土壤都有营养物质含量低、保肥供肥力较弱的特点，虽然树木的任何器官、组织的生长发育都是从叶中获得有机营养，但只有在土壤提供叶绿体所需的各种元素，才能将太阳能转变成植物所需要的有机营养物质。营养是园林树木生长的物质基础，树木的营养管理就是通过合理施肥来改善与调节树木营养状况的经营活动，施肥是树木栽培综合管理的重要环节。只有合理施肥，才能促进树木枝叶茂盛，花繁果密，加速生长，树木修剪或受到损伤后，施肥还可促进伤口愈合，确保树木健康生长，增强抗逆性，延缓树体衰老和延年益寿。

园林树木种植于人为活动较频繁的特殊生态条件下，且树种繁多，习性各异，地面硬质铺装，土壤板结，施肥操作十分困难，因而肥料的种类、用量、施肥比例与方法上都有很大的差别；并且施肥的次数不会太多，养分释放速度应该缓慢，为了环境美观、卫生，不能用恶臭、污染环境的肥料，或将肥料适当深施并及时覆盖。

二、园林树木与营养

园林树木需要从土壤、大气中吸收很多营养元素作为在生长发育过程所需的养料，虽然不同园林树种对各种营养元素需要量差异很大，但对树木生长发育来说各种营养元素都是同等重要和不可缺少的。碳、氢、氧、氮、磷、钾、钙、镁、硫、铁、铜、锌、硼、钼、锰等几十种化学元素是园林树木生长发育中而不可缺少的养料。

其中碳、氢、氧、氮是组成植物体的主要成分，占植物干重的93%以上，形成灰分的矿质元素主要有六种，磷、钾、钙、镁、硫、铁等，各种元素的含量分别占干重的千分之几。铜、锌、硼、钼、锰等在植物体内含量很少，各种元素含量仅占干重的万分之几，但都是植物生活必需的微量元素。以上不同元素对树木生长各有重要作用，植物在缺乏养分时在器官上出现相应的症状，严重时会影响其生长，有些营养元素由于受土壤条件、降雨、温度等影响常不能满足树木需要，因此，我们必须根据实际情况对这些元素给予适当补充。其中氮、磷、钾被称为植物的营养三要素，树木的需要量远远超过土壤的供应量。

主要营养元素对园林树木生长的作用简介如下：

(1) 氮　氮是叶绿素、酶、生物碱以及某些维生素的组成部分。主要的作用是促进植物营养器官的生长和生殖器官的形成。如果氮素缺乏，植物各个器官都长得不好，叶绿素含量不足造成叶色泛黄，叶小且少，枝干矮小纤弱，新梢发育不良，花、果都少而小，产量低，对病虫害及不良环境抵抗力弱等。但如果氮肥施用过多，尤其是在磷、钾供应不足时，也会产生枝条徒长、组织幼嫩、易倒伏、感染病虫害、延迟休眠，在秋末冬初易受冻害，特别是一次性用量过多时会引起烧苗，所以一定要注意合理的施肥。不同种类的园林树种对氮的需求有差异，观叶树种、绿篱、行道树在生长期中都需要较多的氮肥，以便保持大量美观的叶丛、浓绿的叶色；而对观花种类来说，在营养生长阶段需要充足的氮肥促进叶片的生长，进入生殖生长阶段，应控制使用氮肥，否则将延迟开花期。

(2) 磷　磷能促进植物的各种代谢作用，促进种子发芽、促进生长发育、提早开花结实期、使植物早熟。同时，磷还使茎发育坚韧不易倒伏，促进植物根系的发展，特别是在苗期能使根系早生快发，提高定植苗的成活率。增强植株对于不良环境及病虫害的抵抗力，如加强抗寒、抗旱能力，促进新梢成熟，弥补氮肥施用过多时产生的缺点，因此园林树木不仅在幼年或前期营养生长阶段需要适量的磷肥，而且进入开花期以后磷肥需要量也是很大的。磷素不足时，植物生长缓慢，延迟成熟，在形态上往往表现很多现象，如出叶迟，落叶早，叶上常有红紫斑，新梢生长不良，根系不发达，开花迟而花朵柔弱，易出现落花、落果，植株的抗寒、抗旱性降低，生理活动减弱等。植物需要磷素最多的时期是幼苗生长期和开花结实期。

(3) 钾　钾的重要作用是促进植物的新陈代谢、使物质在植物体内运转，促进叶绿素的形成和光合作用的进行，促进根系的扩大，促进树木生长强健、基干木质化，还可促使水的进入和减少蒸发。钾可以使植物基干粗壮，增强茎的坚韧性、抗倒伏、抗寒、抗旱、抵抗病虫害的能力。钾较多地存在于植物的茎叶里，尤其聚集在幼芽、嫩叶、根尖等处，在钾素缺乏时，光合作用降低，淀粉合成受到抑制，养分消耗加大，植物的枝和根加粗，生长减弱，新梢细弱，生长停止较早，易遭受真菌危害。但过量的钾肥使植株生长低矮，节间缩短，叶子变黄。

(4) 钙　钙主要用于树木细胞壁、原生质及蛋白质的形成，促进根的发育。植物干物质含钙（Ca）量为0.5%～3%。在细胞中，钙富集于细胞壁、淀粉体和核仁里，为构成细胞壁的果胶质的结构成分，细胞核分裂时分隔子细胞的细胞板由果胶酸钙组成的。钙与磷脂分子形成钙盐，在维持生物膜结构和功能上起重要作用。能结合在调钙蛋白（简称CaM）上形成复合物。该复合物能活化动植物细胞中许多酶，对细胞的代谢调节起作用。缺钙时，植株生长受阻，节间较短，因而一般较正常的植株矮小，而且组织柔软。缺钙植株顶芽、侧芽、根尖等分生组织容易腐烂死亡，幼叶卷曲畸形，多缺刻状，或从叶缘开始变黄坏死。果实生长发育不良。

(5) 硫　硫为树木体内蛋白质成分之一，是许多酶的成分，能促进根系的生长，并与叶绿素的形成有关，硫还可能促进土壤中微生物的活动。植物含硫量为干重的0.1%～0.5%，平均0.25%左右。许多酶都含有—SH基。这些酶参与植物呼吸作用，与碳水化合物、脂肪和氮代谢作用密切。硫存在于某些生物活性物质中，如维生素B_1、维生素H等，都是含硫的有机化合物。适当浓度的维生素B_1能促进根系生长。维生素H还参与脂肪的合成过程。施用硫肥常能促进豆科植物形成根瘤，增加固氮量。不过硫在树体内移动性较差，很少从衰老组织中向幼嫩组织运转，所以利用效率较低。当缺硫时，造成蛋白质、叶绿素的合成受阻，会限制蛋白质的质与量，植物生长受到严重阻碍，植株矮小瘦弱，叶片褪绿或黄化，茎细、僵直、分蘖分枝少，与缺氮有些相似。但缺硫症状首先在幼叶出现，这一点与缺氮有异。

(6) 铁　铁在叶绿素形成过程中起重要作用，对其他代谢过程产生影响，蛋白受铁供应的影响。叶绿体蛋白受铁供应的影响最显著。铁缺乏时已知可引起叶绿体的解体或不能形成，使树木的光合作用将受到严重影响，铁缺乏还将对其他代谢过程产生影响。铁在不同植物器官之间不易移动，老叶中的铁很难向新生组织中转移，因而它不能被再度利用。缺铁时幼叶叶脉间先失绿黄化，叶脉仍为绿色，严重时，整个新叶变为黄白色。我国北方石灰性土壤上常发生果树及各种观赏树木的缺铁失绿病症。

(7) 镁　镁是叶绿素的必需成分，对多种酶的活化，参与碳水化合物、脂肪和类脂的合成，还参与蛋白质和核酸的合成。植物体内含镁量约为干物质的0.05%～0.7%。镁在植物生长初期多存于叶片，到了结实期转到种子中，以植酸盐的形态储存。镁存在于叶绿素分子结构的卟啉环中心，与光合作用直接有关。Mg^{2+}活化多种酶，从而增强呼吸作用、能量和各种物质的代谢过程；促进了CO_2的同化、糖和淀粉的合成。Mg^{2+}可活化乙酸硫激酶，使乙酸、ATP和辅酶A形成乙酰辅酶A。以后由乙酰辅酶A进一步合成脂肪酸、脂肪和类脂等。镁能稳定核糖体结构并参与

DNA 和 RNA 的生物合成过程。缺镁时，植株矮小，生长缓慢；首先叶绿素含量减少，叶色褪绿，光合作用受阻，在叶脉间失绿，而叶脉仍保持绿色；以后失绿部分逐步由淡绿色转变为黄色或白色，还会出现大小不一的褐色或紫红色的斑点或条纹。症状在老叶，特别是在老叶尖先出现；随着缺镁症状的发展，逐渐危及老叶的基部和嫩叶。因此，植物体内镁的最重要的功能是形成叶绿素。

园林树木常因营养贫乏生长不良，引起营养贫乏的具体原因很多，常见的有以下几方面：

① 土壤矿质元素不足导致植物营养贫乏　土壤矿质元素不足是引起园林树木营养贫乏的主要原因，土壤矿质元素不足的原因很多，如土壤贫瘠或某些树种对某种元素的喜好造成大量消耗。但某种元素不足到什么程度会发生贫乏症却是个复杂的问题，因为树种不同、品种不同以及生育期、气候条件不同都会有引起园林树木营养贫乏差异，因此不能一概而论。不同树种都有对不同矿质元素需求的最低限值。

② 土壤酸碱度不适导致植物营养贫乏　土壤酸碱度影响矿质元素的溶解度，即有效性。有些元素在酸性条件下易溶解，有效性高，如铁、硼、锌、铜随着 pH 下降有效性迅速增加，当土壤 pH 趋于中性或碱性时有效性降低；另外一些则相反，如钼，其有效性会随 pH 提高而增加；也有当土壤 pH 趋于中性时有效性较好，如磷的有效性随 pH 趋于酸性或碱性都会降低。

③ 营养成分的不平衡导致植物营养贫乏　正常而旺盛的树木良好发育在正常代谢时要求体内各营养元素含量保持相对的平衡，否则会导致代谢紊乱，出现生理障碍。一种元素的吸收过量常常会出现对另一种元素的吸收与利用进行抑制，这就是所谓元素间“颉颃”现象。这种颉颃现象作用比较强烈时，就导致树木营养贫乏症发生。生产中，较常见的颉颃现象如磷素过多能阻碍硅的吸收。因此在施肥时需注意矿质元素的配比，避免一种元素过多而影响其他元素作用的发挥。

④ 土壤理化性质不良导致植物营养贫乏　土壤的理化性质变化，会影响树木对矿质元素吸收。正常而旺盛的地上部生长有利于根系的良好发育，而根系分布越广吸收的矿质元素数量就越多，可能吸收到的矿质元素种类也越多。但如土壤坚实，底层有漂白层、地下水高、盆栽容器太小等都限制根系的伸展，从而加剧或引发营养贫乏症。在地下水位高的立地环境生长的树木极易发生缺钾症，而在钙质土壤中高地下水位会引发或加剧缺铁症等。

⑤ 不良的气候条件导致植物营养贫乏　不良的气候条件以低温的影响较大。低温既降低土壤微生物对土壤有机物养分的转化，同时也降低树木对养分的吸收能力，因此在低温条件下树木容易缺素，其中磷是受低温抑制最大的一个元素。雨量多少对营养缺乏症发生也有明显的影响，例如土壤过旱导致缺硼、钾及磷；多雨过湿导致营养元素的释放、淋失等，如多雨容易导致镁的流失。光照不足也影响树木对元素吸收，以磷最严重。在较长时间多雨、少光、寒冷的天气条件下，树木体内因多种原因导致缺素。

三、园林树木施肥原则

园林树木施肥是为了提高土壤肥力，增加树木营养促进树木生长，为了使施肥措施经济合理，须遵循以下几项基本原则。

1. 明确园林树木营养管理目的

园林树木营养管理是为了改良土壤的肥力，使树木获得丰富的矿质营养，促进树木生长。由于树木不同的生长时候需肥不同，不同土壤养分状况不同，施肥目的不同，所采用的施肥方法也不同。按照土壤中矿质营养状况、树木的不同时期、需要养分种类、需肥量以及营养诊断与施肥试验得出的合适施肥量施用，使树木的施肥达到合理化、指标化和规范化，完全做到树木缺什么就施什么，缺多少就施多少。施肥分层施用，使肥料靠近树木根系，有利树木吸收、减少土壤固定；使迟效与速效肥料配合，有机与矿质肥料配合，基肥与追肥配合，以利于稳定和及时供应树木吸收，减少淋失。改良土壤理化性质，既要考虑树木对矿质养分的需要，还要利用有机肥改良土壤的质地与结构，甚至可以使用石灰改良酸性土、硫磺改良碱性土等。

2. 园林树木营养管理要掌握树木的特性

树木吸肥既受植物的生物学特性影响，也受外界环境条件的影响。影响根系吸肥量多少、光合作用大小、合成物质多少。

(1) 根据树木种类合理施肥　树木的需肥与树种及生长习性有关。例如泡桐、杨树、重阳木、香樟、桂花、茉莉、月季、茶花等生长速度快、生长量大的种类，就比柏木、马尾松、油松、小叶黄杨等慢生耐瘠树种需肥量要大，固此应根据不同的树种调整施肥用量。

(2) 根据生长发育阶段合理施肥　总体上讲，随着树木生长旺盛期的到来需肥量逐渐增加，生长旺盛期以前或以后需肥量相对较少，在休眠期甚至就不需要吸收养分；在抽枝展叶的营养生长阶段，树木对氮素的需求量大，而生殖生长阶段则以磷、钾及其他微量元素为主。根据园林树木物候期差异，施肥方案上有萌芽肥、抽枝肥、花前肥、壮花稳果肥以及花后肥等。就生命周期而言，一般处于幼年期的树种，尤其是幼年的针叶树生长需要大量的化肥，到成年阶段对氮素的需要量减少；对古树、大树供给更多的微量元素，有助于增强对不良环境因子的抵抗力。

(3) 根据树木用途合理施肥　树木的观赏特性以及园林用途影响其施肥方案。一般说来，观叶、观形树种需要较多的氮肥，而观花、观果树种对磷、钾肥的需求量大。有调查表明，城市里的行道树大多缺少钾、镁、磷、硼、锰、硝态氮等元素，而钙、钠等元素又常过量。也有人认为，对行道树、庭荫树、绿篱树种施肥应以饼肥、化肥为主，郊区绿化树种可更多的施用人粪尿和土杂肥。

(4) 根据营养诊断合理施肥　根据树木生长发育中的营养诊断结果进行施肥，它能使树木的施肥达到合理化、指标化和规范化，完全做到树木缺什么就施什么，缺多少就施多少。目前虽在生产上广泛应用受到一定限制，但应提倡。

3. 园林树木营养管理要掌握环境条件

树木吸肥既受植物的生物学特性影响，也受外界环境条件的影响。影响根系吸肥量多少、光合作用大小、合成物质多少。

(1) 掌握气候条件对施肥的影响　气候条件影响施肥措施效果。确定施肥措施时，须搞清栽植地的气候条件，如生长期的长短、温度的高低变化，降水量的多少及分配情况，以及树木越冬条件等。其中气温和降雨量是影响施肥的主要气候因子。

在生长期内，温度的高低、土壤湿度的大小，都直接影响树木对营养元素的吸收。当温度低时，既减慢土壤养分的转化，也削弱树木对养分的吸收功能。在各种元素中磷是受低温抑制最大的一种元素。温度高时，树木吸收的养分多，土壤养分的转化也快。雨季，土壤中硝态氮易淋失，应雨后追施速效氮肥；叶面追肥应在清晨或傍晚进行，而雨前或雨天根外追肥无效，炎热天气易受肥害。生长季施肥要考虑树木越冬情况，盲目施肥和过晚追肥，会使树木徒长、抗寒力下降造成树木冻害。

(2) 掌握土壤条件合理施肥　土壤状况和施肥措施有密切关系。土壤是否需要施肥，施哪种肥料及施肥量的多少，都视土壤条件来确定。如土壤厚度、土壤水分与有机质含量、酸碱度高低、土壤结构等均对树木的施肥有很大影响，这些都是施用肥料时需仔细考虑的问题。

① 土壤的物理性质与施肥：土壤质地和土壤结构会影响土壤密度、土壤紧实度、通气性以及水热特性等，因此改良土壤的土壤质地和土壤结构是施肥的一大目的。

沙性土壤质地疏松通气，保水能力差。黏性土壤质地紧密保水能力好，通气性差。都宜选用有机肥料，前者目的为保水保肥，施肥宜深不宜浅。为了延长肥效时间，可用半腐熟的有机肥料或腐殖酸类肥料等。后者为土壤疏松透气，施肥深度宜浅不宜深，而且使用的有机肥料必须充分腐熟。若施用化肥时，同样的用量，沙土的施肥宜次数多用量小，黏土的施肥可减少次数，加大每次施肥量。

土壤的结构与施肥也有很大的关系。合理施用有机肥可以改良土壤结构，调节土壤的水、气关系，因树木生长是受土壤中水、肥、气、热状况的制约，合理施肥大都能产生好的效果。实践证明，大量施用各类有机肥，可增加土壤的有机质，都可起到改良土壤的结构的作用。

土壤水分含量和肥效直接相关，土壤水分缺乏时施肥，可能因肥分浓度过高树木不能吸收利用而遭毒害；积水或多雨时养分容易被淋洗流失，降低肥料利用率。

② 土壤酸碱度对植物吸收养分的影响：土壤酸碱度的变化不但影响养分的有效性，影响植物吸收养分能力，土壤酸碱度还影响到菌根的发育。在土壤中，磷的有效性以 pH 5.5～7.0 的范围最大，低于 pH 5.5 或高于 pH 7.0 时磷的有效性都降低。因为在低 pH 情况下，铁铝及其水合氧化物对磷产生强烈吸持作用；高 pH 时，磷则主要与钙、镁离子及其碳酸盐进行反应，产生化学沉淀，影响了磷的有效性。在酸性反应的条件下，有利于植物对阴离子的吸收；而在碱性反应条件下，则有利于植物对阳离子的吸收。即在酸性反应条件下，硝态氮的吸收较好；而中性或微碱性反应，则有利于铵态氮的吸收。与植物共生的菌根通常在酸性土壤中易于形成和发育，而发达的菌根有利于树木对磷和铁等元素的吸收利用，阻止磷素从根系向外排泄，同时还可提高树木吸收水分的能力。

③土壤矿物养分状况与施肥：树木对土壤养分的选择性与需要量不同，根据土

壤各矿物养分状况（含量、速效性等）进行有针对性的施肥，缺少什么养分就补充什么肥料，需要多少就施用多少。由于土壤养分的速效性随树木的吸收、环境条件变化及土壤微生物的活动等而变化，需要根据土壤营养诊断结果进行施肥。

4. 掌握肥料的特性与成本合理施肥

肥料性质不同，不但影响施肥的时期、方法、施肥量，而且还关系到土壤的理化性状。要合理使用肥料，必须了解肥料本身的特性、成本及其在不同土壤条件下对树木的效应等。

一些易流失挥发的速效性化肥，肥效高，但成本也高，宜在树木需肥期稍前作追肥施入；应本着宜少不宜多的原则，既避免因流失造成的浪费与污染，也避免伤害树木的器官，以树木生长适中为宜。而迟效性的有机肥料应腐熟后施用，需通过微生物逐渐分解后才能被树木吸收利用，且速效量小，故应适当加大量作基肥提前施入，在土壤中被逐渐分解、逐渐被树木吸收。有机肥及磷肥等，除当年产生肥效外，往往还有后效，因此在施肥时也要考虑前一两年施肥的种类和用量。

氮肥在土壤中移动性强，即使浅施也能渗透到根系分布层内供树木吸收利用，氮肥应适当集中使用；而磷、钾肥移动性差故宜深施，尤其磷肥需施在根系分布层内才有利于根系吸收。磷、钾肥的使用，除特殊情况外，必须用在不缺氮素的土壤中才经济合理，否则施用磷、钾肥的效果不大。

施肥量要在一定的生产技术措施配合下，有一定的用量范围。过量的化学肥料既不符合增产节约的原则，又会造成土壤溶液浓度过高、渗透压过大而导致树木灼伤或死亡，故化肥类肥料的施肥用量应本着宜淡不宜浓的原则。有机肥料、绿肥或泥肥等价格低，为改良土壤，用量可加大，但也要根据需要与可能作出合理安排，以形成土肥相融、肥沃疏松的土壤为度，若过量，同样会造成土壤养分浓度过高之害。

各种肥料的性状、作用都各有优势与不足，因此实践中针对不同肥料的之间相益作用，将有机与无机，速效性与缓效性、酸性与碱性、大量元素与微量元素等结合施用，并提倡复合配方施肥。

四、园林树木施肥的时期、类型

施肥的时间应掌握在树木最需要的时候，以便使有限的肥料能被树木充分利用。具体施用的时间应视树木生长的情况、季节及肥料的性质而定。在生产上一般分为两种类型肥料：基肥和追肥。基肥施用时期要早，追肥要巧。

（1）基肥　基肥是指在较长时期内供给树木多种养分的基本肥料，多为全元素肥料，以有机肥料为主，通过土壤微生物使其逐渐分解，供树木较长时间吸收利用的大量元素和微量元素，由于分解缓慢也称迟效肥料。如腐殖酸类肥料、堆肥、禽畜粪肥、鱼肥、血肥、骨粉以及作物秸秆、树枝、落叶等。

基肥一般在树木休眠期施用，通常有植前施基肥、春施基肥和秋施基肥三类。秋施基肥正值树木落叶、根系又一次生长高峰，伤根容易愈合，并可发出新根，结合施基肥，可以增加树体积累，提高细胞液浓度，从而增强树木的越冬性，秋施基肥，有机质腐烂分解的时间较充分，可提高矿质化程度，第二年树木生长时可及时供给树木吸收和利用，促进根系生长；春施基肥，肥效发挥较秋施慢，早春不能及时供给根系吸收，到生长后期肥效才发挥作用，往往会造成新梢的二次生长，对树木生长发育不利。基肥在春季与秋季结合土壤深翻施用，一般施用的次数较少，间隔期长，但用量较大，不但有利于提高土壤孔隙度，疏松土壤，改善土壤中水、肥、气、热状况有利微生物活动，而且还能在相当长的一段时间内持续不断地供给树木所需的大量元素和微量元素。植前施基肥既有利于改善土壤环境，又能促进树木迅速恢复根系生长。

(2) 追肥　追肥又叫补肥。针对树木一年中各生长发育阶段需肥特点及时补充肥料，以调节树木生长和发育的矛盾。追肥一般多为速效性无机肥料，也是称为工业肥料的化肥，多为单元素肥料，针对树木生长发育时急需吸收某些元素而施用。追肥的施用时期分前期追肥和后期追肥，前期追肥是指在树木各器官的生长高峰前提前提供追肥、开花前追肥及花芽分化期追肥。具体追肥时期，则与地区、树种、品种及树龄等有关，要紧紧抓住各物候期特点进行追肥。如牡丹花前必须保证施一次追肥，对观花、观果树木来说，花后追肥与花芽分化期追肥比较重要，尤以花谢后追肥更为关键，开花较晚的花木，2次追肥可合为1次。某些观果树木在果实速生期施一次N、P、K的配方肥，可取得较好效果。对于大多数园林树木来说，一年中生长旺期的抽梢可适当追肥。追肥抓住天气情况可提高追肥效果，如晴天土壤干燥时追肥好于雨天追肥，重要风景点宜在傍晚游人稀少时追肥。与基肥相比，追肥易量少勤施。对于观花灌木、庭荫树、行道树以及重点观赏树种，每年在生长期进行2～3次追肥是十分必要的，且土壤追肥与根外追肥均可。

五、园林树木用肥种类

根据肥料的来源、性质及使用效果，园林树木用肥大致包括化学肥料、有机肥料及微生物肥料三大类，现将它们的使用特性简介如下：

(1) 化学肥料　多以物理或化学的工业方法制成，其养分形态多为无机盐或化合物，此类肥料又被称为化学肥料（简称化肥）、矿质肥料、无机肥料或工业肥料。草木灰，为焚烧后的无机物，虽不属于商品化肥，但也列为化学肥料，而有些有机化合物及产品，如硫氰酸化钙、尿素等，也常称为化肥。化学肥料多按植物生长所需要的营养元素种类，分为氮肥、磷肥、钾肥、钙肥、镁肥、硫肥、微量元素肥料、复合肥料、草木灰、农用盐等。化肥多属速效肥料，供肥快能及时满足树木生长需要，有养分含量高施量少的优点。化肥只能供给植物矿质养分，多无改土作用，养分单一，肥效不能持久，易挥发、淋失或发生固定，降低肥料的利用效率。因此生产上一般以追肥形式施用，但不宜长期施用化肥，对树木、土壤不利，必须贯彻化肥与有机肥配合施用的方针。

(2) 有机肥料　有机肥料是指含有丰富有机质，既能提供植物多种无机养分和有机养分，又能培肥改土的一类肥料，绝大部分为就地取材利用生物材料自行积制的。有机肥料来源广泛、种类繁多，常用的有腐殖酸类肥料、堆肥、禽畜粪肥、鱼肥、血肥、骨粉以及作物秸秆、树枝、落叶等，多为农业材料，故也称为农家肥。虽然不同种类在成分、性质及肥效各不相同，但多有机质含量高，有改土作用，含有多种养分，也称完全肥料，具有既促进树木生长、保水保肥、供肥时间长的特点。但大多数有机肥养分含量低，肥效慢，施量大，耗费劳力和运输力量。施用时往往不利环境卫生。故有机肥一般以基肥形式施用，施前须腐熟，其目的以提高肥料质量、肥效，避免在土壤中腐熟时产生对树木不利的影响。

(3) 微生物肥料　微生物肥料也称生物肥、菌肥、细菌肥等。确切地说，是菌而不是肥，本身不含植物需要的营养元素，是通过大量微生物活动来改善植物的营养条件。菌株的种类和性能不同，多分为根瘤菌肥料、固氮菌肥料、磷细菌肥料及复合微生物肥料等几大类。使用微生物肥料时应注意：一是使用不同菌肥需具备一定的条件，确保菌种的活力和功效，如固氮菌肥，要在土壤通气条件好、水分充足、有机质含量稍高的条件下才能保证细菌的生长和繁殖；不良环境如强光照射、高温、农药等都有可能杀死微生物；二是微生物肥料不宜单施，要与化肥、有机肥配合施用，才能充分发挥其应有作用，而且微生物生长、繁殖也需要一定的营养物质。

六、肥料的配方与用量

各种养分的施量过多或不足，对园林树木均有不利影响。施量过多树木不能吸收，既造成肥料的浪费及流失污染，还有可能使树木遭受肥害，而施量不足达不到施肥目的。

(1) 树木施肥的配方　对施肥量应包括肥料中各种营养元素的比例，园林树木一般都应施用含有 N、P、K 三要素的混合肥料。具体施用比例则应以树木不同年龄时期、不同物候期的需要和土壤营养状况而定。

根据国外对施肥的多年研究表明，树木施肥的配方各地情况千差万别，并无固定的模式，如 Ruge 建议，N、P、K、Mg 的施用比例为 6∶10∶18∶2 或 10∶15∶20∶2，另加 B 和 Mn（微量元素）；而 Pirone 认为，N、P、K 按 2∶1∶2 更恰当。充分腐熟的厩肥，含有多种营养元素，是树木特别是幼树施肥的最好材料之一，但是由于厩肥只适用于开阔地生长的树木，且施用量太大，也不方便，因此应用并不广泛；化学肥料，有效成分含量高，便于配方，见效快，使用十分普遍，但改良土壤结构的作用小。

南方及高山树木自然生长在酸性土壤中，因此，一般不应使用碱性肥料。如果在偏碱性土壤生长以腐殖质为主要原料加入适量的 N、P、K 等主要元素制成腐殖酸肥料效果更好。一般用森林腐殖土、草炭、褐煤、煤矸石、塘泥等做原料，加入不同成分的化肥制成复合腐殖酸肥料。这类肥料能吸附活化土壤中的许多元素，如磷、钾、钙、镁、硫、铁和其他营养元素，对土壤溶液有缓冲作用，改良土壤的效果很好；还可促进代谢，加速植物生长，兼具速效和迟效性能，一般用作基肥，也可用作追肥。

(2) 树木施肥量　肥料的施用量应以不同园林树木在不同时期从土壤中吸收所需肥料的状况为基础，但迄今为止国内在这方面的研究不多，国外同行的意见也不统一。通常确定施肥量的方法有两种。

① 理论施肥量的计算　确定施肥量前，分析测定树木各器官每年对土壤中主要

营养元素的吸收量，土壤中的可供量及肥料的利用率，再计算其施肥量，可用下列公式计算：

施肥量=(营养元素的吸收量−土壤中的可供量)÷肥料元素的利用率

② 经验施肥量的确定　一些人认为可按树木胸径状况施用肥料，每厘米胸径350～700g完全肥料较安全合理。胸径在15cm以下的树木，施肥量应该减半。在土壤环境条件差的地方，如挖方、填方变动大、地面铺装与建筑限制树木生长时，施用量稍大些，施用N、P、K混合肥为好。在确定施肥量时，受树种习性、物候期、树体大小、树龄、土壤与气候条件、肥料的种类、施肥时间与方法、管理技术等诸多因素影响，难以制定统一的施肥量标准。目前，关于施肥量指标有许多不同的观点。如果树龄小，希望促进生长则应适当加大施肥量；而对于较老树木，既要保持其正常的生命力，又要限制其生长，则应适当施肥量。此外还应根据配方的标准、树冠大小和土壤类型，对施肥量加以调整。

近年来，国内外应用计算机对树木营养诊断，在对肥料成分、土壤及植株营养状况等给以综合分析判断的基础上，进行数据处理，很快计算出最佳的施肥量，使科学施肥、经济用肥发展到了一个新阶段。

七、园林树木施肥方法

园林树木施肥根据元素被树木吸收的部位不同，分为两大类方法。

1. 土壤施肥

土壤施肥是指将肥料直接施入土壤中，然后通过树木根系进行吸收并输送给地上器官利用的方法，它是园林树木主要的施肥方法。

施肥的位置应是有利于树木主要吸收根群分布的地方，树种不同或土壤不同，吸收根群分布有很大的差别。土壤施肥须根据树种根系分布特点在吸收根集中分布区附近施肥，才能迅速吸收利用，发挥肥效，并引导根系向深、远延伸扩展。随着树根离心生长、离心秃裸出现，吸收根水平分布的密集范围约在树冠垂直投影轮廓（滴水线）的附近，而在其树冠投影中心约1/3半径范围内几乎没有密集的吸收根。水平根系的伸展范围受土壤矿质养分状况影响，养分状况充裕时吸收根密集范围也会在树冠垂直投影轮廓（滴水线）内，养分状况贫瘠时吸收根密集范围也可能会伸展至冠幅1.5～3倍的地方。因此，对有些树木吸收根密集范围可做土壤样方分析其远近深浅。

根据树木根系的分布状况与吸收功能，施肥的水平位置不要靠近树干基部，应在树冠投影半径的1/3倍至滴水线附近；垂直深度应在密集根层以上40～60cm，不要太深，一般不超过60cm。既有利于抑制吸收根的外延，也可促进吸收根的更新。目前施肥中普遍存在的错误是把肥料直接施在树干周围，这样做不但没有好处，有时还会有害，特别是容易对幼树根颈造成烧伤，但在固定灌水堰条件下，也可施于堰内。

具体的施肥深度和范围要抓住与树种、树龄、土壤和肥料种类等的关系。根据树龄的大小、根系深浅、土壤的黏重与疏松、肥料的移动性快慢等，确定施肥深浅、远近及范围大小。如随着树龄增加，根系逐年加深生长，并扩大生长范围，所以施肥时要逐年加深，并扩大施肥范围，以满足树木根系不断扩大的需要。

(1) 常见的土壤施肥方式

① 全面施肥 施肥于树木根系分布区域，有利于根系全面吸收、生长，分撒施与水施两种方法。撒施，是将肥料均匀地撒布于园林树木生长的地面，然后再翻入土中。但必须同时松土或浇水，使肥料进入土层才能获得比较满意的效果。这种施肥的优点是，方法简单、操作方便、肥效均匀，但因肥料中的许多元素，如P和K不易在土壤中移动而保留在施用土层，会诱使树木根系向地表伸展，从而降低了树木的耐旱能力及抗风能力。水施方法主要是将施肥与喷灌、滴灌结合进行。水施主要利用化肥的水溶性，供肥及时，肥效分布均匀，既不伤根系又保护耕作层土壤结构，节省劳力，肥料利用率高，是一种很有发展潜力的施肥方式。

② 局部施肥 施肥于树木根系分布范围内局部区域，省工、节肥。分沟状施肥、穴状施肥两大类。

a. 沟状施肥：沟施法是指在施肥区内挖沟施肥，把营养元素尽可能施在施肥沟里。可分为环状沟施及辐射沟施等方法。

ⅰ. 环状沟施：环状沟施又可分为全环沟施与局部环施。全环沟施沿树冠滴水线挖施肥沟宽30～40cm，深30～60cm，深达密集根层附近，将肥料与适量的土壤充分混合后填到沟内，表层盖表土。局部沟施与全环沟施基本相同，只是将树冠滴水线分成4～8等份，间隔开沟施肥，其优点是断根较少。环状沟施具有操作简便，用肥经济的优点，但易伤向外延伸的水平根，多适用于园林孤植树。

ⅱ. 辐射沟施：从离干基约为1/3树冠投影半径的地方开始，等距离间隔挖4～8条宽30～65cm、深达根系密集层内浅外深、内窄外宽的辐射沟，延至滴水线附近，与环状沟施一样施肥后覆土，此法对主侧根伤害较小，但施肥部位也有一定局限性。

ⅲ. 条状沟施：是在树木行间或株间开沟施肥，多适合苗圃里的树木或呈行列式布置的树木。

沟施的优点是施肥破坏面小，成本小、省工，但沟施的不足是局部施肥仅占根系水平分布范围的极小部分，开沟伤根，草坪上树木的施肥，会造成起挖地方草皮的破坏。

b. 穴状施肥：穴状施肥是指在施肥区内挖穴凿孔施肥。很多施肥方法都属穴施。

ⅰ. 穴状施肥：穴状施肥是指在施肥区内挖穴凿孔后，将肥料与土壤混合后放入穴内的方法。

栽植树木时的基肥施入，实际上就是穴状施肥。生产上，以穴施居多。施肥时，施肥穴同样沿树冠在地面投影线附近分布，不过，施肥穴可为2～4圈，呈同心圆环状，内外圈中的施肥穴应交错排列。穴施破坏面小、伤根较少，肥效较均匀。目前穴状施肥已机械化操作，如用挖坑机、打孔机，该种方法伤根较少，而且肥效较均匀。这种方法简单易行，但在给草坪树木施肥中也会造成草皮的局部破坏。

国外有使用电钻、气压钻等设备或本身有钻孔与填孔功能的自动施肥机，在树木周围地表已有铺装的地方，在铺装层上按规定位置钻孔施肥，还可以增加土壤的通透性。这种方法快速省工，对地面破坏小，特别适合城市里铺装地面中树木的施肥。

ⅱ. 微孔释放袋施肥：微孔释放袋施肥是将一定量混合好的水溶性肥料，热封在塑料薄膜袋内施用。塑料袋扎有一定数量的“针孔”，进行树木养护时，这种袋子埋放在吸收根群附近穴内，当遇水后使肥料吸潮，再以液体的形式逐渐从孔中渗出供树木根系吸收，释放肥料的速度受“针孔”数量影响，数量少，渗出缓慢，可以不断地向根系传递，不像直接施肥那样，量大时对根系造成伤害。微孔释放袋输送受季节变化的影响，春天到来时，气候转暖，土壤解冻，袋内水汽压再次升高，促进肥料的释放，满足植株生长的需要，秋季随着天气变冷，袋中的水汽压也随之变小，逐渐停止营养释放，在植物休眠的寒冷季节，袋内的肥料不会释放出来。每棵树用多少袋取决于树木的大小或年龄，埋在滴水线以内约 25cm 深的土层中，微孔释放袋一次施用，尽可能满足树木 5～8 年的营养需要。

c. 其他施肥方法：现在国外上有一种树木营养钉的施肥方法。这种营养钉是将配方肥料用一种树脂黏合剂结合在一起形成钉状物，用普通木工锤打入土壤。为了使营养钉容易打入土壤，打入根区深度根据需要确定，约 30～60cm，营养钉溶解释放的 N 和 K 被根系吸收，可被树木立即利用。用营养钉给大树施肥省工、低成本。

此外有一种营养棒，同树木营养钉成型相似，用配方肥料。施肥时将这种营养棒压入树冠滴水线附近的土壤，完成施肥工作。

我国在园林树木施肥方面也引起了重视，并取得一些可喜的进展，如北京市园林科研所等单位研制的棒肥、球肥等。

(2) 土壤施肥的时间与次数　树木可以在晚秋和早春施肥。秋天施肥应避免抽秋梢，但由于气候带不同，各地的施肥时间也不尽一致。在暖温带地区，10月上中旬是开始施肥的安全时期。秋天施肥的优点是施肥以后，有些营养可立即进入根系，另一些营养在冬末春初进入根系，剩余部分则可以更晚的时候产生效用。由于树木根系远在芽膨大之前开始活动，只要施肥位置得当，就能很快见效。据报道，树木在休眠期间，根系尚有继续生长和吸收营养的能力，即使在 2℃还能吸收一些营养，在 7～13℃时，营养吸收已相当大，因此秋天施肥可以增加翌春的生长量。春天，地面霜冻结束至 5 月 1 日前后都可施肥，但施肥越晚，根和梢的生长量越小。

一般不提倡夏季，特别是仲夏以后施肥，因为这时施肥容易使树木生长过旺，新梢木质化程度低，容易遭受低温或冬日晒伤的危害。当然，如果发现树木缺肥而处于饥饿状态，则可不考虑季节，随时予以补充。

施肥的次数取决于树木的种类、生长的反应和其他因素。一般说，如果树木颜色好，生活力强，就绝对不要施肥。但在树木某些正常生理活动受到影响，矿质营养低于正常标准或遭病虫袭击时，应每年或每 2～4 年施肥 1 次，直至恢复正常。自此以后，施肥次数可逐渐减少。

2. 根外施肥

也称地上器官施肥。它是通过对除根系以外的树木叶片、枝条和树干等地上器官进行喷、涂或注射营养，使其直接渗入树体的方法。

(1) 叶面施肥　叶面施肥也叫叶面喷肥，是用喷施机械，将按要求配制好一定浓度的肥料溶液直接喷雾到树木的叶面上，使养分通过叶面气孔和角质层吸收供给树体各个器官利用的方法。Relly 是美国早期倡导叶部喷施完全可溶性浓缩营养的研究者。

他生产了一种由氮、磷、钾按其配方为12∶19∶17配制而成、加入微量元素的液体肥。成为喷洒在乔木、灌木、花卉和粮食作物上的第一种有效的完全肥料。

叶面施肥的效果与叶龄、叶面结构、肥料性质、气温、湿度、风速等密切相关。叶片的上下表面除气孔外，不完全由角质层覆盖，而是角质层间还断续分布着果胶质层。这些果胶质具有吸收和释放水分与营养物质的巨大能力。叶背较叶面气孔多，且表皮层下具有较疏松的海绵组织，细胞间隙大而多，利于渗透和吸收，因此，应对树叶正反两面进行喷雾。幼叶生理机能旺盛，气孔所占比重较大，较老叶吸收速度快，效率高。树木具有很大的吸收面积，群植树木的叶面积相当于树木所占面积的4倍以上（叶面积指数大于4）。沿街或其他孤立生长的遮阴树，其叶面积指数至更高。例如一棵生长在开阔地、高达14.3m的银槭，有177000片叶子，叶片总面积达650m。在湿度较高、光照较强和温度适宜（18～25℃）的情况下，叶片吸收得多，运输也快，因而白天的吸收量多于夜晚。一般来说，树体碳水化合物供应越充足，植株生活力越强，对营养元素的吸收量越多。

叶面施肥用喷施机械，将按要求配制好一定浓度的肥料溶液直接喷雾到树木的叶面上，由于直接利用均匀分布的雾滴，因此干旱季节的叶面喷雾，可以有效地维持树木的正常生长，但如果此时树木根区干施肥料，不但不能被树木利用，而且还可能加重干旱对树木的损害。

叶面喷洒的肥料溶液浓度要控制好，全溶性高营养复合肥的使用浓度，随树木和配方状况而变。复合肥的使用浓度通常在0.22%～0.37%，单一化肥的喷洒浓度可为0.3%～0.5%，尿素甚至可达2%。叶面施肥的喷洒量，以营养液开始从叶片大量滴下为准。喷洒时，特别是空气干燥、温度较高的情况下，最好是10:00以前和16:00以后，以免溶液很快浓缩，影响施肥效果或造成药害。

叶面喷肥简单易行，用量小，发挥作用快，可及时满足树木的急需，并可避免某些营养元素在土壤中的化学和生物固定，尤其在缺水季节或缺水地区以及不便施肥的地方，均可采用此法，适于叶面喷洒的营养液还可以与有机农药结合使用，既改善树木的营养状况，又防治病虫害。但叶面喷肥并不能代替土壤施肥，叶面喷氮在转移上还有一定的局限性，叶面喷氮素后，仅叶片中的含氮量增加，其他器官的含量变化较小。而土壤施肥的肥效持续期长，根系吸收后，可将营养元素分送到各个器官，促进整体生长，给土壤施用有机肥，还可改良土壤，改善根系环境，有利于根系生长。但是土壤施肥见效慢，因而土壤施肥和叶面喷肥各具特点，可以互补不足，如能运用得当，可发挥肥料的最大效用。

（2）枝茎施肥　枝茎施肥是通过树木枝、茎的韧皮部、木质部来吸收肥料营养，一般有两种方法。

一种为树木注射的方法，是将一定浓度的营养液盛在一种专用容器中，系在树上，将针管插入木质部，甚至于髓心，慢慢吊注数小时或数天。这种方法也可用于注射内吸杀虫剂与杀菌剂，防治病虫害。如用含有0.25%的钾和磷，加上0.25%尿素的完全营养液，以每棵树15～75g的量注入树干，可在24h内被树木充分吸收，其所增加的生长量，可等于土壤大量施肥的效果。目前国内已有专用的树干注射器。树木注射主要可用于衰老古大树、珍稀树种、树桩盆景以及观花树木和大树移栽时的营养供给，或用于树木的特殊缺素或不容易进行土壤施肥的林荫道、人行道和根区有其他障碍的地方。

一种为枝干涂抹，即先将树木枝干刻伤，然后在刻伤处加上固体药棉：有人用浓度1%的硫酸亚铁加尿素药棉涂抹栀子花枝干，在短期内就扭转了栀子花的缺绿症，效果十分明显。

还有一种比较简单的干中埋药施肥方法，即将所需完全可溶性肥料，装入用易溶性膜制成的胶囊中，用手摇钻在树干边材上，钻一个孔洞，将装有肥料的胶囊装入孔中，再用油灰、水泥或沥青封闭洞口。胶囊吸水溶解，逐渐释放营养，进入树体输至各个部位。美国在20世纪80年代中生产出可埋入树干的长效固体肥料，通过树液湿润药物缓慢的释放有效成分，有效期可保持3～5年，主要用于行道树的缺锌、铁、缺锰的营养缺素症。

枝茎施肥的缺点是对茎干造成伤害，在刻伤、钻孔、堵塞不严的情况下，容易引起心腐和蛀干害虫的侵入。

思考题

1. 园林绿化地的土壤有几种类型？良好的土壤应具备哪些基本性状？采用哪些土壤管理技术可以使土壤具有良好性状？
2. 合理、科学的水分管理的意义体现在哪些方面？
3. 有哪些灌水方法？其特点有哪些不同？
4. 灌水时应注意哪些事项？
5. 绿地为什么要进行排水？在什么条件下用什么方法排水？
6. 园林树木施肥应掌握哪些原则？
7. 园林树木时期施肥的特点是什么？应用哪些种类肥料？
8. 简述施肥方法及特点。

第八章 园林植物的整形与修剪

“修剪”是指对园林树木的枝、芽、叶、花、果和根等器官进行剪截、疏删的具体操作。“整形”是指通过一定的修剪措施使树木达到栽培所需要的树体结构形态。整形与修剪是紧密相关、不可分开的完整栽培技术措施。

第一节 园林树木整形修剪的目的与原则

整形修剪是园林树木管护中的经常性技术工作，园林树木的观赏、生态效果都需通过树形、树姿及树冠结构来体现，所有这些只有在整形修剪过程中获得。并且，整形修剪措施的落实，可以防治园林树木的病虫害，维护树木的生长及人们的安全。

一、整形修剪的目的

园林树木的整形修剪虽是对树木个体的营养、生殖生长的技术调节，但其目的对城市绿化具有更广泛的目的，主要包括如下几方面：

1. 保证园林树木的健康

在树木的栽培管理中，通过修剪调控通风透光、增强光合作用、消除影响枝条生长的隐患，对于促进枝冠生长十分重要。园林树木枝条在生长时出现死亡的原因有：树体营养不足，地下根系受损，水分供应不足或积水造成根系通气不良，环境污染，土层厚度变化，枝冠过密，病虫危害，枝干损伤和气候灾害等。

剪掉交叉、并生、重叠及徒长枝可以使树冠通风透光、促进光合作用及营养积累，弥补根系的损失，调节树木地上、地下的水分与养分平衡，树木的修剪适当，既可增加保留部分的营养，又可提高树木的生活力。剪除树木的受伤枝、枯死或病虫枝，防止木腐菌侵入与之相连的枝干造成新的腐朽，有时还可通过截顶去冠促进树木的更新复壮。但修剪过重会减少有效叶面积，既影响树体营养生产、供应与积累，且幼嫩组织暴露在直射光下而增加树皮日灼的可能性。在正常情况下，为保持树体的完整性，多去掉一些小枝少去掉一些大枝，既可以减少日灼，小伤口的愈合也比大伤口快，而且可减少修剪量、保持较理想的树形。

2. 培养树形、控制结构，提高树体景观效果

树木的景观价值及其自然形状是形态栽培中树木整形成功的基础。整形修剪可使树体的各层主枝在主干上分布有序、错落有致、主从关系明确、各占一定空间，形成合理的树冠结构，满足特殊的栽培要求。首先要控制形体尺度、增强景观效果。园林树木以不同的形态与楼房、亭廊、露台、假山、漏窗、塑像及小块水面、草坪等相互搭配，栽植在特定的环境中构成各类园林景观，由于园林树木生长的环境不像在大自然里任其发展，在栽培管护中，许多情况下必须将其限制在有限的土地上及有限的空间中，通过不断的适度修剪来控制与调整树木的树冠结构、形体尺度，以保持设计效果，布置出供人们休息和欣赏的景观。如在假山上或狭小的庭园中栽植的树木，控制形体，达到缩龙成寸、小中见大的效果；栽植在窗前的树木，需要控制一定的树冠大小、密度，避免影响室内采光等。如白兰花在热带作行道树，高可达 15cm 以上，但在室内、花园种植，则控制在 4m 下用以闻香赏花；又如山野中的松、柏、白榆等，多高达 20m 以上，绿地小环境中通过重剪可将其压低至低矮的小乔木、灌木及绿篱。其次通过调节枝干，创造树艺造型。根据整形意图来改变树木的形态，培育更高观赏价值的树木艺术造型。如在自然式整形中，追求“古干肌曲，苍劲如画”的境界；在规则式整形中，要求规整、严谨、机械的形态。严重畸形树木的特有树形时，只有通过整形修剪才能完成，如龙柏、槭树等树种，同级枝条的生长明显差异，需要采用多次修剪维护其良好树形。

3. 保障人生与财产的安全

整形修剪是减少树木对人们的活动或财产构成危险的重要措施之一，树上的死枝、劈裂和折断枝，如不及时处理，折断坠落将给人们的生命财产造成威胁，尤其是街道两旁和公园内树木枝条坠落会带来更大危险。城市行道树下垂的活枝，会妨碍行人和车辆通行，修剪以控制树冠枝条的密度和高度，必须修至 2.5～3.5m 左右的高度，以利行人和车辆通行，也避免树冠阻挡视线，减少行车交通事故。修剪去掉与通信或电力线接触的枝条，以控制树冠枝条的密度和高度，保持树体与周边高架线路之间的安全距离，避免因枝干伸展而损坏设施。为防止树木对房屋等建筑的损害，通过合理的修剪，也可整株挖除。

4. 调节树木构成合理生态环境

当自然生长的树冠过度郁闭时，内膛枝得不到足够的光照，致使枝条下部光秃形成天棚型的叶幕，开花部位也随之外移呈表面化；林下植物得不到足够的光照，生长受到影响；同时树冠内部相对湿度较大，极易诱发病虫害。通过适当的疏剪；可使树冠通透性能加强、相对湿度降低、光合作用增强，从而提高树体的整体抗逆能力，减少病虫害的发生；通过整形修剪可以调节树木个体与群体结构，提高树冠有效叶面积指数和改善林内光照条件，提高林分光能利用率；利于通风，温度与湿度调节，创造良好的微域气候，使树冠枝量分布合理，使其他植物有效地利用林下空间，形成稳定的、合理的植物群落。

5. 调节树体各部分的均衡关系

树木的各个器官如枝、叶、花、果在生长上由于环境、树体营养状况的不同，造成各器官生长数量的差异，既影响树木的生长，也影响树木的观赏。树木正常的生长发育必须保持树体各部分的相对平衡，因此，园林树木修剪既可促进某些器官生长，也会抑制某些器官的生长，这就是树木修剪时可能产生的双重作用。在修剪时，需利用地上部与地下部关系，了解不同树种及树体树势、物候变化和修剪特点，具体分析，灵活掌握。

（1）控制树体水分平衡，提高移栽树的成活率　在掘树时，树木移栽特别是大树移植过程中切断了主根、侧根和许多须根，丧失95%以上的吸收根系，会造成树体失调。一方面由于根系的大量损伤，不能马上供给地上部分足够水分和营养，虽然顶芽和侧芽一时也能萌发，但常因缺水发生凋萎，造成苗（树）木的死亡，必须对树冠进行适度修剪以减少蒸腾量，缓解根部吸水不足的矛盾，提高树木移栽的成活率；另一方面没有足够的根系稳固树冠，定植后一经浇水容易倾斜或翻到。因此在苗（树）木起挖之前或以后应立即进行修剪，使地上和地下两部分保持相对平衡，否则必将降低移栽成活率。

（2）调节调控开花结实的平衡　在花果树木生长中，营养生长与开花结实之间的矛盾，在树木一生中存在始终，修剪可以调节树体内的营养分配，协调树体的营养生长和生殖生长，使双方达到相对均衡，促进开花结实，为花果丰硕优质创造条件。对枝叶生长少，花芽量大的植株，修剪通过剪去部分花果，促进植株的健壮生长，有利营养积累，有利于更新复壮，促进全树生长；对枝叶生长旺盛，花芽较少的树木，修剪可抑制营养生长，通过剪去部分枝叶，促进花芽分化、开花结实。修剪调节时，一要保证有足量优质营养器官，使其能产生一定数量的花果，并与营养器官相适应，花芽过多，需疏花疏果，促进枝叶生长，维持两类器官的均衡；二要着眼于各器官各部分的相应独立，使一部分枝梢生长，一部分枝梢结果，每年交替，相互转化，使二者相对均衡，既促进大部分短枝和辅养枝成为花果枝，达到花开满树的效果，又可避免大小年现象。

（3）调节同类器官间的平衡　树上的同类器官生长也存在着矛盾，通过修剪有利于不同枝条的生长与开花结果。用修剪调节时要注意各器官的数量、质量和类型。有时要抑强扶弱，使各部生长适中，有利于开花结果；有时要选优去劣，集中营养供应，提高器官质量。枝条，既要保持有一定数量，又要长、中、短枝搭配比例和部位，使多数枝条生长健壮，结果枝和花芽数量少时尽量保留；数量多时留优去劣，减少营养消耗，使留者生长好。

6. 促进老树的复壮更新

树体进入衰老阶段后，长势减弱，花果量明显减少，出现落花、落果、落叶、枯枝死杈、树体出现向心枯亡现象，导致原有的园林景观消失。但有些树种的枝干皮层内可有隐芽或潜伏芽，通过诱发形成健壮的新枝，达到恢复树势、更新复壮的目的。老树通过修剪的更新复壮，一般情况下要比栽植新树的生长快得多，能保持树木的景观。因为它们具有很深很广的根系及树体，可为更新后的树体提供充足的水分、营养及骨架。复壮更新修剪方法，如对衰老的乔木保留主干、主枝部分，进行截掉全部侧枝，可刺激长出新枝，选留有培养前途的新枝代替原有老枝，形成新冠，这种修剪也称为更新修剪，如柳树、国槐、白蜡等。对许多月季灌木，在每年休眠期，将植株上的绝大部分枝条修剪掉，仅仅保留基部主茎和重剪后的短侧枝，让它们翌年重新萌发新枝。月季的树冠年年进行更新，枝生长旺盛，开花数量随枝量逐年增加。如八仙花属、连翘属、丁香属、迎春属、忍冬属园林中的许多花木，都可通过重剪更新老树，从而使其寿命大大延长。通过经常性的、小伤害的修剪进行更新复壮老树，比一次性更新的效果好得多，因为，经常性的修剪可持续更新保持老树复壮，伤口小、愈合快，而当树木出现严重衰老现象时，再大量锯截后所造成的伤口难以愈合，复壮速度也慢。

二、整形修剪的原则

1. 服从树木景观配置要求

不同的绿化目的各有其特殊的整剪要求，因此修剪首先必须明确该树的栽培目的与要求。园林绿化中，不同的景观配置对树木的形体要求不同，需要采取不同的整形修剪方式，即使相同的树种，因配置不同或生长的环境不同，也应采用不同的整形修剪方式，达到所需景观效果。如栽植悬铃木作行道树时一般修剪成杯状形，而作庭荫树时则采用自然式整形。同是桧柏、侧柏在草坪上独植观赏与生产通直的优良木材，有完全不同的整形修剪要求，因而具体的整形修剪方法也不同；至于作绿篱、人工造型则更是大不一样。生产通直的优良木材，在修剪时要保证树木的枝下高，孤植时应多以自然型为主，枝下高压得很低，但作绿篱或人工造型的树一般进行强度修剪促使形成所需规则式树形；榆叶梅栽植在草坪上宜采用丛状扁圆形，在与其他低矮花灌木配置用有主干的圆头形，配置在建筑、山石旁可采用梅桩式整形；桃花如栽植在湖边应剪成悬崖式，种植在大门的两旁应整形修剪成桩景式，组成桃林整形修剪成杯状，配置在草坪上则以自然开心形为宜。

2. 根据环境需求整形修剪

不同地区环境条件对树木生长的影响不同，人们所要求园林树木发挥的功能效益有差异，因此对树木整形修剪的要求也不尽一致。在良好环境条件下，土壤肥沃、水分充足，树木生长量大，树体高大健壮，因而整形时，以自然式为主，避免过重的修剪造成对景观的破坏及对树木的伤害，而在恶劣环境条件下，树木的生长会产生不同的结果，在干旱、瘠薄的土壤条件下，树干低矮、冠小，干枝死杈多，通过修剪去除不利景观的枝条；在无大风袭击的地方可采用自然式整形，保证树高、树冠及生长量，而在风害较严重的地方则宜截顶疏枝，进行矮化和窄冠栽培，提高树木的抗风能力；在春夏阴天、雨水较多，易发病虫害的南方，应采用疏剪形成通风透光良好的树形，而在气候干燥、降水量少的内陆地区，修剪宜轻不宜重。因此，对生长在逆境条件的树木，如土壤瘠薄、盐碱地、干旱立地、风口地段等的树木，应采用低干矮冠的整形修剪方式、适当疏剪枝条，并保持良好的透风结构。

不同绿地的设计造成环境条件对树木生长的影响不同，树木需要在生长过程中不断地协调自身各部分的生长平衡，以适应外部生态环境的变化，人们对园林树木发挥的功能要求也有差异。孤植树，光照条件良好，因而树冠丰满，冠高比大；丛植树木，主要从各自控制方向接受光照，树冠易发生偏冠；群植及林植的树木，主要从上方接受光照，因侧旁遮阳而发生自然整枝，树冠变得较窄，冠高比小。因此，需针对树木的光照条件及生长空间，掌握树木生长空间的特点、树木树种之间的关系，掌握树木与树种之间的控制空间不同及影响树木的生长及景观的效果，生长空间较大的，在不影响周围配置的情况下，利用疏剪开张枝干角度，最大限度地扩大树冠；林密生长空间较小，应通过修剪控制树木的体量，以防过分拥挤，降低观赏效果，如采用短截控制树木的空间范围、疏剪形成通风透光良好的树形，调整有效叶片的数量，控制大小适当的树冠，培养出良好的冠形与干形。对于生长在一些逆境条件，如土壤瘠薄、盐碱地、干旱立地、风口地段等的树木，应采用低干矮冠的整形修剪方式，还应适当疏剪枝条，保持良好的透风结构。

要掌握人工设施如空中管线、房屋、建筑等与树木相互关系，以及人们在生活工作中对采光程度的要求等进行合理修剪。

3. 遵循树木生长发育习性

不同树种由于遗传特性、生长发育的习性及植株在不同环境条件下、不同的时间，出现不同的生长状况，需要采用相应的整形修剪方式进行调整，否则事与愿违，达不到绿化美化所需要的目的与要求，因此要采取随树作形，因时修剪。

不同树种、品种遗传特性的差异，具有不同的生长习性，在分枝方式、顶端优势、芽的异质性和萌芽成枝的能力及物候的特点等有很大的差异，使其树形可以形成不同的景观效果，不同的时期形成不同的景观效果，因而需要针对这些习性、特点采用不同的整形方式与修剪方法。

因此，对绿化树木进行整形修剪时首先要了解树木的遗传特性、生长发育的习性，在此基础上决定整形修剪。

(1) 顶端优势差异　一些树体高大的乔木，例如钻天杨、毛白杨、雪松、云杉、冷杉、圆柏、铅笔柏、银杏等，顶端优势特别强，枝、干生长形成明显的中心与主侧枝的从属关系，在没有特殊原因时，整形方式以保留中央领导干，以形成圆柱形、圆锥形等自然冠形为主。而像馒头柳、栾树、桂花、栀子花、榆叶梅、毛樱桃等顶端生长势不强但侧生枝很强的树种，容易形成丛状树冠，可修整成圆球形、半球形等形状。对喜光树种，如梅、桃、樱、李等，如果为了多结实，可采用自然开心形的整形方式；而像龙爪槐、垂枝榆、垂枝梅等具有曲垂而开展的习性，应采用疏枝和短截为主，成水平圆盘状的整形方式，以便使树冠呈伞形。

(2) 萌芽、成枝的能力　各种树木所具有的萌芽力，成枝力大小、芽的潜伏力和树体愈伤能力的强弱，影响树木整形修剪的强度与频繁次数。例如，国槐、悬铃木、柳、大叶黄杨、圆柏、对节白蜡等，是具有很强萌芽发枝能力、芽的潜伏力的树种，大都能耐多次修剪、重修剪；而萌芽发枝能力、芽的潜伏力或愈伤能力弱的树种，如梧桐、桂花、玉兰、枸骨等，则应少修剪或只进行轻度修剪及减少修剪次数。

(3) 分枝特性　不同分枝特点的树种对树形的控制、枝条的分布有很大影响，一些具有总状分枝的树种，顶芽对侧芽、中心干对侧生枝都有很强的抑制作用，顶端生长势强具有明显的主干，整形修剪时只需要采用保留中央领导干的整形方式，适当注意控制侧枝，剪除竞争枝、徒长枝、并生枝及生长不好、影响树形的枝条，促进主枝的发育，如钻天杨、毛白杨、银杏等树冠呈尖塔形或圆锥形的乔木。而具有合轴分枝的树种，顶芽对侧芽、中心干对侧生枝的抑制作用弱，主干优势不明显，易形成多个长势相当的侧枝，呈现多叉树干，影响树高生长，如为国槐、刺槐、合欢、柳、白榆等树木，为了保证树体的高度，可将上端健壮侧枝短截，剪口留壮芽，以利发出壮枝形成主干的延续，同时疏去健壮侧枝下3～4个侧枝，促其加速生长，也可采用摘除其他侧枝的顶芽来削弱其顶端优势。具有假二叉分枝（二歧分枝）、轮生芽的被子树种，如泡桐、梓树等，由于树干顶梢在生长后期生长较弱，不能形成顶芽，下面的对生侧芽、轮生芽优势均衡，影响单轴主干的形成，可采用先短截，在保留其中一个芽，除去其他的方法来培养主干。

修剪同时应充分了解树体上各类枝的特性及各类枝之间的平衡。同一层次（级次）骨干枝生长势应近相同，如枝长、枝粗、枝组控制范围相近，各个骨干枝应该相对平衡。调整好各级骨干枝的领导与被领导的关系，下层枝要大于或强于上层主枝，主枝要强于侧枝和辅养枝，从属枝一定要服从主要枝条。如中心干、主枝、侧枝、花果枝的长势要依次顺序，生长强壮主枝可有很多的侧枝，叶面积大、光合能力强、积累营养物质多，进而促使其生长更加粗壮；反之，弱主枝的侧枝少，叶面积小、积累营养物质较壮枝差，其生长量则因此愈渐衰弱。当由于枝条原因造成树形出现偏差时可借修剪来平衡各枝间的生长势，应掌握强主枝强剪、弱主枝弱剪的原则，使树冠均匀。花果枝长势的差异对花果的影响，生长强壮枝顶端生长势明显，进而促使其营养生长更大，影响花芽分化；反之，弱枝的发枝少，叶面积小、积累营养物质不足，其生长量则因此愈渐衰弱，不易形成花芽。应分别掌握修剪的强度。强枝弱剪，去除顶端优势，目的是促使侧芽萌发，增加分枝，缓和生长势，促进花芽的形成。弱枝强剪，可使养分高度集中，并借剪口芽的优势、营养集中刺激而抽生强壮的枝条，获得促进新梢生长的效果。利用合理的修剪达到树势均衡，主从分明。

（4）花芽的着生部位、花芽性质、花芽分化类型和开花习性　园林树木观赏最佳的器官是花，但不同树种有不同的遗传特性，花芽着生部位有差异，如碧桃、榆叶梅、连翘、迎春、木槿等一些树种的花着生于枝条的腋芽处，而有的生于枝梢先端，如杜鹃、牡丹、玉兰、栾树、泡桐等；不同树种的花芽性质不同，影响观花效果，有纯花芽，如碧桃、榆叶梅、连翘、迎春、杜鹃、玉兰、泡桐等，有的为混合芽，如海棠、牡丹；开花习性，一些树种是先开花后放叶，其中有先开完花再长叶，展现一树繁花的观赏效果，如山桃、连翘、玉兰等，有开花同时长叶，展现绿叶红花的观赏效果；一些树种是先放叶后开花，其中有先长叶并立刻开花，如海棠、牡丹、紫藤等，也有先长叶逐渐花芽分化再开花，如紫薇、木槿、糯米条。这些因素都应予以考虑，确定整形修剪的时间与方法，否则不但造成很大损失，且丧失了观赏效果。

春季开花的树木，花芽分化过程通常在上一年的夏、秋进行，一年生枝的顶端或叶腋都可能有花芽着生，修剪应在秋季落叶后至早春萌芽前进行，但要掌握修剪方法，对玉兰、厚朴、木绣球等具顶生花芽的树种，除非为了更新枝势，否则不能在休眠期或者在花前进行短截；对榆叶梅、桃花、樱花等具腋生花芽的树种，可视具体情况在花前短截。夏秋开花的种类，花芽多为当年分化、多年分化于新梢上，休眠期修剪以树木整形为主，通过修剪培养壮枝，在一年生枝基部保留 3～4 个（对）饱满芽短截，剪后可萌发出茁壮的枝条，虽然花枝可能会少些，但由于营养集中能开出较大的花朵。对于当年开多次花的树木，可在每次花后将残花剪除，同时加强肥水管理，促使继续成花、开花。

（5）树木生命周期中的各个生长发育阶段，修剪有差异 不同发育阶段的树木，其营养状况、生长势和发育阶段上的差异，影响到整形修剪的方法和强度。幼树修剪的目的是为了促成其尽快形成良好的树体结构，为整个生命周期的生长和充分发挥其园林效益打下基础，配备好主侧枝，扩大树冠，形成良好的形体结构。应对各级骨干枝的延长枝采用重短截为主，促进营养生长；花果类树木还应通过适当修剪促进早熟，提早开花，对于骨干枝以外的其他枝条应以轻短截为主，促进花芽分化。成年期树木，正处于旺盛开花结实阶段、具有优美树冠的成熟生长阶段，此时整形修剪的目的在于调节生长与开花结果的矛盾，保持健壮完美的树形，稳定丰花硕果的状态，积累营养，延缓衰老阶段的到来。衰老期树木，因生长势弱，年生长量小于死亡量，出现向心枯亡、向心更新现象，修剪时应主要采用针对性重短截促发健壮新梢，以激发更新复壮活力、恢复生长势，但修剪强度应控制得当；并且充分利用萌蘖枝、徒长枝，对更新复壮具重要意义。

同一棵树的枝条也会因其生长势、长短、枝位与作用的不同以及开花结果与营养生长的差异而采用不同的修剪方法。如长枝可采用圈枝、轻短截或疏删的方法修剪；而短枝则一般不修剪；竞争枝也应根据主梢延长枝及其相邻枝的状况而采用不同的处理方法。

第二节 园林树木整形修剪的技术与方法

一、整形修剪时期

园林树木种类很多，生长发育习性与应用功能不同，整形修剪目的与性质也不相同，园林树木的整形修剪，从总体上看，一年中的任何时候都可对树木进行修剪，而具体树种的修剪方法、具体时间的选择应在实际运用中处理得当、掌握得法，方可获得满意的结果。一年虽为四季，但正常养护管理中的整形修剪，主要分为两个时期进行，即休眠期修剪与生长期修剪。

1. **休眠期修剪（冬季修剪）**

休眠修剪时期，是指树体秋季落叶休眠开始到春季萌芽开始前为止的这个时期，大部时间为冬季，故又称为冬季修剪，是大多落叶树种的修剪时期，主要修剪目的是调整树形，保证树体营养的储存与利用。此期内树木生理活动缓慢，树体储藏的营养充足，枝叶营养大部回归主干、根部，修剪后树体的营养损失最少，枝芽减少，可集中利用储藏的营养促进新梢生长，且给予剪口附近的芽生长优势。冬天气温低，伤口不易感染，不易受到病虫的危害，对树木生长影响较小。修剪的时间，要考虑当地冬季的具体温度特点及树种的习性，在冬季严寒、干旱的北方地区，一些树种修剪后伤口易受冻害，枝条因而抽条，如紫薇等，故以早春修剪为宜，一般在春季树液流动前约1～2个月的时间内进行，而耐寒的树种在休眠期中的任何时候均可，但早春修剪的伤口形成愈合组织速度快，是很多树种修剪的最好季节，但不宜过迟，以免临近树液上升萌芽时修剪损失养分。而一些长势较弱、需保护越冬的花灌木，如月季，在秋季落叶后立即重剪，然后埋土或包裹树干防寒。一些树木在修剪后出现伤流，伤流是树木体内的养分与水分在树木伤口处外流的现象，流失过多会造成树势衰弱，甚至枝条枯死，为防止修剪后出现伤流，可在休眠季节无伤流时进行。如葡萄、猕猴桃、枫杨应在秋季落叶后至春季伤流来临前20天进行，否则伤流严重；核桃应在采果后至叶变黄前进行。冬季修剪，幼树枝条易徒长，木质化程度差，抗寒力弱，应先剪，避免抽条。经济效益好的树种早修剪以利及早愈合伤口；易受冻害的树种早修剪并做出防寒措施；干旱条件的树种冬天易出现生理干旱，早剪避免危害。常绿树种，如桂花、山茶、柑橘等，无真正的休眠期，根系与枝叶终年活动，叶片不断进行光合作用，而且能储藏营养，若过早剪去枝叶，容易导致养分的损失。因此，其修剪时间，除过于寒冷或炎热的天气外，大多数常绿树种的修剪全年都可进行，但以早春萌芽前后至初秋以前最好。因为新修剪的伤口大都可以在生长季结束之前愈合，同时可以促进芽的萌动和新梢的生长。

2. 生长期修剪（夏季修剪）

生长期修剪，是指在春季萌芽开始至秋季落叶后的树木整个生长季内进行的修剪，涉及春、夏、秋三季。此期修剪的主要目的是减缓与终止某些器官的生长，促进某些器官的生长，并改善树冠的通风、透光性能。此时一般采用剪口较小的轻剪方法，以免因剪口太大、剪除大量的枝叶而造成病虫的侵入，对树木产生不良的影响。春季树木开始生长，一些发枝量大的树种，生长上易分散营养，可有的放矢采取抹芽、去蘖的修剪方法减少新梢的数量及冬剪截口附近的过量新梢，既可集中营养促进新梢生长，也可使冠内通风透光；嫁接的树木，砧木易生长萌蘖，应加强抹芽、除蘖等修剪措施，保护接穗的健壮生长。树木在夏季着叶丰富时修剪，可以做到有目的的修剪，即有针对性的调节光照和枝梢密度，直接判断病虫、枯死与衰弱的枝条，并加以截除，同时做好整形和控制旺长；对于夏季开花的树种，在花后及时修剪，可减少养分消耗，促进营养积累，有利来年开花；一年内多次开花的树木如月季、茉莉等，花后及时剪去花枝，促使新梢迅速的抽发，再现花期。观叶、赏形的树木，生长期修剪可保持树形的整齐美观。常绿树种的修剪，因冬季修剪伤口易受冻害而不易愈合，故宜在春季气温开始上升、枝叶开始萌发后进行。根据常绿树种在一年中的生长规律，可采取不同的修剪时间及强度。

二、树体的形态结构概念

1. 树体的结构组成

树木由地上与地下两大部分组成。地上部分为枝茎，地下部为根系。乔木地上部分为主干与树冠两大部分。树冠由中心干（主干和中央领导干）、主枝、侧枝和其他各级分枝构成（见图8-1），其中永久性枝条统称骨干枝，构成树体的骨架。以下是树体结构的一些概念：

（1）主干　有主干树木从地面起至第一主枝间的树干称为主干，其高度称为主干高。主干上承树冠下接根系，是对树冠支撑、水分、养分运输及树体营养储藏的器官。

（2）树木高度（简称树高）　从地面枝干与根系的交接部（根颈）至树冠顶点的长度。

（3）树冠　是树体各级枝的集合体。其中冠长是指乔木以第一主枝的最低点至树冠最高点的距离；树木的冠幅是指树冠垂直于地面投影的平均直径，一般用树冠纵横两个方向的平均值表示。

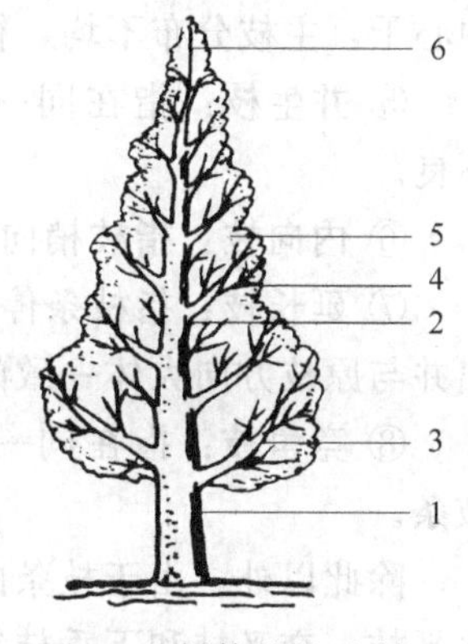

图8-1　树体结构示意图
1—主干；2—中心干；
3—主枝；4—侧枝；
5—树冠；6—延长枝

（4）层内距　上下一层中的相邻主枝着生点之间的垂直距离。距离小者称“邻接”，距离15～20cm者称“邻近”。

（5）分枝角度　是指着生于母枝上的枝条与着生母枝的夹角。

（6）主枝夹角　是指同层内的轮生枝、并生枝及相邻主枝在水平面上的夹角。

2. 枝条的分类

（1）根据枝条在树冠中的位置与顺序分类

① 中心干（又称中央领导干或中央领导枝）：主干上部的枝条，是主干的延伸部分，多具有很强的顶端优势。干性强的树种顶端优势强，有明显的中心干，侧枝生长很难超过中心干，如雪松、银杏、云杉、冷杉分枝多为单轴分枝等；干性弱的树种，中央领导干不明显或无中央领导干，如槐树、栾树、榆树、榉树、梅、桃等树种的顶芽或形成花芽，或生长较弱、死亡，分枝多为合轴分枝、假二叉分枝。

② 主枝：着生在主干或中心干上的永久性大枝。位置最低的主枝称第一主枝，依次向上为第二、第三主枝等。

③ 侧枝：从主枝上发生长出的枝条。

④ 枝组：由侧枝上分生出许多小枝而形成的枝群。

（2）按枝条姿势及各枝间相互关系分类

① 徒长枝：指着生于剪口处或树膛内，生长直立旺盛，节间长，芽子弱，叶片大而薄，组织不够充实的枝条。

② 重叠枝：指两个或以上的枝条在母枝上同一垂直面内相邻近、上下位置较近生长的枝条，下枝影响上枝的水分、矿物养分的供给，上枝叶片抑制下枝叶片的光合作用。

③ 轮生枝：指在干或枝的同一部位周边着生数个以辐射状向各个方向延伸的枝条，以轮生芽的树种为主。

④ 平行枝：指两个或以上枝条在同一水平面上向同一方向平行伸展，此现象会造成水平平行枝的侧枝分布不均，平行枝因侧枝偏重而扭曲，垂直平行枝易形成两个

中心干，主枝分布不均，树冠生长不稳定。

⑤ 并生枝：指在同一处并列发出的两个或两个以上的枝条，由于枝多，生长不良。

⑥ 内向枝：指枝梢向树膛内生长的枝条，枝条受光不好多生长不良。

⑦ 延长枝：指枝条停止生长后，从该枝顶芽、梢端附近的芽及短截后剪口芽发出并与原枝方向大体一致的新梢，为该枝条的延续。

⑧ 竞争枝：指在同一母枝上的枝条，在生长势与延长枝相近或超过延长枝的枝条。

除此以外，由于枝条的朝生方向、枝条关系及中心作用，还有直立枝、斜生枝、水平枝、交叉枝和下垂枝等种类。

(3) 按枝条萌发的时期、萌发先后及年龄分类

① 春梢、夏梢和秋梢：春初萌发的枝梢称春梢，梅雨前后或8月底以前抽出的枝梢称夏梢，秋季萌芽长成的枝梢称秋梢。

② 一次枝和二次枝：春季萌发而生成的枝梢称一次枝；一次枝多生长时间长，营养充裕，生长旺盛；当年新梢上的芽发出的枝梢称为二次枝。

③ 新梢：由芽萌发后，当年抽生的新枝条。

④ 一年生、二年生和多年生枝条：指萌芽经一个生长期形成至第二年萌芽前的枝条为一年生枝，经过两个生长期生长的枝条称二年生枝条。已经生长两年以上的枝条称多年生枝条。

(4) 按枝条的性质分类

① 生长枝：当年生长时不开花结果，直至秋冬也无花芽或混合芽的枝，称为生长枝（或叫发育枝）。

② 结果或成花母枝：是指能抽生结果枝或花枝的枝条称结果母枝或成花母枝，这种枝条组织充实，同化物质积累多，多在第二年生长或二次生长时，枝条上的芽抽生结果枝或花枝。

③ 结果或成花枝：指能直接开花结果的枝条。如春天从结果母枝萌发长梢，并在新梢上开花结果，称为一年生结果枝，如金银木、牡丹、山梅花、紫薇、葡萄、柿、柑橘等；在一年生枝上直接开花结果的，称二年生结果枝，如玉兰、连翘、迎春、梅、桃、杏等。

(5) 按养护用途对枝条分类

① 更新枝：指当生长极度衰弱的花果枝或老枝修除时，发生出更换的新枝，称更新枝。

② 更新母枝：在更新中，对保留的枝上短截，留2～3个芽生长新枝，这种保留枝称更新母枝。

③ 辅养枝：指在树木生长中为树体生产营养辅助生长的枝条，如幼树修剪留下的非永久枝条，经短截或摘心保留下来的枝条，主要生长叶片生产营养，它能促使树干肥大充实，并能促进其他器官的旺盛生长和发育。

三、整形方式

园林树木因栽培目的、配置方式和环境状况不同而树形有差别，整形在栽培目的、配置方式和环境状况条件下进行合理的树冠结构调整，维持枝条之间的从属关系，促进树势的平衡，达到观景、生态等目的，概括起来有以下几种主要形式。

1. 自然式整形

这种整形方式以树种遗传特性为基础，保持了树木的自然生长形态，对树冠的形状略加辅助性的调节和整理，既保持树木的优美自然形态，同时也符合树木自身的生长发育习性，树木的养护管理工作量小。研究、了解与掌握树种的遗传特性、自然生长形态是进行自然式整形的基础。因此，在修剪中，只疏除、回缩或短截破坏树形和有损树体健康及行人安全的过密枝、徒长枝、萌发枝、内膛枝、交叉枝、重叠枝及病虫枝、枯死枝等。树木的自然冠形（见图 8-2）主要有：圆柱形，如塔柏、杜松、钻天杨等；塔形，如雪松、水杉、落叶松等；卵圆形，如桧柏（壮年期）、白皮松、毛白杨、加拿大杨等；球形，如元宝枫、贴梗海棠、黄刺梅、国槐、栾树等；倒卵形，如千头柏、刺槐、千头椿等；丛生形，如玫瑰、棣棠、红瑞木、风箱果等；拱枝形，如连翘、迎春、接骨木等；垂枝形，如龙爪槐、垂枝榆、垂枝碧桃等；匍匐形，如偃松、偃桧等。

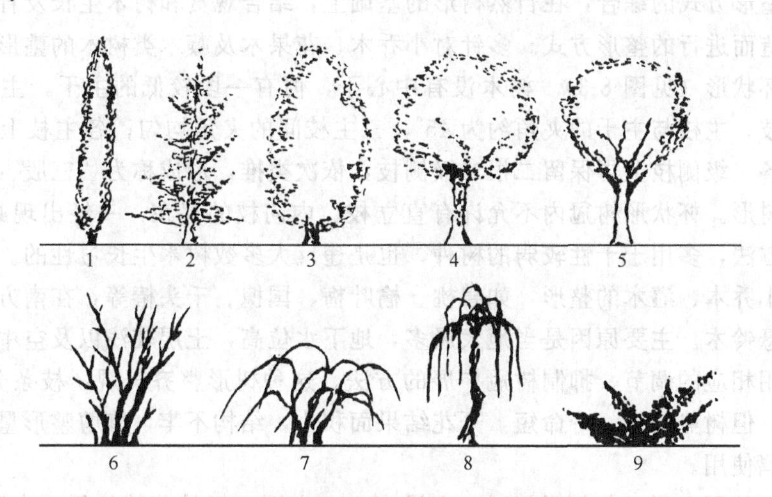

图 8-2 自然式整形的树木的冠形

1—圆柱形；2—塔形；3—卵圆形；4—球形；5—倒卵形；6—丛生形；7—拱枝形；8—垂枝形；9—匍匐形

修剪时需依据不同的树种灵活掌握，对有中央领导干的单轴分枝型树木，应注意保护顶芽、防止偏顶而破坏冠形；需维护树冠的匀称完整。采用自然式整形，技术简单，姿态自然，成本低，是国内外树木整形发展的主要趋势。

2. 人工式整形

指以人的观赏理念为目的，不考虑树木的生长发育特性的一种特殊的装饰性的整形方式，将树按照人们的艺术要求修整成各种几何体或非规则式的动物形体，所用树种应具备枝叶繁茂、枝条细软、不易折损、不易秃裸、萌芽力强、耐修剪等特点，如侧柏、圆柏、黄杨、紫叶小檗、金叶女贞、罗汉松、六月雪、龙柏等枝密、叶小的树种。常见树形有以下几种：

（1）几何形体　按照几何形体的构成标准进行修剪，例如球形、半球形、蘑菇形、圆锥形、圆柱形、正方体、长方体等。

（2）非几何形体

① 垣壁式：在庭园及建筑物附近为达到垂直绿化墙壁的目的而进行的整形，常见的形式有U字形、叉字形、肋骨形等。

② 雕塑式：根据整形者的意图，创造出各种各样的形体，但应注意树木的形体要与四周园景谐调，线条不宜过于繁琐，以轮廓鲜明简练为佳。常借助于棕绳或铅丝，事先作成轮廓样式进行整形修剪。形式有龙、凤、狮、马、鹤、鹿、鸡等。

人工形体整形是西方园林中形态栽培的顶峰，原在西方园林中应用较多，但近年来在我国也有逐渐流行的趋势，为一种吸引人的植物艺术造型方式。但人工形体整形与树种的生长发育特性相违背的，不利于树木的生长发育，而且一旦长期不剪，其形体效果就易破坏，因此在具体应用时要全面考虑。

3. 自然与人工混合式整形

两种整形方式的综合，在自然树形的基础上，结合观赏和树木生长发育的要求略加人工改造而进行的整形方式。多针对小乔木、花果木及藤木类树木的整形。

（1）杯状形（见图8-3）　树木没有中心干，但有一段较低的主干，主干上部分生3个主枝，主枝与主干的夹角约为45°，三主枝间的夹角均匀；各主枝上留两根一级侧枝，各一级侧枝上再保留二根二级侧枝，依次类推，形成称为“三股、六杈、十二枝”的树形。杯状形树冠内不允许有直立枝、内向枝的存在，一经出现必须剪除。这种整形方法，多用于干性较弱的树种，也是违反大多数树木生长习性的。过去，杯形多见于小乔木、灌木的整形，如碧桃、榆叶梅、国槐、千头椿等，在南方街道绿化上常用于悬铃木。主要原因是当地大风多，地下水位高，土层较浅以及空中缆线多等原因，采用相应的调节、抑制树冠扩展的方法。这种树形整齐美观，枝条分布均匀，通风透光，但树势易衰，寿命短，开花结果面积小，结构不牢，修剪整形量大，高大乔木不提倡使用。

（2）自然开心形　与杯形相近，它没有中心主干，但是分枝较低，内膛不空，3

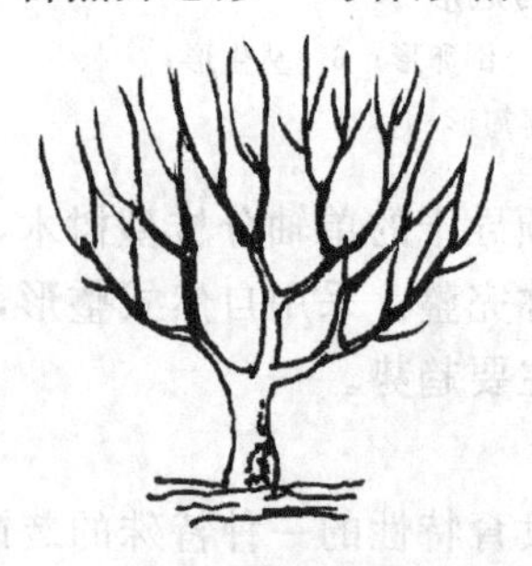

图8-3　杯状形

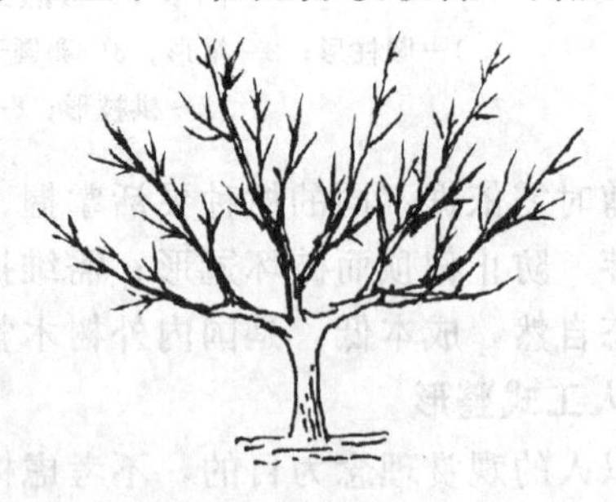

图8-4　自然开心形

个主枝分布有一定间隔，自主干向四周放射伸出，直线延长，中心开展，但主枝分生的侧枝不似假二叉分枝，而是左右错落分布，因此树冠不完全平面化（见图 8-4）。这种树形较杯形开花结果面积大，生长枝结构较牢，树冠内阳光通透，有利于开花结果，适用于轴性弱、枝条开展的观花、观果树种，如碧桃单株种植时。

（3）中央领导干形　有强大的中央领导干，在干上配列疏散的主枝（见图 8-5）。每一层由比较邻近的 3～4 个主枝组成；层与层之间 50～100cm 不等，下层间距大，多 80～100cm，往上各层主枝之间的距离，依次向上缩小；这种树形，中央领导枝的生长势较强，能向外和向上扩大树冠，适用于轴性强、能形成高大树冠的树种，如白玉兰、青桐、银杏及松柏类乔木等，主、侧枝分布均匀，通风透光良好，进入开花结果期较早而丰产，在庭荫树、景观树栽植应用中常见。

（4）多主干形　在树基部分出 2～4 个领导干，其上分层配列侧生主枝，形成匀整、规则、优美、面积大的树冠，此类适用于生长较旺盛的树种，最适宜观花乔木、庭荫树的整形，能缩短开花年龄，延长小枝寿命（见图 8-6）。如紫薇、腊梅、桂花、木槿、木兰等。

图 8-5　中央领导干形

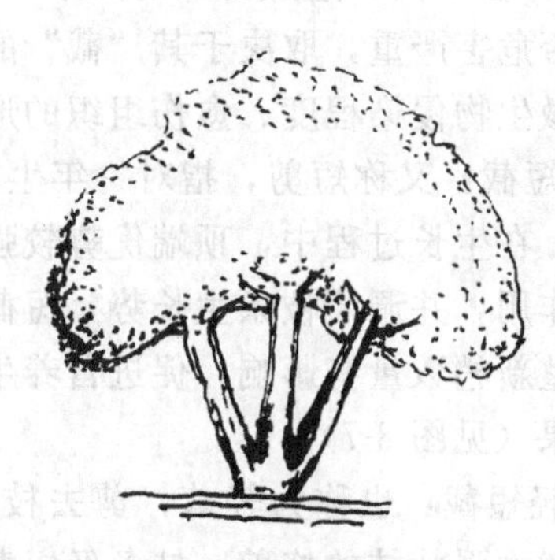

图 8-6　多主干形

（5）灌丛形　基部枝条丛生，留主枝 10 余个，更新枝条多从根部生出，整形对丛生枝采取每年增加新主枝 3～4 个，剪掉衰老主枝 3～4 个，促进灌丛的更新复壮。适用于迎春、连翘、云南黄馨、玫瑰、红瑞木、风箱果等小型灌木。

（6）伞形　此类树木多为嫁接，它的特点是有一明显主干，所有侧枝均下弯倒垂，逐年由上方芽继续向外延伸扩大树冠，形成伞形，如龙爪槐、垂枝樱、垂枝三角枫、垂枝榆、垂枝梅和垂枝桃等。这种整形常用于建筑物出入口两侧或规则式绿地的出入口，两两对植，起导游提示作用。在池边、路角等处也可点缀取景，效果很好。

（7）棚架形　属于垂直绿化栽植的一种形式，以人工支撑物与蔓生植物的自然生长形式相结合，整形修剪方式由架形而定，常见可依靠各种形式的棚架、廊、亭等支架等。凡有卷须（葡萄、蛇白蔹）、吸盘（爬山虎、薜荔）、吸附根（美国凌霄、扶芳藤）或具缠绕习性的植物（紫藤），均可依靠各种形式的棚架、廊、亭等支架攀缘生长；攀缘力差藤蔓植物（如木香、爬藤月季等）则要靠人工搭架引缚，供游人休息观赏，其形状往往随人们搭架形式而定。

在园林绿化中树木整形的三类方式，以自然式应用最多，既顺应树势，又省人力、物力，整形修剪易成功；自然与人工相结合的混合式整形，整形修剪某些方面顺应树木的习性，是使花朵硕大，繁密或果实丰产肥美等目的而进行的整形方式，但比较费工，还需配合其他栽培技术措施；人工式整形与树木生长相背离，既费时费工，又需要熟练的技术人员，一旦有一段时间不修剪，枝条生长就会破坏树形，因此只在园林局部或要求特殊美化的环境中应用。

四、修剪方法

绿地中园林树木的不同形态，是以各种修剪方法进行操作，改变树冠枝条的数量、位置、姿势、营养物质状况，促控结合，逐渐形成的。

树木的修剪可简单用五个字“截、疏、伤、放、变”概括，但由于枝条被调整的时间、部位、年龄、粗度等原因，分生出不同的修剪方法。

(1)“截”“截”在树木修剪中的结果是长枝变短，由于枝条粗细不同，采取“截”的方法不同，造成剪口的大小、形状不同，剪口是截枝时不可避免的伤口，对伤口是否危害严重，取决于其“截”的方法与时间、剪口位置、伤口的大小、形状及受病原微生物侵染程度、愈伤组织的形成和封闭速度有极其密切的关系。

① 短截：又称短剪，指对一年生枝条剪除一部分的剪截操作。一个完整枝条有很多芽，在生长过程中，顶端优势较强，抑制下部芽的生长。短截对枝条的生长有局部刺激作用，并调节枝条生长势，短截后，养分相对集中，可刺激剪口芽的萌发，对该枝调整新梢数量有影响，促进营养生长或开花结果。但短截程度不同会产生不同的修剪效果（见图 8-7）。

a. 轻短截：也称为轻剪，剪去枝条的梢头或全长的 1/5～1/4。主要用于观花、观果类树木强壮枝的修剪。枝条经短截后，留芽多，多数半饱满芽受到刺激而萌发，形成大量中短枝，易分化更多的花芽，再向下发出许多短枝，形成枝组，此法修剪促成枝条生长势缓和，有利于促进花芽分化。

b. 中短截：截去整个枝条长度的 1/3～1/2，在枝条的饱满芽处短截，枝上只有

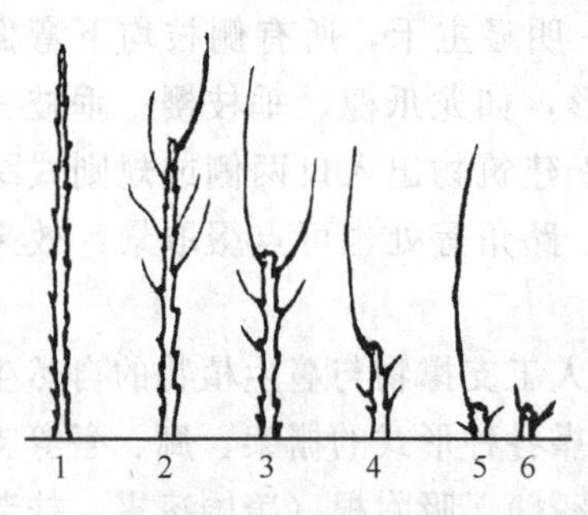

图 8-7 短截

1—一年生枝条；2—轻短截；
3—中短截；4—重短截；
5、6—极重短截后出现的两种现象

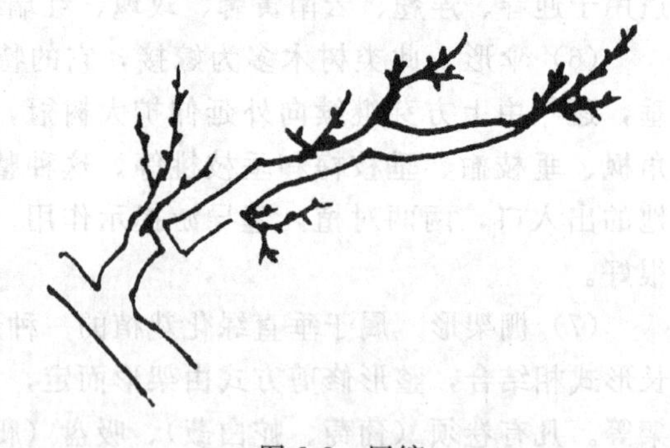

图 8-8 回缩

少量的饱满芽，使养分较为集中，促使剪口下萌发几个较旺的营养枝，主要用于骨干枝和延长枝的培养及某些弱枝的复壮，再向下发出几个中短枝，短枝量比轻短截少。此剪截后能促进分枝，增强枝势，连续此法能延缓花芽的形成，促进树冠的扩大。

c. 重短截：短截已至枝条中下部、饱满芽以下，去除全长的2/3～3/4，剪截后由于留芽少，多为半饱满芽，成枝力低而生长较强，刺激作用大，可迫使基部隐芽萌发，适用于弱树、老树和老弱枝的复壮更新。在同树上有枝条轻短截的条件下又有缓和生长势的作用。

d. 极重短截：剪至枝条轮痕处或在枝条基部留2～3个秕芽剪截。剪后在不同条件下产生不同结果，在别的枝条不采取这种剪法时，此枝上只能抽出1～3个较弱枝条，可降低枝的位置，削弱旺枝、徒长枝、直立枝的生长，以缓和枝势，促进其他枝条花芽的形成。但整株树都极重短截，处于同一生长条件时，成枝力低但新梢生长旺盛。

短截是针对一年生的枝条进行的，剪口小，保留芽质量好，细胞分裂能力强，伤口愈合速度快，有利树木生长。

② 回缩：又称缩截、缩剪，是指用枝剪对2年或2年以上的多年生枝条（枝组）进行短截的修剪方式（见图8-8）。一般修剪量大，去除的枝条较长，刺激较重，有更新复壮的作用。在树木生长势减弱、部分枝条开始下垂、树冠中下部出现光秃现象时采用此法，多用于枝组、骨干枝更新或衰老枝的复壮。其反应与缩剪程度、留枝强弱、伤口大小、有无不定芽与潜伏芽等有关。有不定芽与潜伏芽，缩剪促使剪口下方的枝条旺盛生长或刺激休眠芽萌发徒长枝。无不定芽与潜伏芽，缩剪时留强枝、直立枝以保证更新成功。缩剪适度、伤口较小时可促进生长、更新复壮；伤口较大时则抑制生长，控制树冠或辅养枝。

③ 截干：对主干或粗大的主枝、骨干枝等需要横切锯进行的回缩措施称为截干（见图8-9）。此法可有效调节树体水分吸收和蒸腾平衡间的矛盾，调整树木的营养分配，在大树移栽时可提高移栽成活率，也进行壮树的树冠结构改造和老树的更新复壮。由于处理的枝较粗，无法用枝剪，需要锯截断。截干一般采用三锯法，以避免树皮的撕裂和造成其他损伤。即先在待锯枝条上离最后切口约30cm的地方，从下往上拉第一锯（即所谓倒锯）作为预备切口避免树皮的撕裂，深至枝条直径的1/3或开始夹锯为止；再在离预备切口前方约2～3cm的地方，从上往下拉第二锯，截下枝条；最后用手握住短桩，在分枝接合部，即从分杈上侧皮脊线及枝干领圈外侧去掉残桩。当整个枝条重量足以用手或绳子固定时，可以省掉前两锯，或者只用两锯，即第一锯从下往上锯至枝基直径约1/3深，再从上往下锯掉枝条，也不会造成撕裂。如果锯口位置不合要求，应在伤口进行补充处理。伤口修

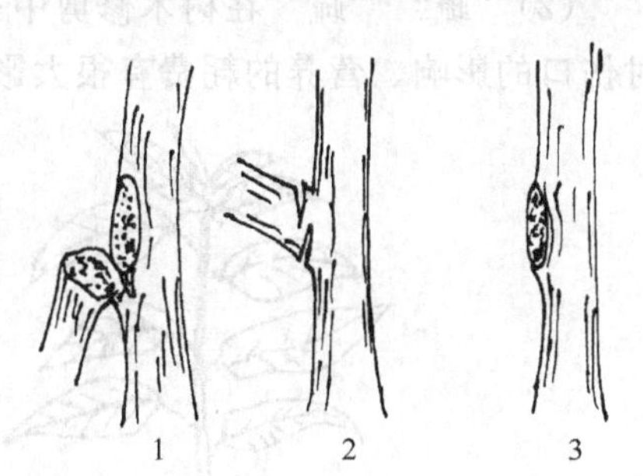

图8-9 截干
1—误（只从上方向往下锯，易撕裂）；2—正（先从下方向向上锯，然后再从上方向往下锯）；3—最后削平伤口并涂上护伤剂

整之后，应立即用伤口涂料在整个伤口上涂上，以保护暴露的伤面，促进伤口愈合，伤口涂料可自制，如固体保护剂，用松香2500g，黄蜡1500g，动物油500g配制。先把动物油放入锅中加温火熔化，再将松香粉与黄蜡放入，不断搅拌至全部溶化，冷凝即成。装在塑料袋密封备用，使用时微加热令其软化，即可用。又如液体保护剂。用松香10份，动物油2份，酒精6份，松节油1份（按质量计），先把松香和动物油一起放入锅内加温，待熔化后立即停火，稍冷却后再倒入酒精和松节油，搅拌均匀，然后倒入瓶内密封储藏。使用时用毛刷涂抹即可，这种液体保护剂适用于面积较小的剪口。但多图省事用油漆代替。

④ 摘心：是指在生长期中，新梢生长过程中摘除新梢幼嫩顶尖的措施（见图8-10）。摘心后中止了新梢的生长，改变营养物质的输送方向，有利于积蓄营养促进花芽分化和结果。春梢提前摘除顶尖可促使侧芽萌发，从而在当年增加了分枝，促使树冠早日形成。而适时摘心，可使枝、芽得到足够的营养，促进侧芽花芽分化，充实饱满，提高抗寒力。

⑤ 剪梢：剪梢是在生长季剪截未及时摘心而生长过旺、伸展过长且又部分木质化新梢的技术措施。剪梢与摘心作用相同，中止新梢的生长，使营养集中于下部已形成的组织内，起到调节枝条生长势、增加分枝、促进花芽分化和果实发育的作用。但是剪梢一般要有足够的叶面积作营养保证，要在急需养分的关键时期进行，不宜过迟或过早，同时要结合去萌，延长其作用的时间。

⑥ 平茬：也称截干，指从地面附近用锯或枝剪一次全部去掉地上枝干，利用根系、根颈附近的不定芽萌发更新的方法。此法多用于乔木培养优良主干和灌丛木的复壮更新。

⑦ 断根：大树或山林实生树由于在一个地区生长久，根颈附近须根量少，在移栽前1～2年进行断根，以回缩根系、刺激发生新的须根，有利于移植为提高成活率。衰老树木的根须生长较远，且生长较弱，在相应范围内结合施肥切断树木根系，促发新根、更新复壮。

(2)“疏”　“疏”在树木修剪中是使树冠内的枝条由多变少，不同“疏”的方法对伤口的影响、营养的耗费有很大影响。

图8-10　摘心

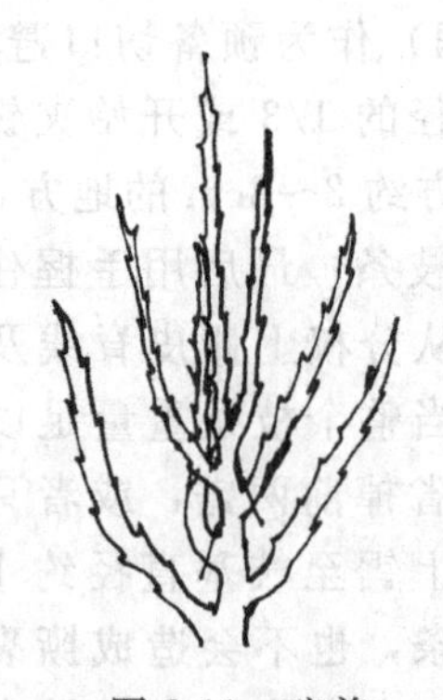

图8-11　疏剪

① 疏剪又称疏删，即用枝剪从枝条之间的连接处——分枝基部把枝条剪掉，是减少树冠内部枝条数量的修剪方法。不仅一年生枝从基部剪去称疏剪，而且二年生以上的枝条，只要是从其分生处剪除，都称为疏剪（见图 8-11）。疏剪的作用很多，简述如下。

a. 用于疏除枯枝、病虫枝、过密枝、徒长枝、竞争枝、衰弱枝、下垂枝、交叉枝、重叠枝及并生枝等，减少病虫害的发生及枝条之间的竞争。

b. 疏剪在减少枝条数量同时，也可改变枝条的走向，可以使枝条均匀分布，加大冠内空间，改善树冠内膛的通风与透光，增强树体的同化功能，提高有效同化物产量，促进树体营养物质的积累，并促进树冠内膛枝条的营养生长或开花结果。

c. 疏剪对枝条的养分分配进行调整，有利于重叠枝剪口以下枝条对自下而上的水分与养分吸收，而对重叠枝剪口以上的枝条则起削弱作用，造成许多连续伤口，会抑制了上部枝条的生长。疏枝减少了总叶面积，对母枝的总生长量有削弱作用，在母枝上形成伤口，会影响养分的输送，且疏剪的枝条越多，伤口越近，对中心干和母枝生长削弱作用越明显。

d. 疏剪减少叶量对全树的总生长量有削弱作用，但促进局部保留枝的生长。对全树生长的削弱程度与疏剪强度及被疏剪枝条的强弱有关，疏强留弱或疏剪枝条过多，会对树木的生长产生较大的削弱作用；疏除大枝、强枝和多年生枝，对树木生长的削弱作用较大，一般宜分期进行。疏除轮生枝中的弱枝或密生枝中的细小枝，则对树体有利而无害。因此，可以采用多疏枝及疏大枝、强枝的取得削弱树势的作用。

疏剪的应用要适量，尤其是幼树一定不能疏剪过量，否则会打乱树形，给以后的修剪带来麻烦。枝条过密的植株应逐年进行，不能急于求成。因此在修剪时要控制好疏剪强度，疏剪强度是指被疏剪枝条占全树枝条的比例，剪去全树 10%的枝条者为轻疏，强度达 10%～20%时称中疏，强度达 20%以上枝条的则为重疏。具体应用时，应根据树种、长势和树龄等而定，萌芽率强、成枝力弱的或萌芽力、成枝力都弱的树种应少疏枝；而萌芽率、成枝力强的树种，可多疏枝；幼树在生长发育中，叶量大有利营养积累，轻疏以促进树冠迅速扩大；成年树应适当中疏，以调节枝叶量与花果量的平衡，防止出现开花、结果的大小年现象；衰老期的树木枝条生长弱，少疏保持有足够的枝条组成树冠；花灌木类，轻疏能促进花芽的形成，有利于提早开花。重疏能萌条的生长，有利于灌丛更新。园林中绿篱或球形树由于重复性短截修剪造成冠缘枝条密生，树体衰老，膛内枯死枝、光腿枝过多，通过疏剪与短截交替应用起到调整。

② 抹芽：抹除枝条上多余的芽体，可改善留存芽的养分状况，增强新梢的生长势。抹芽与疏剪有异曲同工的效果，芽是雏形枝，抹芽是指在雏形枝所在分枝点处将其疏去。抹芽虽能减少新梢数量，但不能像疏剪一样在分枝处剪去母枝的前端，所以改变不了母枝的走向。每年春季树木萌芽时抹芽可以调整新梢的分布，夏季对行道树主干上萌发的隐芽进行抹除，可使行道树主干通直。抹芽优势是可以减少不必要的营养消耗，伤口小、愈合快，保证树体健康的生长发育。

③ 去蘖（又称除萌）：树木在生长期中，茎干上、基部上的不定芽、隐芽因刺激而萌发长出新梢，用枝剪贴茎干剪除新梢的方法。此法是在生长季期间随时除去萌

蘖，以免扰乱树形，并可减少树体养分的无效消耗。嫁接繁殖树，则须及时去除其上的萌蘖，防止干扰树性，影响接穗树冠的正常生长，如榆叶梅、月季等砧木易生根蘖的园林树木。

④ 摘叶（打叶）：通过摘叶的办法减少叶片数量，主要作用是防止枝叶过密，改善树冠内通风透光条件，提高花、果的观赏效果，减少病虫害。

⑤ 摘蕾：在植株上已能看见花蕾后，为保证一定的开花质量与结果质量，并减少营养的浪费，提前去除花蕾的方法。是早期进行的疏花、疏果措施，可调节花果量及花果的质量。如牡丹，通常在花前摘除过多的花蕾，而使保留花蕾得到充足养分，开出漂亮而肥硕的花朵。

⑥ 摘果：摘除幼果可减少营养消耗、调节激素水平，有利于枝条生长充实、花芽分化。对紫薇等花期延续较长的树种栽培，摘除幼果，花期可由25d延长至100d左右；丁香开花后摘除幼果，以利花芽分化，来年依旧繁花。

(3)“伤”　在树木生长过程中，由于各个器官生长的差异、获取水分、矿物质的差异及光合作用的差异，影响到树木的长势、器官的分化，使锐器用各种方法损伤枝条的韧皮部和木质部，起到调整树木各个器官生长势的方法称为伤。操作的方法与强度不同，会产生不同影响。伤枝多在生长期内进行，对局部影响较大，而对整个树木的生长影响较小，是整形修剪的辅助措施之一，主要的方法有：

① 环剥：用刀在枝干或枝条基部的适当部位，环状剥去一定宽度的树皮，以在一段时期内阻止枝梢碳水化合物向下输送，有利于环状剥皮上方枝条营养物质的积累和花芽分化，这适用于发育盛期开花结果量小的枝条。

② 刻伤：用刀在芽（或枝）的上（或下）方横切（或纵切）而深及木质部的方法，刻伤常在休眠期结合其他修剪方法施用，抑制伤口上方的芽、枝水分、矿质吸收抑制，有利伤口下方的芽、枝水分、矿质吸收抑制。

③ 折裂：为曲折枝条使之形成各种艺术造型，折裂在早春芽略萌动时对生长过旺的一年生枝条施行折裂处理而不断脱的方法。较粗放的方法是用手折，但对珍贵树木进行艺术造型时，应先用刀成45°左右角度向下斜切至枝条直径的1/2～2/3深，再小心将枝条折裂，并利用裂口上方的楔状突起顶在下方斜面上端的内侧。为防止伤口水分损失过多，往往在伤口处进行包裹。

④ 扭梢和折梢（枝）：多用于生长期内，针对直立较旺的新梢，当长至20～30cm已半木质化时，用手握住距枝条基部5cm左右处，轻轻扭转180°，使其皮层与木质部稍有裂痕，并呈倾斜或下垂状态；拿枝的时期以春夏之交，对直立较旺、半木质化的新梢，用双手握住枝条，两拇指同时向上顶，使皮层与木质部稍有裂痕，按此法顺枝向梢端逐渐进行，直至枝条水平或稍下垂为止。扭梢和折梢均是部分损伤传导组织以阻碍水分、养分向生长点输送，削弱枝条长势以利于短花枝的形成。

伤的方法在园林树木中对树木伤害较大，虽然起到调整树木各个器官生长势的作用，但有些伤口太大，如环状剥皮、刻伤，易受病虫危害，并影响树木景观，不宜提倡采用；折裂、扭梢和拿枝等方法造成伤口较小，且在短时间中可以恢复，可适量应用。

(4)“放”“放”，亦称缓放、长放或甩放，指对一年生枝条自然生长不作任何修剪的方法。放由于没有修剪的局部刺激，“放”的枝条顶端优势依旧，枝条长放留芽多，能抽生较多梢叶，有利于形成中短枝，且由于树上有些枝条疏去、短截，保留的枝条增大了提供养分量，营养枝“放”后，增粗较快，枝条生长健壮，并可以调节骨干枝间的平衡，可以积累较多养分，促进花芽分化和结果，有利于幼旺树的旺枝提早结果。“放”运用不当，会出现偏冠，中、侧枝生长量大时，会削弱原枝头的生长。长势中等的枝条长放，中、侧枝多，应用于促进花芽分化和结果。强旺枝长放要想多生长中、侧枝，促进花芽分化和结果，一般要配合弯枝、扭伤等“变”的方法，以削弱枝势。

(5)“变”“变”是利用枝条的柔软程度，通过拉枝、别枝、抬枝、屈枝及圈枝改变枝的方向、变更枝上的芽与新梢生长的方向和角度，既可以调节枝条顶端优势，也可改变树冠外貌形态、枝条结构，是夏季修剪不可缺少的方法。拉枝是把绳索将直立枝条拉成斜生、水平或下垂状态；别枝是用硬物把直立徒长枝按倒，别在其他枝条上，转变枝条的控制空间；抬枝是指将分枝角度大的主枝、生长力弱的枝条用硬物撑起，提高其枝条的顶端优势，促进枝条的强势生长；屈枝是指在生长季将利用人力及其他方法将新梢、新枝弯曲成近水平或下垂姿势，或按造型上的需要，弯曲成一定的形状，然后用棕丝、麻绳或金属丝绑扎，固定其形；圈枝是屈枝的一种，是把柔软的直立徒长枝利用其本身的长度与柔软性，圈成近水平状态的圆圈。以上措施虽未损伤任何组织，通常结合生长季修剪进行，对枝梢施行屈曲、缚扎或扶立、支撑等技术措施。直立诱引可增强生长势；水平诱引具中等强度的抑制作用，使组织充实易形成花芽；向下屈曲诱引则有较强的抑制作用，但枝条背上部易萌发强健新梢，须及时去除，以免适得其反。这一措施不损伤任何组织，但在新梢生长过程中起到具有调节功能，既能抑制生长，也能促进生长；既能促进营养生长，使组织充实，也能促进形成花芽或使枝条中下部形成强健新梢。

总之，在整形过程中修剪的方法很多，其中短截、疏删、回缩和缓放是运用最多的基本方法，但其他方法也不可忽视，必须从实际出发，综合运用，既要注意促，又要注意控，达到整形修剪的目的要求。

五、修剪的基本技术

1. 剪口形态

树木在修剪大小不同的枝条时，伤口差异大，对树木伤口的愈合有影响，应特别注意剪口形态的不同对伤口愈合与剪口芽生长的影响。剪截修剪造成的伤口称为剪口，距离剪口最近的芽称为剪口芽。剪口形态和剪口芽的质量对枝条的抽生能力和长势有影响。

(1) 平剪口　剪口位于侧芽顶尖上方，与下部枝条呈垂直状态，剪口创伤面小，愈合速度较快，但芽的另一侧茬口由于较高，从下部长出的愈伤组织往上将整个伤口被全部包上还需要较长时间，因此较粗枝条的伤口愈合较慢，多适用于细小枝条且修剪技术简单易行。

(2) 斜剪口　剪口的斜切面应与芽的方向相反，其上端略高于芽0.5cm，位于芽端上方，下端与芽的腰部相齐，这样剪口面虽然比平剪口大，但利于养分、水分对芽的供应，上下伤口愈伤组织上下朝伤口生长，使剪口面不易干枯而可很快愈合，有利于芽体的生长发育，伤口愈合后观赏效果较好。

(3) 大斜剪口　切口上端虽在芽尖上方，但下端却达芽的基部下方，剪口长，水分蒸发过多，对剪口芽的水分和营养供应造成阻碍，会严重削弱剪口芽的生长势，甚至导致失水死亡，而剪口芽下面一个芽的生长势却因水分和营养供应得到加强。这种切口一般只在削弱枝势时应用。

(4) 留桩剪口　在剪口芽的上方留一段小桩，无论剪口是水平或倾斜，此法目的是促使剪口芽萌发的枝条弧形生长。这种剪口造成养分不易进入小桩，剪口也很难愈合，而使剪口芽前小桩干枯；这种剪口好在休眠期可避免失水导致剪口芽的削弱或干枯，避免剪口芽因失水造成萌发生长的障碍，尤其在冬季适用于某些修剪易伤口失水的树种修剪。

2. 剪口芽及其修剪技术

(1) 剪口芽的选择　剪口芽的质量、剪口芽选留位置不同及剪口芽生长的方向决定新梢生长方向、生长状况及姿势，剪口芽的质量反应是：留壮芽则发壮枝，留弱芽则发弱枝。剪口芽选留位置反应是：背上芽易发强旺枝，背下芽发枝中庸。剪口芽生长的方向影响新梢的生长方向：选留外芽作剪口芽，可得斜生姿态的延长枝，可向外扩张树冠，主枝角度开张大；剪口芽为内芽则可填补内膛空位，缩小分枝角度，新枝可向上伸展。在修剪时应有所针对进行，如培养主干延长枝，合轴分枝的树种剪口芽应选留能使新梢顺主干延长方向直立生长的芽，同时和上年的剪口芽相对，使主干延长后呈垂直向上的姿势；抑制生长过旺的枝条时，应选留弱芽为剪口芽，使其延后生长，减缓生长；而弱枝生长转强，剪口则需留饱满的背上壮芽，生长早，增强枝势。剪口芽的选择，要考虑树冠内枝条的分布状况和对新枝长势期望。

(2) 留桩修剪　是指用枝剪在进行疏删、短截、回缩、剪梢时，在正常修剪位置以上留一段残桩的修剪方法。这一技术，无论是在冬剪还是夏剪都经常应用。在修剪时，在分枝处或剪口芽上部留一段保护桩可防止伤口抽干过快而减弱下枝生长势或伤及剪口芽，会导致芽萌发的弧形生长，有利于扩大新梢的分枝角，其保留长度应以其能继续生存但又不会加粗为标准。待枝条长粗后，伤口面积相对缩小，对下部生长枝、新梢也不会有什么大的影响时，再把桩剪除。

回缩或疏枝造成的伤口，伤口直径比剪口下保留枝粗时，必须留一段保护桩；但伤口直径比保留枝细时，削弱作用不明显可以不留保护桩而一次疏除。疏除多年生非骨干枝时，如果母枝粗可不留保护桩而一次疏除，如果母枝生长势不旺，并且伤口直径比剪口枝大，应留保护桩。为了防止保护桩增粗生长，在生长季内要经常抹芽、除萌，待剪口枝加粗到保护桩1倍时再去掉。

(3) 里芽外蹬　是短截修剪的两次操作技法。在树木修剪整形中，欲扩大树冠、开张分枝角度、缓和枝条生长势，常采用里芽外蹬效果较好。此法分两年进行，第一年冬剪，剪口芽留里芽（枝条上方的芽），而实际培养的是剪口下第二芽，即枝条外方（下方）的芽。经过一年生长，剪口下第一芽因位置高，优势强，长成直立健壮的新枝，第二芽长成的枝条生长势缓和、角度开张，并处在延长枝的方向，第二年冬剪时在第二枝分枝处剪去第一枝，留第二枝作延长枝。

（4）主枝的合理配置　在园林树木整形修剪中，正确地配置主枝，对树木生长，调整树形及提高观赏和综合效益都有好处。主枝配置的基本原则是树体结构牢固，枝叶分布均匀，通风透光良好，树液流动顺畅。树木主枝的配置与调整随树种分枝特性，整形要求及年龄阶段而异。

一些层性好的树种在树木的生长中容易出现在一定范围主枝密集和近似轮生的状况，如果不对主枝合理配备，就会造成在很多枝条同一个部位周边生长，形同“掐脖”现象，枝条生长时易与上部争夺水与养分，修剪多造成创伤面多，影响向上输送水与养分，影响伤口愈合。单轴分枝的树木，如雪松、银杏、油松等，多歧式分枝的树木，如梧桐、苦楝、臭椿等均属这类树种。因此在树木生长中随时整形，并按具体树种的要求，逐步修剪、逐步调整主轴上过多的主枝，并使其在主枝上分布均匀，枝枝之间在部位上下左右有一定间隙。如果一些树木自然生长多年未有修剪，“轮生”现象明显，且枝条较粗，基部相连，若抬升枝下高，应采取数年逐次分期分批进行修剪，在中心干处每轮应保留2～3个向各方生长的主枝，保证使树冠合成的养分运输保持畅通，在运输时虽遇到枝条剪口在切口处受阻而速度减慢，但能绕过切口后恢复原来的运输方向。

在合轴中心干形、圆锥形等树木在生长中，主枝在中心干上分布较分散，同部位的修剪中主枝数目不受限制，但要排除并生枝、平行枝。为了保证树冠内通风透光及各主枝对光照的利用效率，上下主枝间要有相当的间隔，且要随年龄增大而加大。合轴分枝的树木，常采用主干顶部分枝形成杯状形、自然开心形、疏散分层形、合轴主干形等冠形，多有2～4主枝组成，三大主枝居多。常见有标准的邻接三主枝或邻近三主枝两种。邻接三主枝通常在树木生长中一年定干、定枝，三个同年生的枝条的间隔较近，随着主枝加粗生长，三者几乎轮生在一起。这种主枝配置方式如是杯状形、自然开心形树冠，则因主枝与主干结合不牢，随着主干增粗、枝干重心向外，易造成交接处劈裂；疏散分层形、合轴主干形等树冠采取邻接三主枝，则有易造成“掐脖”现象的缺点。因此很多绿地的花木在选择杯状形、疏散分层形、合轴主干形配置主枝时，不要采用邻接三主枝形式，而选择邻近三主枝，一般分两年组合，使三大主枝在主干上的相邻间距保持20cm左右。这种配置方法，枝干结合牢固，即不易发生“掐脖”现象，在造型上也更自然，现为园林树木修剪中经常采用的配置形式，如碧桃、榆叶梅、梅花、紫叶李等。

（5）主枝分枝角度调整　高大的乔木的主枝分枝角度大小，影响到冠幅宽窄，分枝角度大，树冠宽大，如毛白杨、加杨、鹅掌楸、广玉兰等；分枝角度小，树冠窄，如钻天杨、新疆杨、杜松等。分枝角度太小，枝条密集，枝间由于加粗生长而互相挤压，分枝点间没有充裕的空间生长较多的木质部进行增粗提高抗压性，且使已死亡的皮层组织残留于两枝之间，因而降低了抗压能力，在受强风、雪压、冰挂或结果过多等压力的影响容易发生劈裂。因此，需要通过修剪调整加大主枝分枝角，分枝角较大有充分的生长空间，两枝分枝点的木质部组织生长量大，联系牢固，不易劈裂。低矮的花灌木的主枝分枝角度大小，影响到冠幅宽窄和花量的多少，分枝角度小，枝条密集叶量大，影响花芽分化，通过加大分枝角度，扩大营养空间，枝叶松散，有效光合产物量增加，促进花芽分化，增加花量果量。

在修剪时采用留桩修剪、里芽外蹬等技术剪去分枝角小的枝条，保留分枝角较大的枝条作为下一级的骨干枝，也可采用折裂、扭梢、折梢、拉枝、别枝、拾枝、屈枝及圈枝的方法改变分枝角度，及时调整树木形态。

(6) 竞争枝的处理　竞争枝是指在中心干侧方生长或在主枝侧方生长的与中心干延长枝或主枝延长枝产生竞争矛盾、生长量超过中心干和主枝的枝条。管理不好易影响整个树冠的生长。从形成特点上看有两类：

① 一年生竞争枝：在中心干或其他各级主枝上的侧芽在生长中形成的枝条超过了顶芽或剪口芽生成的延长枝而形成竞争枝，不及时处理，会扰乱树形，影响观赏。凡遇这类情况，要针对不同状况进行处理。

当竞争枝长势旺盛且位置不很偏时，延长枝弱小，竞争枝下部侧枝又很强，分两年剪除延长枝，使竞争枝形成新延长枝，第一年对原延长枝重短截至弱芽处，使其处于弱势生长，并对新延长枝下部的侧枝产生抑制作用，由于新延长枝与原延长枝分枝角小。第二年再将原延长枝予以疏除。当竞争枝长势超过原延长枝，竞争枝下邻枝较弱小，直接疏剪去原延长枝，使竞争枝成为延长枝。当竞争枝未超过延长枝，竞争枝下部侧枝又很强，须分两年剪除竞争枝。当年先对竞争枝重短截，抑制其生长势，并对下部的侧枝产生抑制作用，否则下邻枝长势会加强，成为新的竞争枝。待第二年延长枝长粗后疏除竞争枝。竞争枝未超过延长枝，下部侧枝较弱小，可在竞争枝基部一次疏除。疏剪时留下的伤口，虽可削弱延长枝和增强下部侧枝的长势，但不会形成新的竞争枝，也可一次性重短截。

② 多年生竞争枝：一些放任生长的树木在生长中，有些多年生长的枝条在积蓄了大量枝叶后，竞争力增强，如果对竞争枝进行剪截不会破坏树形，可将竞争枝一次回缩到下部侧枝平展处，或一次疏除；如果处理竞争枝会破坏树形或会留下大空位，则可先重短截，抑制生长，再逐年酬情回缩疏除。

六、整形修剪的程序及注意事项

园林树木的修剪的方法没有什么固定的标准，有经验的技术人员根据设计与栽培要求，按照一定的程序和对树木生长习性的了解，做到提前预测，采取因树因势调整措施，使修剪取得最好的效果。

1. 修剪的程序

(1) 制定修剪方案，掌握操作规程、技术规范及特殊的修剪要求　每次大修剪，绿化单位要根据修剪目的及要求，制定具体修剪及保护方案，提前举办培训班，让修剪职工明白操作规程、技术规范以及一些相关树种修剪的特殊要求及方法，获得上岗证书后方能独立工作。古树、珍贵的观赏树木，修剪前需咨询专家的意见，或在专家直接指导下进行。

（2）搞清被修建的树木所处的环境及需要展现的景观效果　作业前应对计划修剪树木的树冠结构、树势、主侧枝的生长状况、平衡关系等进行详尽观察分析，了解被剪树与其他景物的组合关系，并绕树观察，确定修剪部位，做到心中有数。

（3）合理剪截　根据相关树种修剪的特殊要求及方法，再了解被剪树特点，因地制宜、因树因枝修剪。对要修剪的枝条、部位及修剪方式进行标记。然后按树木枝条修剪的先后顺序进行。修剪完成后，需检查修剪的合理性，有无漏剪、错剪，以便更正。

（4）伤口处理　剪截后大伤口的修平整理、涂抹保护漆。

（5）安全作业　一方面是对作业人员的人身安全防范，作业人员都必须配备安全保护装备方能操作；另一方面是保证修剪树木下面或周围行人与设施的安全，在作业区边界设置醒目的标记，避免落枝伤人，并设安全员。高空作业时或几个人同剪一棵高大树时要有专人负责指挥。

（6）清理被修剪的枝条　修剪过程中随时将挂在树上的断落枝拿下，及时清理、运走修剪下来的枝条，一方面保证环境整洁，另一方面也是为了确保安全避免成为危险物，避免成为病虫的栖息地，一般是将剪落物清理与集运，在国外用移动式粉碎机在修剪现场就地把树枝粉碎，埋在土壤中可节约运输量并可再利用。

2. 树木枝条修剪的先后顺序

树木的修剪操作应有一定的规律，按照一定的顺序进行。整个树冠的枝条分布是：枝条大小是冠内枝条大树冠边缘小；枝条数量是冠内枝条少树冠边缘多，一个大枝控制着若干个枝组及众多小枝。灌丛木是由多个主枝控制冠幅与枝条数量，修剪先从树木的下部开始，后剪上部，由大枝到小枝、由内膛到外缘、由粗剪到细剪，从疏剪入手，把枯枝、密生枝、重叠枝等不需要的枝条剪去，再对留下的枝条进行短剪，按修剪大枝、中枝、小枝的次序进行。可控制整形。乔木由主干控制多个主枝、冠幅与枝条数量（有中心干树木则由中心干安排主枝分布），在一般情况下，修剪最好是先从树冠的上部开始，由大枝到小枝、由内膛到外缘、逐渐向下修剪，以上部修剪后的形态控制下部修剪，达到上下统一。此法操作也便于清理上部修剪时搭挂在下面树冠上的枝条。

3. 树木枝条修剪的一般技术要求

无论哪种整形方式，所有的枯死枝、折断枝、病虫枝都要去掉；并生枝、平行枝、重叠枝、交叉枝要根据之间的作用进行调整修剪；一些生长不理想的小枝，应视处理时机进行修剪。除此之外，其他枝条的修剪取决于各种园林用途修剪要求。

在修剪作业中，修剪的切口应平滑、干净，毛茬的伤口不易愈合，易染病上虫。病虫枝及枯死枝应剪截至健康组织以下的分杈处，避免病、虫的再伤害。修剪留下的伤口，应不论大小及时消毒、涂料，但在实际工作中，通常只对3cm以上的伤口进行涂抹消毒保护。生活力弱的树木、生长缓慢的树种，即使是小伤口、愈合速度仍很慢，伤口无法合拢，易造成腐朽，要进行涂抹消毒保护。当树体上因修剪原因而愈合不好的老伤口要重新修剪处理，促进新的愈伤组织生长迅速，然后用涂剂封闭处理。

七、园林树木修剪常用工具及机械

园林树木的整形修剪工具有：剪刀、锯子、刀子、斧头、梯子、移动式升降机等。

1. 剪刀

利用利刃剪截枝条的工具。主要有桑剪、弹簧修枝剪、直口弹簧剪、整篱剪、高枝剪、长把剪。

(1) 桑剪　适用于木质坚硬粗壮的枝条，在切粗枝时应稍加回转。

(2) 弹簧修枝剪　亦称圆口弹簧剪，是常用枝剪。适用于花木和观果树种枝条的修剪，操作时，用右手握剪，左手将枝条推向剪刀小片方向，即可剪掉枝条。剪截3cm粗度以下的枝条。

(3) 直口弹簧剪　前部的刀片细长，适用于夏季摘心、折枝及树桩盆景小枝的修剪。

(4) 整篱剪　又称长刃剪，前部的条形刀片很长，易形成平整的修剪面，只能用来平剪嫩梢及细小的枝条，适用于绿篱、球形树和造型树木的修剪。

(5) 高枝剪　在一根能够伸缩的铝合金长柄先端装有枝剪，适用于高处修剪，使用时可根据修剪的高度要求来调整。

(6) 长把剪　其剪刀呈月牙形，没有弹簧，手柄很长，利用力矩原理能轻快的修剪直径3cm粗度以下的树枝，适用于高灌木丛的修剪。

2. 锯

利用锯齿切割枝条的工具，适用于粗枝或树干的剪截，常用有手锯、单面修枝锯、双面修枝锯、高枝锯和油锯等。

(1) 手锯　较小的单面修枝锯，适用于花木、果木、幼树枝条的修剪。

(2) 单面修枝锯　适用于切割树冠内中等粗度的枝条，弓形的单面细齿手锯锯片很窄，可以深入到树丛当中去锯截，使用起来非常灵活。

(3) 双面修枝锯　锯片两侧都有锯齿，一边是细齿，另一边是由深浅两层锯齿组成的粗齿，适用于锯除粗大的枝干。在锯除枯死的大枝时用粗齿，锯截活枝时用细齿，另外锯把上有一个很大的椭圆形孔洞，可以用双手握住来增加锯的拉力。

(4) 高枝锯　通常与高枝剪组合在一起，在一根能够伸缩的铝合金长柄先端装有单面修枝锯，使用时可根据修剪的高度要求来调整。适用于修剪树冠上部大枝。

(5) 油锯　利用汽油发动机带动机械锯切割大枝，适用于大枝的快速锯截。

3. 移动式升降机

辅助机械，应用传统的梯子来修剪高大树木，费工、费时，且不稳，采用移动式升降机辅助就能大大的提高工作效率，在国外城市树木的管护中已大量应用，大多是从电力部门的作业机械引用的。

第三节 各类园林树木的整形修剪

一、行道树的修剪

行道树是指在道路两旁整齐列植具有通直主干、树体高大的乔木，主要的作用是美化市容，改善城区的小气候，夏季增湿降温、滞尘和遮阴。行道树要求枝条伸展，树冠开阔，枝叶浓密。冠形依栽植地点的架空线路及交通状况决定。定植后的行道树要每年修剪扩大树冠，调整枝条的伸出方向，增加遮阴保湿效果，同时也应考虑到建筑物的使用与采光。

1. 行道树的修剪应考虑的因素

由于城市道路情况复杂，行道树的养护过程必须考虑诸多因子，土壤营养与水分、交通、行人、线路及地下管道设施对树木生长有影响。因此养护中，需要采取各种修剪措施来控制行道树的枝叶生长、树体上下部关系、树冠体量及伸展方向，协调生长与立地环境。行道树修剪中应考虑的因素主要包括：

（1）枝下高　为树冠第一主枝点以下的主干高度，以不妨碍车辆及行人通行为度，同时应充分估计所保留的永久性侧枝，因直径增粗而使距地面的距离会降低，因此必须留有余量。枝下高的标准，我国一般掌握在城市主干道为2.5～4m，城郊公路以3～4m或更高为宜，同一条干道上枝下高保持整齐一致，步行道行道树主干高度不得低于2～2.5m。城郊公路及街道、巷道的行道树，主干高可达3～4m，道路隔离带行道树主干高度因交通安全更高些为宜。

（2）树冠开展　行道树的树冠，一般要求宽阔舒展、枝叶浓密，以保证有一定遮阴空间，在有架空线路的人行道上，行道树的修剪要根据电力部门制订的安全标准，采用各种修剪技术，使树冠枝叶与各类线路保持安全距离。如利用修剪降低树冠高度，使线路在树冠上方通过；修剪树冠的一侧造成偏冠，线路从其侧旁通过；树冠大的树木，修剪树冠内膛的枝干，使线路能从树冠中间通过；高大树木通过修剪提高枝下高，使线路从树冠下侧通过。

2. 行道树的主要造型

（1）杯状形行道树的修剪　杯状形行道树具有典型的三叉六股十二枝的冠形。先在苗圃中完成主干培养或基本造型，也有是在定植后的5～6年内完成的整形工作。如国槐、法桐、栾树等，春季定植时，于树干25～4m处截干，萌发后选3～5个方向不同、分布均匀与主干成45°夹角的枝条作主枝，其余疏枝，冬季对主枝留40～60cm短截，剪口芽留在侧面，并处于同一平面上，使其匀称生长；第二年夏季再抹芽疏枝，为抑制剪口处侧芽或下芽转上直立生长，抹芽时可暂时保留直立主枝，促使剪口芽侧向斜上生长；第三年冬季于主枝两侧发生的侧枝中，选1～2个作延长枝，并在40～60cm处再短剪，剪口芽仍留在枝条侧面，如此反复修剪，经3～5年后即可形成杯状形树冠。骨架构成后，树冠扩大很快，应随时对过长枝条进行短截修剪。生长期内要经常进行抹芽，冬季修剪时把交叉枝、并生枝、下垂枝、枯枝、伤残枝及背上直立枝等疏掉。

规范修剪的树型十分整齐，具有良好的景观效果。国外有许多城市采用此方法，我国在一些城市中也已开始运用，并已获得成功，但因每年安排作业，必须有经费作保证。

(2) 开心形修剪　多用于无中央主轴或顶芽能自剪、呈自然开展冠形的树种。绿化定植时，将树木主干留 3m 后截干；春季发芽后，选留 3～5 个不同方位、分布均匀的侧枝促使其形成主枝，余枝疏除。在生长季，注意对主枝进行抹芽，培养 3～5 个方向合适、分布均匀的侧枝；来年萌发后，每侧枝在选留 3～5 枝短截，使其向四方斜生，并进行短截，促发次级侧枝，使冠形丰满、匀称。

(3) 自然式冠形行道树的修剪　在没有交通、管线、道路和其他市政工程设施的限制下，以树木自然生长习性为整形要求，采用自然式整形方式，此类树木的修剪量不大。

① 具有中心干的树形修剪：如银杏、冷杉、水杉、侧柏、金钱松、雪松、毛白杨、鹅掌楸等的整形修剪，主要是控制好中心干的生长，并在其上选留好主枝，一般要求大主枝上下错开，方向匀称，调整好分枝角度。整株树以疏剪为主，针对枯死枝、病虫枝、并生枝、重叠枝、徒长枝、竞争枝和过密枝等。修剪中以保护中心干顶芽，当中心干顶芽受损，需选合适枝条或壮芽替代。常见的树形如塔形、卵圆形等。

② 无中心干行道树修剪：如旱柳、臭椿、榆树等树种，树木生长中顶芽开花或死亡，在树冠干部留 5～6 个主枝，各层主枝间距要短，以利于自然长成卵圆形或扁圆形的树冠。每年修剪枝条针对枯死枝、病虫枝、并生枝、重叠枝、徒长枝、竞争枝和过密枝等。常见的如球形、伞形等。

行道树定干时，同一条干道上分枝点高度应一致，使整齐划一，不可高低错落，影响美观与管理。

二、庭荫树的修剪

庭荫树的作用是形成景观、遮阴，其枝下高以人在树下活动自由为限，有些较矮的树种主干以 2.0～3.0m 较为适宜，形成树冠宽大、枝条低矮下垂的隐秘空间；若一些树种的树势强旺、树冠庞大，则以 3～4m 为好，能更好地发挥遮阴作用，并给予人们在树下的活动空间。利用遮阴的庭荫树，冠高比以 2/3 以上为宜，以保持一定密度的叶量，起到浓密遮阴的作用；整形方式以自然形态为宜，顺应树木自然习性，才能培养健康、挺拔的树木姿态。整形修剪多每 2～3 年进行一次，以疏枝为主以短截为辅，将过密枝、伤残枝、病枯枝及扰乱树形的枝条疏除，并对老、弱枝进行短截以调整树势。有些特殊整形的庭荫树应根据相应的环境、景观条件进行修剪，以求达到更佳的遮阴观景效果。

三、观花观果灌木的修剪

1. 观花木

观花木由于其生长习性、观花特性不同，在整形修剪时应掌握以下几方面：

（1）因势修剪 树木生长在不同发育阶段，修剪措施不同，如幼树生长旺盛期也是成形期，宜轻剪，促其早日成形，修剪尽量用轻短截，减少直立枝、徒长枝大量发生，避免影响通风透光和花芽的形成；用疏剪方法除去一切病虫枝、干枯枝、伤残枝、徒长枝等影响树木生长的枝条；萌芽期间直接将斜生枝的上位芽抹掉，防止直立枝生长并减少营养的消耗；丛生花灌木经常从基部萌生直立枝，生长健壮的直立枝长到一定高度进行摘心，有利促其早分枝、早开花。成年树木的修剪以合理调节枝条分布、充分利用立体空间、促使多开花为目的；在休眠期修剪时，选留部分萌生健壮直立枝，疏掉部分衰老枝，保持丰满的树形，使枝繁叶茂。老弱花树以更新复壮为主，采用重短截的方法，齐地面平茬，促其萌发新枝。

（2）因时修剪 一年之中树木的物候变化随气候周期性变化，修剪也应随物候变化进行。休眠期修剪，一般以秋季落叶开始，早春萌芽前为宜，耐寒树种宜早剪，一些抗寒性弱的树种可适当延迟修剪时间。生长季修剪萌芽开始，萌芽时抹芽调整新梢的生长方向或生长量，发新蕾时，摘蕾以提高开花的质量，花后修剪，以早为宜，有利控制营养枝的生长，减少营养的消耗，促进花芽分化。对于旺长枝，在其生长中采用摘心办法终止其加长生长，培养二次分枝，或增加开花枝的数量。

（3）因树种遗传特性修剪 不同树种，遗传特性影响到花芽分化、开花季节不同，应采取不同的修剪措施。

① 春花树种：连翘、山桃、迎春、玉兰、腊梅、榆叶梅、碧桃、海棠、牡丹等树种，其花芽着生在一年生枝条上，花芽类型有纯花芽或混合芽，修剪方法因花芽类型而异。纯花芽如连翘、山桃、迎春、玉兰、腊梅、榆叶梅、碧桃等修剪在花残后、叶芽开始膨大尚未萌发时进行，可在开花枝条基部留2～4个饱满芽进行短截。混合花芽的灌木，如西府海棠等，长枝生长势较强，每年自基部或主枝上发生大量直立枝，当进入开花龄时，多数枝条形成开花短枝，连年开花。这类灌木修剪量很小，在休眠期利用短截、疏剪直立枝来调整花量及树冠整形，并将过多的直立枝、徒长枝进行疏剪即可，在花后剪除残花，夏季生长旺时将生长枝进行适当摘心，抑制其生长。而如牡丹花开新梢的顶端，在发新蕾时，花蕾多时，摘除部分花蕾以提高保留花的开花的质量，花后仅将残花剪除即可，秋季短截于饱满芽处。

② 春季开花但花芽着生在二年生和多年生枝上的树种：一些树种如紫荆、贴梗海棠等，花芽有着生于一年生枝基部，大部分着生在二年生枝上，在营养充裕时，多年生的老干也有花芽。这类树种修剪量较小，一般在早春将一年生枝条短截，有利于集中养分生长壮枝，并提高开花效果；生长季节进行摘心，抑制营养生长，促进花芽分化。

③ 夏秋季开花的树种：如紫薇、木槿、珍珠梅、糯米条等，花芽分化与开花都在当年新梢上，在休眠期进行修剪不考虑花芽分化，而考虑树冠整形，通过疏枝调整树冠内枝条的合理分布，通过重剪在二年生枝基部留2～3个饱满芽，可萌发出茁壮的枝条，虽然花枝会少些，但由于营养集中会产生较大的花朵或形成大花序。在冬季寒冷、春季干旱的北方地区，宜推迟到早春气温回升即将萌芽时进行。一年多次开花的灌木如北方地区的月季，休眠期修剪，短截当年生枝条或回缩强枝，疏除交叉枝、

病虫枝、纤弱枝及内膛过密枝；寒冷地区可行重短剪，必要时进行埋土防寒。每次开完花后及时将残花及其下方数枚芽剪除，留健壮芽刺激新梢的发生，剪口芽萌发抽梢开花，花谢后再剪，如此重复。

2. 观果类

观果灌木多为春花树木，如金银木、海棠、山荆子、天目琼花等，其休眠期修剪时间、方法与早春开花的种类基本相同，关键在生长期中，果实生长受树体营养状况、环境（光、热、水、气流、土壤等）、病虫鸟兽危害的影响，通过环剥、缚缢、疏除过密枝、疏花疏果，以利通风透光、减少病虫害，增加果实数量、单果重量，增强果实着色力、提高观赏效果。

3. 观枝类

观枝灌木是以枝条的颜色或的观赏效果的，尤以新梢色彩为艳，观赏价值高。以冬季观赏为主，在早春芽萌动前进行短截疏剪，以利发出健壮新梢，为冬季观赏准备，故每年需重短截以促发更多的新枝，同时要疏掉老枝老干促进树冠更新。

4. 观形类

一些树种以其造型供观赏，如垂枝桃、垂枝梅、垂直榆、龙爪槐、龙爪枣、龙桑、合欢树、紫薇等，修剪方式因树种而异。对垂枝桃、垂枝梅、垂直榆、龙爪槐等，疏剪去小枝，短截时，剪口留拱枝背上芽，以诱发壮枝，弯穹有力。而对龙爪枣、龙桑、合欢树等，成形后只进行常规疏剪，通常不再进行短截修剪。

5. 观叶类

如红叶李、紫叶矮樱、美人梅、红枫、紫叶小檗、金叶女贞等，此类树种新叶色彩鲜艳，老叶色彩不佳，但不同树种修剪方法不同，红叶李、紫叶矮樱等利用总短截促生壮条，新梢越长，红叶期越长。红枫，以自然整形为主，一般只进行常规修剪，夏季叶易枯焦，景观效果大为下降，可行集中摘叶措施。逼发新叶，再度红艳动人。紫叶小檗、金叶女贞等作彩色树篱、树球，在生长期利用短截修剪促发新枝新叶，增加观赏效果。

四、绿篱的修剪

绿篱又称植篱，将具有萌芽强、成枝力强、发枝次数多、耐修剪的树种密集栽植而形成的带状树丛。这类树木的配置能够起到防范、界限、分隔和观赏的功能。不同树种特性和不同绿篱功能，影响绿篱的整形方式、修剪时期、修剪方法。

1. 高度控制

对绿篱进行修剪，其高度依其防范功能来决定，有160cm以上的绿墙、120～160cm的高篱主要起遮挡和防范功能，50～120cm的中篱和50cm以下的矮篱主要起地域界限与地块分隔作用。对绿篱进行高度控制，既要考虑整齐美观，还要保持绿篱生长茂盛。

2. 绿篱整形方式

(1) 自然式整形　此类整形多用于绿墙、高篱和花篱，适当控制高度，主要疏剪病虫枝、干枯枝，任枝条生长，使其枝叶相接紧密成片提高阻隔效果。如用于防范的枸骨、火棘等绿篱和观花的玫瑰、黄刺梅、蔷薇、木香等花篱，都以自然式整形为主。开花后略加修剪使之继续开花，冬季疏去枯枝、病虫枝及衰老枝条。对蔷薇等萌发力强的树种，出现衰老现象及时进行平茬，萌发的新枝粗壮，篱体高大美观。

(2) 人工式整形　多用于中篱和矮篱，以观叶树种为主。中篱和矮篱常用于道路、草地、花坛边缘，这类绿篱低矮，不遮蔽景观，起到分隔或组织人流的走向。为了美观和丰富园景，多采用几何图案式的修剪整形，如矩形、梯形、倒梯形、篱面波浪形等。多采用几何图案式的整形修剪，绿篱种植后剪掉苗高的1/3～1/2；为使尽量降低分枝高度、多发分枝、提早郁闭。修剪中去平侧枝，统一高度和侧面，促使下部侧芽萌发生成枝条，形成紧枝密叶的矮墙，显示立体美。生长季内对新梢进行2～3次修剪，使新枝不断发生，更新和替换老枝。使绿篱下部分枝匀称、稠密，上部枝冠密接成形。整形绿篱修剪时，中篱大多为半圆形、梯形断面，整形时先剪其两侧，使其侧面成为一个弧面或斜面，再修剪顶部呈弧面或平面，整个断面呈半圆形或梯形。矩形断面较适宜用于组字和图案式的矮篱，要求边缘棱角分明，界限清楚，篱带宽窄一致。由于每年修剪次数较多，枝条更新时间短，不易出现空秃，文字和图案的清晰效果容易保持。从篱体横断面看，以矩形和基大上小的梯形较好，下面和侧面枝叶采光充足，通风良好，生长茂盛，不易产生枯枝和空秃现象。

3. 花果篱修剪

常绿与落叶的花灌木栀子花、杜鹃花、火棘、枸骨、枳、七姐妹、蔷薇、黄刺玫、刺梨，以栀子花、杜鹃花、火棘、枸骨等常绿花灌木栽植的花篱，冬剪时除去枯枝、病虫枝，夏剪在开花后进行，可采用人工式整形，中等强度，稳定高度。对七姐妹、蔷薇等萌发力强的花篱，衰老时需重剪，以再度抽梢开花。以火棘、枳、黄刺玫、刺梨等为材料栽植的刺果篱，一般采用自然式整形，仅在必要时疏去老枝进行更新。

4. 更新修剪

在绿篱树木出现衰老时，针对不同树种更新能力的差异，采用不同的修剪方法、修剪强度来更换绿篱大部分树冠，其过程一般需要几年时间。

头一年疏除绿篱冠内过多的老干，通风透光，促进萌生更新的枝条。绿篱经过常年的生长、短截，在内部萌生了许多主干，短截新枝又促生许多小枝，造成整个绿篱内部枝条密集，通风、透光不良，内有大量的枯死枝杈，抑制了不定芽的萌发。因此，通过疏除过多的老主干创造良好的通风透光条件，对主干下部所保留的侧枝，先行疏除过密枝，再短截修剪，通常每枝留10～15cm长度即可。常绿树修剪时间以5月下旬至6月底为宜，落叶树在休眠期进行，剪后加强肥水管理和病虫害防治工作。

第二年，对萌生的新生枝条进行多次整形短截，促发分枝，恢复冠形。

后几年，逐渐将冠顶部剪至略低于所需要的高度，并通过多次修剪形成完美的树冠。

对于萌芽能力较强的树种可采用平茬、抹头的方法进行更新，仅保留一段很矮的主干或几个主枝。植株可在1～2年中形成绿篱的雏形，以后逐渐恢复成形。

五、片林的修剪与整形

片林树木密集，树冠下部见光不好，易枯死。随着片林树木的生长，修剪采取以下几种方法：

① 有主轴的树种修剪时注意保护好中心干。当出现竞争枝，根据生长状况，只选留一个，当顶枝枯死折断时，须及时扶正侧枝代替顶枝延长生长，培养成新的中心干。

② 随着树体的长高，适时修剪中心干下部侧生枝，逐步提高枝下高。枝下高的调整应根据不同树种、树龄及株行距而定。

③ 一些大树主干短，上部主枝已很粗壮，无法再培养独干的树木，可把分生的主枝当作主干培养，形成多干式。

④ 应保留林下的灌木、地被和野生花草，增加野趣和幽深感。

六、藤木的修剪与整形

藤本植物在一般的园林绿地中应用时有以下几种整形方式。

1. 棚架式

利用攀缘类及缠绕类藤本植物在棚架生长覆盖，起到遮阴、观赏的效果。剪整时，应在近地面处重剪，使发生数条强壮主蔓，然后垂直诱引主蔓至棚架的顶部，并使侧蔓均匀地分布架上，则可很快地成为荫棚，所用植物如葡萄、蛇葡萄、木香、紫藤等。树体上架后每隔数年疏剪、短截病、老、枯死枝或过密枝，不需每年剪整。

2. 凉廊式

常用于缠绕类植物及攀缘类卷须植物，亦偶尔用吸附植物，如葡萄、蛇葡萄、紫藤、爬山虎、薜荔等。凉廊有侧方格架，现将起爬满格架，再诱引至廊顶，避免侧面无植物遮挡造成空虚，也有在格架前栽植蔓性蔷薇、攀缘月季、凌霄等开花繁茂的种类穿越格架墙面。

3. 篱垣式

利用攀缘类藤本植物。在栅栏墙将侧蔓在其缝隙间进行水平诱引后，每年对侧枝施行短剪，形成整齐的篱垣形式。为适合于形成长而较低矮的篱垣形式，通常称为“水平篱垣式”，又可依其水平分段层次之多少而分为二段式、三段式等。攀缘类藤本植物如攀缘月季、凌霄等。

4. 附壁式

多用攀缘类吸附植物为材料，如爬墙虎、凌霄、扶芳藤、常春藤、薜荔等。将藤蔓植于墙下即可，植物依靠吸盘或吸附根而逐渐布满墙面。修剪时应注意使壁面基部全部覆盖，各蔓枝在壁面上应分布均匀，勿使互相重叠交错，以避免枝体吸附不上而下垂。修剪与整形中，为防止基部空虚，使基部枝条长期密茂，采取轻、重修剪配合及曲枝诱引等措施，防止因直立生长而造成的顶端优势，并加强栽培管理工作。

5. **直立式**

一些茎蔓粗壮的种类，如紫藤等，通过加强修剪整形成直立灌木，用于公园道路旁或草坪上，可以收到观花良好的效果。

七、几种常见树木的修剪要点

1. **香樟**

香樟的自然树形是具有中心干的卵圆形，在修剪围绕其自然形态进行调整。树苗从小培养，一年生的播种苗要进行一次剪根移植，以促进侧根生长，提高大树移植时的成活率。在树苗高生长中，为保证中心干的优势，剥去顶芽附近的侧芽，或将中心干的顶芽下生长超过中心干的竞争枝疏剪 4～6 个或部分重短截。如出现侧生枝超过主枝，采取去主留侧、以侧枝更替主枝，并修剪与新中心干的竞争枝条，根据树体的高矮，使保留的多个主枝上下错落；生长季节短截主枝延长枝附近的竞争枝，以保证主枝的顶端优势。定植后，及时疏除中心干上的重叠枝、轮生枝、并生枝等，尽量使冠内中心干上的枝条互相错落分布，枝条从下而上控制逐渐短截。粗大的主枝超常时可回缩修剪，以利调整树冠。

2. **广玉兰**

广玉兰树体高大，卵圆形树冠。幼时调整主干中心干的生长，当中心干的新梢生长弱或有花蕾，及时短截调整，利用剪口下壮芽替代生长形成中心干优势，向上生长，及时除去侧枝顶芽，出现侧生枝超过中心干，采取去主留侧、以侧枝更替主枝。定植后通过及时疏除中心干上的重叠枝、轮生枝、并生枝等，使保留的多个主枝上下错落；生长季节短截主枝延长枝附近的竞争枝，以保证主枝的顶端优势，回缩修剪过于水平或下垂的枝，维持枝间平衡关系，避免上下重叠生长。夏季，随时除去根部萌蘖，疏剪冠内过密枝、病虫枝。树冠形成后，在主干上，第一轮主枝剪去朝上枝，主枝顶端附近周围的新侧枝注意摘心或剪梢，以避免周边的主枝及附近枝对中心主枝的竞争力，保持完美的树形。

3. **银杏**

银杏在幼年起到成熟期一直保持着自然圆锥形树冠。幼年期树木易形成自然圆锥形树冠中心干上易长近轮生枝条，很多枝条同一个部位周边生长，形同“掐脖”现象，冬季剪除树干上的密生枝、衰弱枝、病枝，以利阳光通透；主枝数一般保留 3～4 个，并使保留的多个主枝上下错落，短截直立生长的侧生枝促使主枝生长平衡；在保持一定高度情况下整理小枝。定植后，对银杏主要采取疏剪，剪去竞争枝、枯死枝、下垂老枝、重叠枝、轮生枝、并生枝，逐步调整主轴上过多的主枝，并使其在中心干上分布均匀，枝枝之间在部位上下左右有一定间隙。

4. **桂花**

桂花为自然生长的常绿花灌木，枝条多为中短枝，每新梢的先端生有 4～8 个叶片，秋季花开于新梢的叶腋。每年在枝条先端往往集中生长 4～6 个新梢，每年开花后至来年 3 月进行疏剪去先端的枝条，保留后面 2 个枝条，以使来年长出 4～12 个中短枝，促使树冠向外延伸。常绿树木叶量大密集，造成枝条枯死，减少开花量，要及时对树冠内部的枯死枝、重叠枝、徒长枝、拥挤的枝条等进行疏剪，以利通风透光，夏季不要修剪，避免减少花量。

5. 国槐

国槐由于花序着生与新梢顶端、枝条生长柔软，树冠中心干顶端优势弱，形成树冠圆形。幼年树中心干顶端优势弱，需要培育主干，早春，在中心干的上部选留健壮直挺向上生长的枝，在预留剪口芽处截去梢端弯曲细弱部分，在剪口芽下部抹去数个侧芽，可提前避免出现竞争枝，主干达到一定高度时截干，留 2～3 个主枝，每个主枝留 30cm 长度进行短截，以后每隔 2～3 年修剪一次，按杯状形进行修剪成圆头形，这种整形的树体较矮。也可在主干达到一定高度时留 2～3 个主枝，生长期对主干进行 2～3 次摘心，每年主干向上生长一节，再留 2 个主枝，而主干下部则要相应疏剪一个主枝，是树体在一定时间由中心干控制主枝的分布，维持整个叶面积不变。当冠高比达到 1∶2 时，可任其生长，最后也形成圆头形，但树体较高大。

6. 樱花

樱花由于花量大、枝条生长柔软，树冠中心干顶端优势弱，形成自然开心形。幼树培育整形，主干达到一定高度时截干，使主干上的 3～5 个主枝形成自然开心形，下部的一些小枝暂时作为辅养枝保留。树冠形成后，每年冬季短截主枝延长枝，加强主枝的强度，安排好剪口芽，继续培育主枝延长枝几年直到树冠的范围，并刺激其中下部萌发中长枝，每年在主枝的中、下部各选定 1～2 个侧枝，其他中长枝可疏密留稀，以增加小侧枝及开花数量，侧枝长大、花枝增多时，主枝上的辅养枝即可剪去。每年冬季短剪主枝上选留的中长枝，促使其继续扩大枝量、叶量，其余的枝条则缓放不剪，先端萌生长枝，中下部产生短枝开花。过几年后再回缩短剪进行更新，回缩老枝粗度最好在 3cm 以内，以免愈合困难。

7. 贴梗海棠

贴梗海棠是丛生花灌木，主枝多，自然生长为丛生状圆头形，枝条更新以基部更新为主；人工培养有多主枝的灌丛形，以保留主枝为主，以枝上部枝条更新为主。贴梗海棠萌发力强，芽位基部隐芽可以萌发成枝，树冠形成后注意对小侧枝的修剪，促使基部隐芽逐渐得以萌发成枝，使花枝离侧枝近。而强修剪易长出徒长枝，故新枝不宜强剪。如欲扩大树冠，可将侧枝先端剪去，留 1～2 个长枝，待其长到一定长度后再短截先端使其继续形成长枝。为提高营养补充，同时剪截该枝后部的中短花枝。过长枝可适当轻截，使其分生花枝开花；小侧枝群，每年交替修剪培育花枝。自然丛生状圆头形随着枝条逐渐生长、成熟、老化，5～6 年后选基部或健壮生长枝更替。也可保持 1m 以下的主干，侧枝自然生长。冬季剪去过分的伸长枝，花后立即整形修剪；如枝条生长旺盛，5 月份可将过长的枝剪去 1/4。人工多主枝的灌丛形随着枝条逐渐生长、成熟、开花，每年都要有壮枝在主枝上形成，保持 1m 以下的主干，冬季剪去过分的伸长枝，花后立即整形修剪；保持枝条生长旺盛。

8. 梅花

梅花树冠中心干顶端优势弱，形成自然开心形。幼树培育整形，主干达到一定高度时截干，使主干上的3～5个主枝形成自然开心形，下部的一些小枝暂时作为花枝保留，有些树种发枝力强、枝量大而细小，树势弱，利用强剪或疏剪部分枝条，增强树势；有些树种发枝少而枝条粗壮的，轻截长留，促使多萌发花枝，减弱树势。树形小的主枝短剪一年生枝，培养延长枝，树冠较大的在主枝中部选一方向合适的侧枝代替主枝。开花后应将长枝回缩、促发生枝。冬季以整形为目的，处理一些密生枝、无用枝，保持生长空间促使新枝发育；为了保证来年开花满树，可对只长叶不开花的发育枝采取强枝轻剪，弱枝重剪，过密的枝条进行疏剪，中花枝适度短截保证足量的花，短花枝只留2～3个芽。来年的中花枝发出短花枝，剪去前面两个短枝，再剪去下部的短枝，逐渐培养即形成开花枝组。生长势衰弱的树木，要及时利用回缩修剪，主枝前部多年生枝回缩疏剪，用剪口下的侧枝代替主枝，剪去其先端培养延长枝或利用徒长枝重新培养新主枝。生长季将近地部砧木萌生枝和主枝基部无用枝剪掉，以保持光照与通风良好。

9. 雪松

雪松树冠为金字塔形，中心干顶端优势明显。幼苗期中心干顶梢柔软下垂，为了保持中心干的顶端优势，可采取对顶梢附近的粗壮侧枝重剪防止与顶梢竞争，若主干延长枝长势较弱，而相邻侧枝长势旺盛并有替代势头时在分枝点剪去原来顶梢，以侧代主，保持顶端优势。对中心干上的生长主枝要去弱留强，疏剪下垂、留斜向上枝，回缩修剪重叠枝、并生枝、平行枝、过密枝等，主枝数量不宜过多、过密，以免分散营养。在中心干上同一方向上枝与下枝的距离间隔半米左右，不同方向的主枝组成近似一轮主枝，一般要缓放不短截，使树疏朗匀称。

10. 圆柏

圆柏树冠为卵圆形或圆柱形，中心干顶端优势明显。对幼树主干上距地面20cm范围内的枝应全部疏去，选好第一个主枝，剪除多余的枝条，并对各主枝安排合理错落分布，呈螺旋式上升。将各主枝短截，下长上短，剪口处留向上的小侧枝，促使主枝下部侧芽大量萌生，形成向里生长出紧抱主干的小枝。全年在生长期内修剪2～3次，每当新枝长到10～15cm时修剪一次，抑制枝梢徒长，使枝叶稠密成为群龙抱柱形。同时应剪去与中心干顶端产生竞争的枝条，避免造成分叉树形。中心干上的主枝间隔20～30cm，并及时调整疏剪主枝间的弱枝，以利通风透光。对主枝上向外伸展的侧枝及时短截，以改变侧枝生长方向，形成整体的优美姿态。

11. 悬铃木

悬铃木在生长中因需求而修剪形成自然的卵圆形、人工修剪的杯状树形。悬铃木在生长中树木形成自然的卵圆形，不需要过多的人工调整，在树苗高生长中，顶芽常自枯，为保证中心干的优势，冬季短截中心干延长枝，剥去剪口芽下部的数个侧芽，将超过中心干的竞争枝疏剪4～6个，或部分重短截。如出现侧生枝超过主枝，采取去主留侧、以侧枝更替主枝，并修剪与新中心干的竞争枝条，根据树体的高矮，使保留的多个主枝上下错落；生长季节短截主枝延长枝附近的竞争枝，以保证主枝的顶端优势。定植后，顶芽仍有自枯现象，但下部侧芽生长可形成合轴分枝的特点，及时疏除中心干上的重叠枝、轮生枝、并生枝及竞争枝等，尽量使冠内中心干上的枝条互相错落分布，枝条从下而上控制逐渐短截。粗大的主枝超常时可回缩修剪，以利调整树冠。人工修剪的杯状树形在幼树时，根据功能环境需要，保留一定高度截去主梢而定干，并在其上部选留3个不同方向的枝条进行短截，剪口下留外芽。在生长期内，及时剥芽，保证3大枝的旺盛生长。冬季可在每个主枝中选2个侧枝短截，以形成6个小枝。夏季进行抹芽、摘心及剪梢控制生长。依次冬季在6个小枝上各选2个枝条短剪，则形成三主六枝十二杈的分枝造型。以后每年冬季可剪去主枝的1/3，保留弱小枝为辅养枝，剪去过密的侧枝，使其交互着生侧枝，但长度不应超过主枝；对强枝要及时回缩修剪，以防止树冠过大，叶幕层过稀，及时剪除病虫枝、交叉枝、重叠枝、直立枝。大树形成后，每两年修剪一次。

12. 大叶黄杨

大叶黄扬其特点是芽萌发力强，在绿地中的应用主要是绿篱及树球。植株定植后，可在生长期内根据需要进行修剪。第一年在主干顶端选留两个对生枝，作为第一层骨干枝，第二年，在新的主干上再选留两个侧枝短截先端，作为第二层骨干枝，待上述5个骨干枝增粗后，便形成骨架。在不同时期修剪不同：在球形树冠生长盛期，一年中反复多次进行外露枝修剪，形成丰满的球形树。每年剪去树冠内的病虫枝、过密枝、细弱枝，使冠内通风透光。由于树冠内外不断生出新枝，应及时修剪外表，即可形成美观的球形树。当老球树衰老时，选定1～3个上下交错生长的主干，其余全部剪除。来年春天，则可从剪口下萌发出新芽。待新芽长出10cm左右时，再按球形树要求，选留骨干枝，剪除不合要求的新枝。为了促使新枝多生分枝，早日形成球形，在生长季节应对新枝进行多次修剪，即可形成球形树。

13. 鸡爪槭

鸡爪槭枝条生长柔软，树冠中心干顶端优势弱，形成树冠圆形。休眠期或生长期5～6月进行修剪。幼树易产生徒长枝，应在生长期及时将徒长枝从基部剪去。5～6月短剪保留枝，调整新梢的分布，使其长出夏秋梢，创造优美的树形。在冬季修剪直立枝、重叠枝、徒长枝、枯枝以及基部长出的无用枝。由于粗枝剪口不易愈合，木质部易受雨水侵蚀而腐烂成孔，所以应尽量避免对粗枝的重剪。

14. 红叶李

红叶李在生长中树木形成杯状树形，以冬季修剪为宜。当幼树长到一定高度时，选留3个不同方向的枝条作为主枝，并对其进行摘心，以促进主枝延长枝直立生长。主枝延长枝弱，可短截，由下面生长健壮的侧枝代替。每年冬季修剪各层主枝时，要注意配备适量的侧枝，使其错落分布，以利通风透光。平时注意剪去枯死枝、病虫害枝、内向枝、重叠枝、交叉枝、过长过密的细弱枝。

15. 枇杷

枇杷为常绿小乔木，树冠近圆形。喜光、耐阴、耐寒、怕强风、不耐旱，喜温暖湿润气候（对土壤适应性较广，在排水良好富有腐殖质的壤土上生长更佳）可播种、嫁接繁殖。当顶芽发育成花房以后，花群集中开放，为了得到丰硕的果实，以供食用和观赏，一般是从圆形花房中疏去部分果实。因为分枝少，可将不美观的杂乱枝从基部剪去，也可从上至下剪去横向枝，以形成上升树冠。

16. 山茶花

山茶花萌芽力强，可以强剪，创造各种造型，别有情趣。花生于当年枝的顶端，花后将前一年的枝剪去1/3～1/2，并整理树冠。成年树冠高比以2/3为宜。从最下方的主枝向上50cm处选留各个方向发展的枝条3～4个，作为主干上的主枝。缩剪较强壮的枝条，既可避免影响主干或邻近主枝生长，还可填补树冠空隙，以利增加花量。每年结合修剪残花，对一年生枝进行短截，以剪口下方保留外芽或斜生枝，促进下部隐芽萌发，发展侧枝，以降低下年开花部位。3～4月剪去细枝、无用枝、枯枝，保留原来叶子3～4枚。因山茶花在5月底停止新梢生长，7月开始夏梢生长，所以5～7月应将其半木质化的新生交叉枝、重叠枝、过密枝、杂乱枝、病虫枝、萌蘖枝、瘦弱枝等剪去。

17. 现代月季

现代月季由于观赏的不同，形成不同的形态，灌丛、树状及攀缘形。由于一年多次开花的特点，一般修剪整形分休眠期与生长期。在生长期，也可经常进行摘蕾、剪梢、切花和剪去残花等。因类型长势不同，可分为重剪、适度修剪、轻剪。

(1) 灌木状月季的修剪整形　当幼苗的新芽伸展到4～6片叶时，及时剪去梢头，积聚养分于枝干内，促进根系发达，使当年形成2～3个新分枝。夏季花后，根据应扩展的空间确定留里芽或留外芽。应在花下标准叶片（五小叶复叶）上面剪花，保留其芽，以再抽新枝，由于冬剪的刺激，春季会产生根蘖枝，如果是从砧木上长出的，应及时剪去。冬季，灌木状姿态形成，重剪去上年连续开花的一年生枝条，更新老枝，剪口留芽方向同上，注意侧枝的各个方面相互交错、使造型富有立体感，尽量多留腋芽，以利早春多发新枝。主干上部枝条长势较强，可多留芽；主干下部枝条长势较弱，可少留芽，更新老枝，剪除树丛内的枯枝，病虫植及弱枝。

当月季树开始老化后，枝干粗糙、灰褐色，老枝上不易生新枝，需要及时对树木进行更新。当根部的萌蘖枝长出5片复叶时，立即进行摘心，促使腋芽在下面形成，当长出2～4个新枝时，即可除去老枝。

(2) 树状月季的修剪整形　将新主干培育到高80～100cm时，摘心，在主干上端剪口下依次选留3～4个腋芽，作主枝培养，除去干上其他腋芽，成形后的树状月季，因主干较细头重脚轻，需提前设立支架绑缚。主枝长到10～15cm长时即摘心，使腋芽分化，产生新枝，在生长期内对主枝进行摘心。主枝的作用是形成骨架，支撑开花侧枝。冬季修剪时应选留一个健壮外向枝短截，使其扩大树冠，再生新侧枝开花。如果主干上三主枝生长优势强，适当轻短截保留7～8个芽，下面的主枝短剪，保留3～6个芽，使主枝在各个方向错落分布。侧枝是开花的枝，保留主枝上两侧的分枝，剪除上下侧枝并留3～5个芽。主枝先端的侧枝多留芽，下面的少留芽，交错保留主枝上的侧枝。另外，还要剪除交叉枝、重叠枝、内向枝，以免影响通风、透光。花后修剪同灌木状月季。

思考题

1. 简述园林树木的整形修剪意义，需根据哪些原则进行修剪？
2. 解释不同修建时期的目的，及不同修剪方法所产生的作用。
3. 简述整形修剪的程序。
4. 简述各类园林树木整形修剪的特点。

第九章 古树养护与树体的防护

第一节 古树名木的养护与管理

古树是世界上活着的古董、有生命的国宝，是自然与人类历史文化的宝贵遗产，已成为世界各民族悠久历史和灿烂文化的佐证。古树在生长中历尽沧桑，饱经风霜，经历过历代战争的洗礼和世事变迁，虽已老态龙钟却依然生机盎然，依然展现着古朴典雅的身姿，具有很高的观赏和研究价值。我国被称为“世界园林之母”，不但是由于我国幅员辽阔，地理地形复杂，气候条件多样，植物种类繁多，更由于我国园林历史悠久，古树分布之广、树种之多、树龄之长、数量之大，在世界上罕见。自古以来，我国就十分重视古树名木的保护，如明代蜀地，历任州官在交接时都要举行郑重的仪式来清点蜀道的古树，安徽歙县雄村新安江畔的千年古樟树下，就有清光绪(1895年）树立的碑文，称其“控荫、固堤利众”而出示永禁。而随着人类文明的不断发展，古树名木愈来愈受到社会各界的关注和重视。目前，我国有建设部、环保部、国家林业局等负责对古树名木管理与保护的部门，分别负责城市园林、自然风景区、自然保护区等的古树名木管理，城市树木管理工作属于城市的园林部门，通过积极有效的保护和研究，能使古树名木永葆青春，永放光彩。

一、古树名木的意义与分级管理

我国的古树名木一直受到各方面的关注与保护。20世纪80年代初，当时的林业部曾组织专家在全国范围开展古树名木的调查，并根据调查结果出版了全国和地方性的古树名木专著，为古树名木的保护提供了宝贵的文献资料。各地都十分重视对古树的保护，但一些地区在城市发展、风景区和旅游区开发中仍有损伤古树的现象。国家为此颁布了古树名木保护条例，对加强古树名木的保护具有重要意义。

1. 古树名木的标准

什么是古树？什么是名木？在老百姓眼里，有很大年龄的树木成为古树，在历史上有典故、有文化内涵的古树称为名木。《中国农业百科全书》对古树名木的内涵界定为：“树龄在百年以上的大树，具有历史、文化、科学或社会意义的木本植物”。国家环保局对古树名木的定义为：“一般树龄在百年以上的大树即为古树；而那些稀有、名贵树种或具有历史价值、纪念意义的树木则可称为名木。”《城市绿化条例》第25条规定：“百年以上树龄的树木、稀有种类的树木、具有历史价值或重要纪念意义的树木，均属古树名木。”各自阐述有大同小异的地方。2000年9月国家建设部重新颁布了城市古树名木保护管理办法，将古树定义为树龄在100年以上的树木；把名木定义为国内外稀有的、具有历史价值和纪念意义以及重要科研价值的树木；凡树龄在300年以上，或特别珍贵稀有，具有重要历史价值和纪念意义，或具有重要科研价值的古树名木为一级古树名木；其余为二级古树名木。国家环保部还对古树名木做出了更为明确的说明，如距地面1～2m，胸径在60cm上的柏树类、白皮松、七叶树，胸径在70cm以上的油松，胸径在100cm以上的银杏、国槐、楸树、榆树等古树，且树龄在300年以上的，定为一级古树；胸径在30cm以上的柏树类、白皮松、七叶树，胸径在40cm以上的油松，胸径在50cm以上的银杏、楸树、榆树等，且树龄在100年以上300年以下的，定为二级古树；稀有名贵树木指树龄在20年以上，胸径在25cm以上的各类珍稀引进树木；外国朋友赠送的礼品树、友谊树，有纪念意义和具有科研价值的树木，不限规格一律保护，其中各国家元首亲自种植的定为一级保护，其他定为二级保护。

我国的古树名木资源十分丰富，其中上千年历史的不在少数，为中华民族的灿烂文化和壮丽山河增添了不少光彩。许多是国宝级文物，世界闻名，有的以姿态奇特，观赏价值极高而闻名，如黄山的“迎客松”、泰山的“卧龙松”、天坛的“九龙柏”、昌平县的“盘龙松”、北京中山公园的“槐柏合抱”、戒台寺“抱塔松”已有千年历史，它从法均和尚塔的上层石台阶上倒卧着往下生长，伸出遒劲的枝干，仿佛一条巨龙扭转着身躯，环抱住台阶下的法均和尚塔。那“卧龙松”已有一千多年的历史，看它身上，那松树皮就像斑斑鳞片，特别像一条巨龙，卧在一块由清代恭亲王手书的“卧龙松”三个大字的石碑上歇息；而那有500多年历史的“活动松”，摇动它身上的一枝松，就会全身俱动；在北海团城承光殿东侧的前后，南北各矗立一棵高大的白皮松，它们亦是金代所植，距今已八百多年。尤其是殿前的一棵，绿冠高达30多米，白干周长达5.1m，人们在北海前门的大街上，远远就可以看到它银白色的雄姿。这两棵白皮松就像两位威武的将军守卫在承光殿前后，所以乾隆御封它们为“白袍将军”，等等。有的以雄伟高大而出名，如密云县新城子关帝庙遗址前，屹立着一棵巨大古柏，其高达25m，下周长7.50m，属唐代种植的，距今已1300多年，是北京的古柏之最。它的粗干要好几个人伸臂合围才能抱拢，树冠由18个大枝组成，最细的枝也有一搂多粗，所以得名“九搂十八枝古柏”等。在许多情况下，会出现古树名木一身而两任，当然也有名木不古或古树未名的，都应引起重视，加以保护和研究。

2. 保护古树名木的意义

保护古树名木的意义在于它是城市绿化、美化的一个重要的组成部分，是一种不可再生的自然和文化遗产，是一种独特的自然和历史景观，具有重要的科学、历史和观赏价值，是人类社会历史发展的佐证，具有极高的历史、人文与景观的价值，有些树木还是地区风土民情、民间文化的载体和表象，是活的文物，它与人类历史文化的发展和自然界历史变迁有关，是发展旅游、开展爱国主义教育的重要素材，对研究古植物、古地理、古水文和古气候等具有重要的应用和参考价值。因此，古树对于考证历史、研究园林史、植物进化、树木生态学和生物气象学等都有很高的价值。

（1）古树名木的社会历史价值　我国的古树名木不仅地域分布广阔，而且历史跨度大。我国传说中的周柏、秦松、汉槐、隋梅、唐杏（银杏）、唐樟、宋柳都是树龄高达千年的树中寿星；更有一些树龄高达数千年的古树至今风姿卓然，如山东莒县浮莱山3000年以上树龄的“银杏王”，台湾高寿2700年的“神木”红桧，西藏寿命2500年以上的巨柏，陕西省长安县温国寺和北京戒台寺已1300多年的古白皮松等。人们在瞻仰它们的风采时，不禁会联想起我国悠久的历史和丰富的文化，其中也有一些是与重要的历史事件相联系的，如北京颐和园东官门内的两排古柏，在靠近建筑物的一面保留着火烧的痕迹，那是八国联军纵火留下的侵华罪行的真实记录；景山崇祯皇帝上吊的古槐（现在的槐树并非原树）是记载农民起义的伟大丰碑；美国前国务卿基辛格博士在参观天坛时曾说：“天坛的建筑很美，我们可以学你们照样修一个，但这里美丽的古柏，我们就毫无办法得到了。”确实，“名园易建，古木难求”，所以我国各地的古树和长城、故宫等名胜古迹一样，是十分珍贵的“国之瑰宝”。

（2）古树名木蕴涵着丰富的文化内涵　我国各地的许多古树名木往往与历代帝王、名士、文人、学者相联系，有的为他们手植，有的受到他们的赞美，善于丹青水墨的大师们则视其为永恒的题材。“扬州八怪”中的李鳝，曾有名画《五大夫松》，是泰山名松的艺术再现；嵩阳书院的“将军柏”，更有明、清文人赋诗三十余首之多。天坛回音壁外西北侧有一棵“世界奇柏”，它的奇特之处是在粗壮的躯干上，其突出的干纹从上往下纽结纠缠，好像数条巨龙绞身盘绕，所以得名“九龙柏”。这种奇特优美干纹的古柏，在全世界仅此一棵，尤为珍贵。又如苏州拙政园文征明手植的明紫藤，其胸径22cm，枝蔓盘曲蜿蜒逾5m，旁立光绪三十年（1905年）江苏巡抚端方题写的“文征明先生手植紫藤”的青石碑，名园、名木、名碑，被朱德的老师李根源先生誉为“苏州三绝”之一，具极高时人文旅游价值。

（3）古树名木为名胜古迹增添佳景趣闻　古树名木和山水、建筑一样具有景观价值，是重要的风景旅游资源。它们或苍劲挺拔、风姿多彩，镶嵌在名山峻岭和古刹胜迹之中，与山川、古建筑，园林融为一体，或独成一景成为景观主体，或伴一山石、建筑，成为该景的重要组成部分，吸引着众多游客前往游览观赏，流连忘返。如黄山以“迎客松”为首的十大名松，泰山的“卧龙松”，等均是自然风景中的珍品；苏州光福的“清、奇、古、怪”4株古圆柏更是人文景观中的瑰宝，吸引着众多游客前往游览观光。又如陕西黄陵“轩辕庙”内有2株古柏，一株是“黄帝手植柏”，柏高近20m，下围周长11m，是目前我国最大的古柏之一；另一株叫“挂甲柏”，枝干“斑痕累累，纵横成行，柏液渗出，晶莹奇目”。游客无不称奇，相传为汉武帝挂甲所致。这两棵古柏虽然年代久远，但至今仍枝叶繁茂，郁郁葱葱，毫无老态，此等奇景，堪称世界无双。有的以奇闻轶事而闻名，如北京孔庙的侧柏，传说其枝条曾将汉奸魏忠贤的帽子碰掉而大快人心，故后人称之为“除奸柏”。团城“遮阴侯”，因承光殿内又闷又热，酷暑难当，宫人们就摆案于殿外这棵古松的巨冠浓荫下。这时正巧清风徐来，乾隆顿觉凉爽，暑热全消，他望着太液池内，绿荷蔽水，粉花朵朵，十分高兴。就效仿秦始皇游泰山时，因避雨而封“五大夫松”的故事，御封团城上的这棵古松为“遮阴侯”。

（4）古树是研究历史气候、地理环境的宝贵资料　古树是研究古代气象水文的绝好材料，其生长与所经历生命周期中的自然条件，特别是气候条件的变化有极其密切的关系。因为树木的年轮生长除了取决于树种的遗传特性外，还与当时的气候特点相关，表现为年轮有宽窄不等的变化，并记载下这种变化的历史，由此可以推算过去年代湿热气象因素的变化情况。尤其在干旱和半干旱的少雨地区，古树年轮对研究古气候、古地理的变化更具有重要的价值。

(5) 古树是研究树木生理的特殊材料　树木的生长周期很长，人们无法对它的生长、发育、衰老、死亡的规律用跟踪的方法加以研究，而古树的存在就把树木生长、发育在时间上的顺序展现为空间上的排列，将处于不同年龄阶段的树木作为研究对象，从中发现该树种从生到死的规律性变化，从而认识各种树木的寿命、生长发育状况以及抵抗外界不良环境的能力。

(6) 古树是研究当地污染史中的记录资料　树木不同阶段的生长与当地当时环境污染有极其密切的关系。树木通过根、茎、叶等的吸收，在树体结构与组织内利用储存的方式反映出来环境污染的程度、性质及其发生年代，作为时代变迁的参照物。

(7) 古树对于地区树种规划有极高的参考价值　古树多为乡土树种，对当地的气候和土壤条件具有很强的适应性。因此，古树是制定当地树种规划，特别是指导造林绿化的可靠依据。景观规划师和园林设计师可以在树种选择中重视古树适应性的指导作用，从而在树种规划时做出科学合理的选择，如从北京故宫、中山公园等为数最多的古侧柏和古桧柏的良好生长得到启示，证明这两个树种是能够在北京地区干旱立地条件下生长的适宜树种。因此在树种选择中重视古树适应性的指导作用就会少走许多弯路，不致因盲目决定造成无法弥补的损失。

(8) 古树名木具有较高的资源价值　有些古树虽已高龄，却毫无老态，仍可果实累累，生产潜力巨大。如素有“银杏之乡”之称的河南嵩县白河乡，树龄在300年以上的古银杏树有210株，1986年产白果27万公斤；新郑县孟庄乡的一株古枣树，单株采收鲜果达500kg；南召县皇后村的一株250年的望春玉兰古树，每年仍可采收辛夷药材200kg左右；辉县后庄乡一株山楂古树，年产鲜山楂果700～800kg；安徽砀山良梨乡一株300年的老梨树，不仅年年果实满树，而且是该地发展梨树产业的种质库。事实上，多数古树在保存优良种质资源方面具有重要的意义。古树名木还为旅游资源的开发提供了难得的条件，对发展旅游产业具有重要价值。

3. 古树名木的技术档案的建立

古树名木是任何国家、地区资源的无价之宝，需要组织专人进行细致的调查，摸清古树资源。古树资源调查内容主要包括树种、树龄、树高、冠幅、胸径、生长势、生长地的环境（土地、气候等情况）以及对观赏及研究的作用、养护措施等。同时还应搜集有关古树的历史及其他资料，如有关古树的诗、画、照片及神话传说等。

城市和风景名胜区范围内的古树名木，应由各地城建、园林部门和风景名胜区管理机构组织调查鉴定，进行登记造册，建立档案；对散生于各单位管界及个人住宅庭院范围内的古树名木，应由单位和个人所在地城建、园林部门组织调查鉴定，并进行登记造册，建立档案，相关单位和个人应积极配合。

在古树调查、分级的基础上，要进行分级养护管理。对于生长一般、观赏及研究价值不大的树种，可实施一般的养护管理；而对于年代久远，树姿奇特兼有观赏价值和文史及其他价值的，应拨专款派专人养护，并随时记录备案。

在建立、健全古树名木资源档案的基础上，还应给它们建立生长情况的档案，每年都要分株记明其生长情况和采取的养护管理措施等，供以后养护管理时参考。

4. 古树名木的分级管理

古树名木得分级是在调查、鉴定的基础上，根据古树名木的树龄、价值、作用和意义等进行分级，实行分级养护管理。国家颁发的古树名木保护办法规定：

（1）一级古树名木由省、自治区、直辖市人民政府确认，报国务院行政主管部门备案；二级古树名木由城市人民政府确认，直辖市以外的城市报省、自治区行政主管部门备案。

（2）古树名木保护管理实行专业养护部门保护管理和单位、个人保护管理相结合的原则。城市人民政府园林绿化行政主管部门应按实际情况，对城市古树名木分株制定养护、管理方案，落实养护责任单位责任人，并进行检查指导。生长在城市园林绿化专业养护管理部门管理的绿地、公园等处的古树名木，由城市园林绿化专业养护管理部门保护管理；生长在铁路、公路、河道用地范围内的古树名木，由铁路、公路、河道管理部门保护管理；生长在风景名胜区内的古树名木，由风景名胜区管理部门保护管理；散生在各单位管界内及个人庭院内的古树名木，由所在单位和个人保护管理。变更古树名木养护单位或个人，应当到城市园林绿化行政主管部门办理养护责任转移手续。

（3）城市人民政府应当每年从城市维护管理经费、城市园林绿化专项资金中划出一定比例的资金用于城市古树名木的保护管理。古树名木养护责任单位或责任人，应按照城市园林绿化行政主管部门规定的养护管理措施实施保护管理。古树名木受到损害或长势衰弱，养护单位和个人应当立即报告城市园林绿化行政主管部门，由城市园林绿化行政主管部门组织进行复壮。对已死亡的古树名木，应当经城市园林绿化行政主管部门确认，查明原因，明确责任并予以注销登记后，方可进行处理。处理结果应及时上报省、自治区行政主管部门或直辖市园林绿化行政主管部门。

（4）在古树名木的保护管理过程中，各地城建、园林部门和风景名胜区管理机构要根据调查鉴定的结果，对本地区所有古树名木进行挂牌，标明树名、学名、科属、树种、管理单位等。同时，要研究制定出具体的养护管理办法和技术措施，如复壮、松土、施肥、防治病虫害、补洞、围栏以及大风和雨雪季节的安全措施等。遇有特殊维护问题，如发现有危及古树名木安全的因素存在时，园林部门应及时向上级行政主管部门汇报，并与有关部门共同协作，采取有效保护措施；在城市和风景名胜区内实施的建设项目，在规划设计和施工过程中都要严格保护古树名木，避免对其正常生长产生不良影响，更不许任意砍伐和迁移。对于一些有特殊历史价值和纪念意义的古树名木，还应立牌说明，并采取特殊保护措施。

二、古树名木保护的生物学基础

（1）古树的生物学特点　古树长寿的首要内在原因是树种的遗传特性。不管古树是本地乡土树种，还是一些经驯化、已对当地自然环境条件表现出较强适应性，并对不良环境条件形成较强抗性的外来树种，在遗传上都有长寿的特点。

古树通常是由种子繁殖而来的。种子繁殖的实生树木，其根系发达，适应性广，抗逆性强，比无性繁殖的树木寿命长。

古树一般是慢生或中速生长树种，新陈代谢较弱，消耗少而积累多，从而为其长期抵抗不良的环境因素提供了内在的有利条件。某些树种的枝叶还含有特殊的有机化学成分，如侧柏体内含有苦味素、侧柏苷及挥发油等，具有抵抗病虫侵袭的功效；银杏叶片细胞组织中含有的2-乙烯醛和多种双黄酮素有机酸，常与糖结合成苷的状态或以游离的方式而存在，同样具有抑菌杀虫的威力，表现出较强的抗病虫害能力。

古树多为深根性树种，主侧根发达，一方面能有效地吸收树体生长发育所需的水分与养分，另一方面具有极强的固地与支撑能力来稳固庞大的树体。根深才能叶茂，才能使其延年益寿。如侧柏、朴树、银杏、油松、板栗等。

古树树体结构合理，木材强度高，能抵御强风等外力的侵袭，减少树干受损的机会，如黄山的古松、泰山的古柏，都能经受山顶常年的大风吹袭。

许多古树具有根、茎萌蘖力较强的特性，根部萌蘖可为已经衰弱的树体提供营养与水分。例如河南信阳李家寨的古银杏，虽然树干劈裂成几块，中空可过人，但根际萌生出多株苗木并长成大树，形成了“三代同堂”的丛生银杏树。有的树种如侧柏、槐树、栓皮栎、香樟等，干枝隐芽寿命长、萌枝力强，枝条折断后能很快萌发新枝，更新枝叶。如河南登封少林寺的“秦五品封槐”，枝干枯而复苏，生枝发叶，侧根又生出萌蘖苗，从而长成现在的第三代“秦槐”，生生不息。

(2) 古树的生长环境　古树的生长环境是古树长寿的外在原因。多数古树名木生长于自然环境较好的名胜古迹、自然风景区或自然山林中，原生态环境条件未受到人为因素的破坏，或古树具有特殊意义而受到人们的保护，在比较稳定的生长环境中正常生长。虽然有些古树名木在原生环境受破坏，未得到人们的刻意保护，仍能正常生长，主要是生长地的立地条件如土壤深厚、水分与营养条件较好、生长空间大，且不易受人畜活动干扰等方面的特殊性。

三、古树衰老的原因

任何树木都要经过生长、发育、衰老、死亡等过程，这是客观规律不可抗拒。但是通过探讨古树衰老的原因，可以采取适当的措施来推迟其衰老阶段的到来，延长树木的生命，甚至可以促使其复壮而恢复生机。如前所述，百年以上的树木就可列为古树，但从树木的生命周期看，相当一部分树种在百年树龄时才进入中年期而仍处于旺盛生长阶段。因此这里所述的古树衰老，是指生物学角度上的衰老。树木由衰老到死亡不是简单的时间推移过程，而是复杂的生理生化过程，是树种自身遗传因素、环境因素以及人为因素综合作用的结果。

1. 古树生长条件差

(1) 地上地下营养空间不足　有些古树栽在地基土上，植树时只在树坑中换了好土，根系很难向坚土中生长，由于根系的活动范围受到限制，营养缺乏，致使树木衰老。很多古树名木由于城市建设，周围常有高大建筑物，严重影响树体的通风和光照条件，造成偏冠，且随着树龄增大，偏冠现象就越发严重。这种树冠的畸形生长与根系的活动范围受到限制，往往导致树体重心发生偏移，枝条分布不均衡，在自然灾害的外力作用下，如雪压、雾凇、大风等异常天气，极易造成枝折树倒，特别是阵性大风对偏冠的高大古树的破坏性更大。

（2）土壤板结，通气不良　古树多生长在宫、苑、寺、庙或宅院、农田和道旁，其土壤深厚疏松，排水良好，小气候条件适宜。但是经过历史的变迁，人口剧增，随着经济的发展，城市公园里游人密集，地面受到大量践踏，土壤板结，密实度高，透气性降低，机械阻抗增加，对树木的生长十分不利。随着经济的发展和人民生水平的提高，旅游已经成为人们生活中不可缺少的部分，许多古树所在地开发成旅游点，旅游者越来越多，有些古树姿态奇特，且具有神奇的传说，招来大量的游客，造成对古树名木周围地面的过度践踏，使缺乏耕作条件的土壤密实度增高、土壤板结、团粒结构遭到破坏、通透性及自然含水量降低。据测定：北京中山公园在人流密集的古柏林中土壤容重 1.7g/cm^3，非毛管孔隙度为 2.2%，天坛“九龙柏”周围土壤容重为 1.59g/cm^3，非毛管孔隙度为 2%，在这样的土壤中，根系生长严重受阻，树势愈渐衰弱。

（3）树干周围铺装面过大　为方便游人观赏，多在树下地面周围用水泥砖或其他硬质材料进行大面积铺装，仅留下较小的树池。铺装地面不仅加大了地面抗压强度，造成土壤通透性能的下降，还使土壤与大气的水汽交换大大减弱，大大减少了土壤水分的积蓄、通透程度，致使根系处于透气、营养及水分极差的环境中，生长衰弱。

（4）土壤剥蚀与挖方、填方的影响　在有坡面的地方土壤裸露，表层剥蚀，水土流失严重，导致古树根系外露，不但使土壤肥力下降，而且表层根系易遭干旱和高温伤害或死亡，还易因人们攀爬造成人为擦伤，抑制根系生长。挖方的危害产生与土壤剥蚀相同。填方则易造成根系缺氧窒息而死。建筑、道路工程施工都会破坏古树的生态条件。

（5）土壤营养不足　古树长期固定在某一地点经过成百上千年的生长，古树的根系吸收与消耗了所控范围的大量的营养物质，且很少有枯枝落叶归还给土壤，古树持续不断地吸收消耗土壤中各种必需的营养元素，在得不到养分的自然补偿以及定期的人工施肥补给时，常常造成土壤中某些营养元素的贫缺，导致养分循环利用差，土壤中不但有机质含量低，而且有些必需的元素十分缺乏；另一些树木需求量少的元素由于积累过多而产生危害。根据对北方古树营养状况与生长关系的研究认为，当古树缺乏所需时，如古柏土壤缺乏有效铁、氮和磷；古银杏土壤缺钾而镁过多。使其生理代谢过程失调，树体衰老加速。

（6）土壤的严重污染　不少人在公园古树林中开展各种活动，不仅乱倒污水，甚至有的还增设临时厕所，导致土壤盐化。有些地方在古树下乱堆水泥、石灰、沙砾、炉渣等，恶化了土壤的理化性质，加速了古树的衰老。

2. 自然灾害

（1）大风　7 级以上的大风，主要是台风、龙卷风和其他一些短时风暴，可吹折枝干或撕裂大枝，严重者可将树干拦腰折断。而不少古树因蛀干害虫的危害，枝干中空、腐朽或有树洞，更容易受到风折的危害。枝干的损害直接造成叶面积减少，还易引发病虫害，使本来生长势弱的树木更加衰弱，严重时导致古树死亡。

(2) 雷电　古树高大，易遭雷电袭击，导致树头枯焦、干皮开裂或大枝劈断，使树势明显衰弱。

(3) 干旱　持久的干旱，使得古树发芽推迟，枝叶生长量减小，枝的节间变短，叶片因失水而发生卷曲，严重时可使古树落叶、小枝枯死，易遭病虫侵袭，从而导致古树的进一步衰老。

(4) 雪压、雨凇（冰挂）、冰雹　树冠雪压是造成古树名木折枝毁树的主要自然灾害之一，特别是在大雪发生时，若不及时进行清除，常会导致毁树事件的发生。如黄山风景管理处，每在大雪时节都要安排及时清雪，以免雪压毁树。雨凇（冰挂）、冰雹是空气中的水蒸气遇冷凝结成冰的自然现象，一般发生在4～7月份，这种灾害虽然发生概率较少，但灾害发生时大量的冰凌、冰雹压断或砸断小枝、大枝，对树体也会造成不同程度的损伤，削弱树势。

(5) 地震　地震这种自然灾害虽然不是经常发生，但是一旦发生5级以上的强烈地震，对于腐朽、空洞、干皮开裂、树势倾斜的古树来说，往往会造成树体倾倒或干皮进一步开裂。

(6) 酸雨　酸雨是人类与自然的结合体，对古树造成不同程度的影响，严重时可使部分古树叶片（针叶）变黄、脱落。

3. **病虫危害**

许多古树的机体衰老与病虫害有关，虽然古树的病虫害与一般树木相比发生的概率要小得多，而且致命的病虫更少，但高龄的古树大多已开始或者已经步入了衰老至死亡的生命阶段，树势衰弱已是必然。此时又易受病虫害的侵袭，若养护管理不善、人为和自然因素对古树造成损伤时有发生，为病虫的侵入提供了条件，如果得不到及时、有效的防治，其树势衰弱的速度将会进一步加快，如危害古松、柏的小蠹甲类害虫，还有天牛类、木腐菌侵入等都会加速古树的衰老。因此在古树保护工作中，及时有效地控制主要病虫害的危害，是一项极其重要的措施。

4. **人为活动的影响**

(1) 环境污染　人为活动造成的环境污染直接和间接地影响了植物的生长，古树由于其高龄而更容易受到污染环境的伤害，加速其衰老的进程。如大气污染对古树名木的影响和危害主要症状为叶片卷曲、变小、出现病斑，春季发叶迟，秋季落叶早，节间变短，开花、结果少等。污染物对古树根系的直接伤害土壤污染对树木造成直接或间接的伤害。有毒物质对树木的伤害，一方面表现为对根系的直接伤害，如根系发黑、畸形生长，侧根萎缩、细短而稀疏，根尖坏死等；另一方面表现为对根系的间接伤害，如抑制光合作用和蒸腾作用的正常进行，使树木生长量减少，物候期异常，生长势衰弱等，促使或加速其衰老，易遭受病虫危害。

(2) 直接损害　指遭到人为的直接损害，如在树下摆摊设点；在树干周围乱堆杂物，如水泥、沙子、石灰等建筑材料，造成土壤理化性质发生改变，土壤的含盐量增加，土壤 pH 值增高，致使树木缺少微量元素，营养平衡失调。在旅游景点，个别游客会在古树名木的树干上乱刻乱画；在城市街道，会有人在树干上乱钉钉子；在农村，古树成为拴牲畜的桩，树皮遭受啃食的现象时有发生；更为甚者，对妨碍其建筑或车辆通行等原因的古树名木不惜砍枝伤根，致其丧命。

任何生物都有其发生、发展、衰老和死亡的生命过程，树木也是这样。古树多已处于生命周期中的衰老阶段，不论其能活多少年终究要结束其生命过程。但是古树从衰老到死亡不是简单的时间推移过程，而是复杂的生理过程。这一过程的快慢不但受树木遗传因素的控制，而且受生长环境、栽培措施的制约。在一定时期内，古树的衰老趋势并非随时间的推移发生变化，在某种情况下，可以通过合理的栽培措施和环境条件的改善延缓衰老，甚至在一定程度下可得到复壮而延长寿命。

近年的研究结果表明，古树生长与其生存环境有着极其密切的关系。凡是生态系统健全、生境条件良好或通过人为措施得到改善的古树就生长良好，寿命长；反之，古树生长就差，寿命就会缩短，甚至不到百年的植株也会死亡。

四、古树名木的养护

任何生物都有其发生、发展、衰老和死亡的生命过程，古树也是这样，几百年乃至上千年生长的结果，一旦死亡就无法再现。古树虽然不论能活多少年终究要结束其生命过程。但是古树从衰老到死亡不是简单的时间推移过程，而是复杂的生理过程，其快慢不但受树木遗传因素的控制，而且受生长环境、栽培措施的制约，古树的衰老趋势在某种情况下可以通过合理的栽培措施和环境条件的改善延缓衰老，甚至在一定程度下可得到复壮而延长寿命。因此我们应该非常重视古树的养护管理与复壮。

在进行古树复壮的时候要找到古树加速衰老的原因，根据具体情况采取必要的预防、养护与复壮措施，保持和增强树木的生长势，提高古树的功能效益，并使其延年益寿。

1. 养护的基本原则

(1) 给予古树原有的生境条件　古树在一定的生境下已经生活了几百年，甚至数千年，说明它十分适应其历史的生态环境，特别是土壤环境。如果古树的衰弱是由近年土壤及其他条件的剧烈变化所致，则应该尽量恢复其原有的状况，如消除挖方、填方、表土剥蚀及土壤污染等。否则，由于环境、特别是土壤条件的剧烈变化影响树木的正常生活，导致树体衰弱，甚至死亡。

(2) 安排符合树种的生物学特性的养护措施　任何树种都有一定的生长发育与生态学特性，如生长更新特点，对土壤的养分要求以及对光照变化的反应等。在养护中应顺其自然，满足其生理和生态要求。

(3) 养护措施要有利于提高树木的生活力与增强树体的抗性　这类措施包括灌水、排水、松土、施肥、树体支撑加固、树洞处理、防治病虫害、安装避雷器及防止其他机械损伤等。

2. 古树名木的养护管理

（1）支撑加固古树　古树由于年代久远，很多树体主干中空，主枝常有死亡，造成树冠失去均衡，树体容易倾斜，又因树体衰老，枝条容易下垂，因而需用他物支撑。如北京故宫御花园的龙爪槐、皇极门内的古松均用钢管呈棚架式支撑，钢管下端用混凝土基加固，干裂的树干用扁钢箍起，收效良好。切不可直接用金属箍，之间要垫有缓冲物，以避免造成韧皮部缢伤，加速古树的衰弱与死亡。

（2）树干疗伤　古树名木进入衰老年龄后，对各种伤害的恢复能力减弱，更应注意及时处理。

（3）树洞修补　若古树名木的伤口长久不愈合，长期外露的木质部受雨水浸渍，逐渐腐烂，形成树洞，既影响树木生长，又影响观赏效果，长期下去还有可能造成古树名木倒伏和死亡。以往多采用砖头堵洞，外部加青灰封抹。因这些材料无弹性，树洞又不能密封，雨水渗入反会加剧古树树干的腐朽，不利于古树生长。近年国外采用具弹性的聚氨酯作填充物，除价格稍贵外，对古树的生长无影响，是目前较理想的填充材料。

还有一种方法是用金属薄板进行假填充或用网罩钉洞口，再用水泥混合物涂在网上，待水泥干后再涂一层紫胶漆和其他树涂剂加以密封，避免雨水流进洞内。

（4）设避雷针　据调查，千年古树大部分曾遭过雷击，受伤的树木生长受到严重影响，树势衰退，如不及时采取补救措施甚至可能很快死亡。所以，高大的古树应加避雷针，如果遭受雷击应立即将伤口刮平，涂上保护剂。

（5）灌水、松土、施肥　每年日常养护工作中，春、夏干旱季节灌水防旱，秋、冬季浇水防冻，灌水后应及时松土，既可以起到土壤保墒，又可以增加土壤的通透性。古树施肥要慎重，一般在树冠投影部分开沟（深 0.3m，宽 0.7m，长 2m 或深 0.7m、宽 1m、长 2m），沟内施腐殖土加稀粪，或适量施化肥等增加土壤的肥力，但要严格控制肥料的用量，绝不能造成古树生长过旺，特别是原来树势衰弱的树木，如果在短时间内生长过盛会加重根系的负担，造成树冠与树干及根系的平衡失调，后果适得其反。

（6）树体喷水　由于城市地区空气浮尘污染大，古树的树体截留灰尘极多，尤其是常绿树种，如侧柏、圆柏、油松、白皮松等枝叶部位积尘量大。不仅影响观赏效果，而且由于减少了叶片对光照的吸收而影响光合作用。可采用高架喷灌方法进行清洗，此项措施费工费水，一般只在重点风景旅游区采用，结合灌水进行。

（7）整形修剪　古树名木的整形修剪必须慎重处置，一般情况下，以基本保持原有树形为原则，尽量减少修剪量，避免增加伤口数。对病虫枝、枯弱枝、交叉重叠枝进行修剪时，应注意修剪手法，以疏剪为主，以利通风透光，减少病虫害滋生。必须进行更新、复壮修剪时，可适当短截，促发新枝。古树的病虫枯死枝，在树液停止流动季节抓紧修剪清理、烧毁，减少病虫滋生条件，并美化树体。对具潜伏芽、易生不定芽且寿命长的树种（如槐、银杏等），当树冠外围枝条衰老枯梢时，可以用回缩修剪进行更新。有些树种根颈处具潜伏芽和易生不定芽，树木地上部死亡之后仍然能萌蘖生长者，可将树干锯除更新，但对有观赏价值的干枝，则应保留，并喷防水剂等进行保护；对无潜伏芽或寿命短的树种，主要通过深翻改土，切断1cm左右粗的根，促进根系更新，再加上肥水管理，即可复壮。

(8) 防治病虫害

古树衰老，容易招虫致病，加速死亡。应更加注意对病虫害的防治，要有专人看护监测，一旦发现，立即防治。危害古树的害虫主要有红蜘蛛、蚜虫，天牛、小蠹、介壳虫、树蜂、尺蠖、小叶蛾及锈病等，都可对松、柏、槐树等造成毁灭性的危害，应及时防治。

① 浇灌法 利用内吸剂通过根系吸收、经过输导组织至全树而达到杀虫、杀螨等作用的原理，解决古树病虫害防治经常遇到的分散、高大、立地条件复杂等情况而造成的喷药难，以及杀伤天敌、污染空气等问题。具体方法是，在树冠垂直投影边缘的根系分布区内挖3～5个深20cm、宽50cm、长60cm的弧形沟，然后将药剂浇入沟内，待药液渗完后封土。

② 埋施法 利用固体的内吸杀虫、杀螨剂埋施根部的方法，以达到杀虫、杀螨和长时间保持药效的目的。方法与浇灌法相同，将固体颗粒均匀撒在沟内，然后覆土浇足水。

③ 注射法 对于周围环境复杂、障碍物较多，而且吸收根区很难寻找的古树，利用其他方法很难解决防治问题时，可以通过向树体内注射内吸杀虫、杀螨药剂，经过树木的输导组织至树木全身，以达到杀虫、杀螨的目的。

(9) 设围栏、堆土、筑台 在人为活动频繁的立地环境中的古树经常外露根脚，为了防止游人踩踏，使古树根系生长正常和保护树体。在过往人多的地方，要设围栏进行保护。围栏一般要距树干3～4m，或在树冠的投影范围之外，在人流密度大的地方，树木根系延伸较长者，对围栏外的地面也要作透气性的铺装处理；在古树干基堆土或筑台可起保护、防涝及促发新根的作用，砌台比堆土收效更佳，应在台边留孔排水，切忌砌台造成根部积水。

(10) 立标示牌 安装标志，标明树种、树龄、等级、编号，明确养护管理负责单位，设立宣传牌，介绍古树名木的重大意义与现状，可起到宣传教育、发动群众保护古树名木的作用。

五、古树复壮

古树名木的共同特点是树龄较高、树势衰老，由于树体生理机能下降，根系吸收水分、养分的能力和新根再生的能力下降，树冠枝叶的生长速率也较缓慢，如遇外部环境的不适或剧烈变化，极易导致树体生长衰弱或死亡。所谓更新复壮，就是运用科学合理的养护管理技术，使原来衰弱的树体重新恢复正常生长，延缓其衰老进程。必须指出的是，古树名木更新复壮技术的运用是有前提的，它只对那些虽说年老体衰，但仍在其生命极限之内的树体有效。

我国在古树复壮方面的研究处于较高的水平，在20世纪80～90年代，北京、黄山等地对古树复壮的研究与实践就已取得较大的成果，抢救与复壮了不少古树。如北京市园林科学研究所针对北京市公园、皇家园林中古松柏、古槐等生长衰弱的根本原因是土壤密实、营养及通气性不良、主要病虫害严重等，采取了以下复壮措施，效果良好。

1. 改善地下环境

树木根系复壮是古树整体复壮的关键，改善地下环境就是为了创造根系生长的适宜条件，增加土壤营养促进根系的再生与复壮，提高其吸收，合成和输导功能，为地上部分的复壮生长打下良好的基础。

（1）土壤改良、埋条促根　在古树根系范围土壤板结、通透性差的地方，填埋适量的树枝、熟土等有机材料，以改善土壤的保水性、通气性以及肥力条件，同时也可起到截根再生复壮的作用。主要用放射沟埋条法和长沟埋条法。具体做法是：在树冠投影外侧挖放射状沟4～12条，每条沟长120cm左右，宽为40～70cm，深80cm。沟内先垫放10cm厚的松土，再把截成长40cm枝段的苹果、海棠、紫穗槐等树枝缚成捆，平铺一层，每捆直径20cm左右，上撒少量松土，每沟施麻酱渣1kg、尿素50g，为了补充磷肥可放少量动物骨头和贝壳等或拌入适量的饼肥、厩肥、磷肥、尿素及其他微量元素等，覆土10cm后放第二层树枝捆，最后覆土踏平。如果树体相距较远，可采用长沟埋条，沟宽70～80cm，深80cm，长200cm左右，然后分层埋树条施肥、覆盖踏平。也可考虑采用更新土壤的办法。如北京市故宫园林科，从1962年起开始用换土的方法抢救古树，使老树复壮，典型的范例有：皇极门内宁寿门外的一株古松，当时幼芽萎缩，叶片枯黄，好似被火烧焦一般。职工们在树冠投影范围内，对主根部位的土壤进行换土，挖土深0.5m（随时将暴露出来的根用浸湿的草袋盖上），以原来的旧土与沙土、腐叶土、锯末、粪肥、少量化肥混合均匀后填埋其中。换土半年之后，这株古松重新长出新梢，地下部分长出2～3cm的须根，复壮成功。1975年对另一株濒于死亡的古松，采取同样的换土处理，换土深度达1.5m，面积也超出了树冠投影部分；同时深挖达4m的排水沟，下层垫以大卵石，中层填以碎石和粗沙，上面以细沙和园土覆平，以排水顺畅。至今，故宫里凡是经过换土的古松，均已返老还童，郁郁葱葱，生机勃勃。

（2）设置复壮沟通气渗水系统　城市及公园中严重衰弱的古树，地下环境复杂，有些地方下部积水（有些是污水）严重，必须用挖复壮沟，铺通气管和砌渗水井的方法，增加土壤的通透性，将积水通过管道、渗井排出或用水泵抽出。

复壮沟的位段在古树树冠投影外侧，复壮沟的挖掘与处理：沟深80～100cm，宽80～100cm，长度和形状因地形而定。有时是直沟，有时是半圆形或U字形沟。沟内填物有复壮基质、各种树枝和增补的营养元素。回填处理时从地表往下纵向分层。表层为10cm原土，第二层为20cm的复壮基质，第三层为厚约10cm的树枝，第四层又是20cm的复壮基质，第五层是10cm厚的树枝，第六层为20cm厚的粗沙或陶粒。

安置的管道为金属、陶土或塑料制品。管径10cm，管长80～100cm，管壁打孔，外围包棕片等物，以防堵塞。每棵树约2～4根，垂直埋设，下端与复壮沟内的枝层相连，上部开口加上带孔的盖，既便于开启通气、施肥、灌水，又不会堵塞。

渗水井的构筑是在复壮沟的一端或中间，深为1.3～1.7m、直径1.2m的井，四周用砖垒砌而成，下部不用水泥勾缝。井口周围抹水泥，上面加铁盖。井比复壮沟深

30～50cm，可以向四周渗水，因而可保证古树根系分布层内无积水。雨季水大时，如不能尽快渗走，可用水泵抽出。井底有时还需向下埋设80～100cm的渗漏管。

经过这样处理的古树，地下沟、井、管相连，形成一个既能通气排水，又能供给营养的复壮系统，创造适于古树根系生长的优良土壤条件，有利于古树的复壮与生长。

2. 地面处理

为了解决古树表层土壤的通气问题，采用根基土壤铺梯形砖、带孔石板或种植地被的方法，目的是改变土壤表面受人为践踏的情况，使土壤能与外界保持正常的水汽交换。在树下、林地人流密集的地方加铺透气砖，铺砖时，下层用沙衬垫，砖与砖之间不勾缝，留足透气通道。北京采用石灰、沙子、锯末配制比例为1∶1∶0.5的材料为衬垫，在其他地方要注意土壤pH值的变化，尽量不用石灰为好。许多风景区采用带孔或有空花条纹的水泥砖或铺铁筛盖，如黄山玉屏楼景点，用此法处理“陪客松”的土壤表面，效果很好。在人流少的地方，种植豆科植物，如苜蓿、白三叶及垂盆草、半支莲等地被植物，除了改善土壤肥力外还可提高景观效益。

3. 化学药剂疏花疏果

当植物在缺乏营养或生长衰退时，常出现多花多果的现象，这是植物生长发育的自我调节，但大量结果会造成植物营养失调，古树发生这种现象时后果更为严重。采用药剂疏花疏果，则可降低古树的生殖生长，扩大营养生长量，恢复树势而达到复壮的效果。疏花疏果的关键是疏花，喷药时间以秋末、冬季或早春为好。国槐开花期喷施50mg/L萘乙酸加3000mg/L的西维因或200mg/L赤霉素效果较好，对于侧柏和龙柏（或桧柏）若在秋末喷施，侧柏以400mg/L萘乙酸为好，龙柏以800mg/L萘乙酸为好，但从经济角度出发，200mg/L萘乙酸对抑制二者第二年产生雌雄球花的效果也很有效；若在春季喷施，以800～1000mg/L萘乙酸、800mg/L 2,4-D、400～600mg/L吲哚丁酸为宜，对于油松，若春季喷施，可采用400～1000mg/L萘乙酸。

4. 喷施或灌施生物混合制剂

施用植物生长调节剂，给植物根部及叶面施用一定浓度的植物生长调节剂，如将植物生长调节物质6-苄基腺嘌呤（6-BA），激动素（KT），玉米素（ZT），赤霉素（GA_3）及生长调节荆（2,4-D）等应用于古树复壮，有延缓衰老的作用。据雷增普等报道（1995年），用生物混合剂（“5406”细胞分裂素、农抗120、农丰菌、生物固氮肥相混合），对古圆柏、古侧柏实施叶面喷施和灌根处理，明显促进了古柏枝、叶与根系的生长，增加了枝叶中叶绿素及磷的含量，也增强了耐旱力。植物生长调节剂最佳浓度尚待进一步研究。

5. 靠接小树复壮濒危古树

很多古树生长衰弱的主要原因是根系老化，更新能力差，通过嫁接方法增加古树的新根数量，以利古树复壮。苏州城建环保学院在1996年进行了树体管理对古树复壮效果的研究，靠接小树复壮遭受严重机械损伤的古树，具有激发生理活性、诱发新叶、帮助复壮等作用。小树靠接技术主要是要掌握好实施的时期、刀口切及形成层的位置，即除严冬、酷暑外，最好受创伤后及时进行。关键是先将小树移栽到受伤大树旁并加强管理，促其成活。在靠接小树的同时，结合深耕、松土则效果更好。实践证明，小树靠接治疗小面积树体创口，比通常桥接补伤效果更好，更稳妥，有助于早见成效。

第二节 园林树木的损伤及养护

一、园林树木的安全性问题

随着园林绿化的进一步深入，园林绿地中的成年的大树越来越多，既是改善城市生态环境的主体，为居民提供户外游憩的乐趣，又成为城市所拥有的物质财产。在生长中有些树木由于受到自然或人为活动的影响而处于衰老退化的状态，甚至出现严重的损伤，不能发挥正常的绿化、美化功能，并直接构成对居民或财产的损害，在园林树木的养护与管理工作中，提前对受损树木进行维护是非常重要的管理工作。

1. 树木的不安全因素

园林绿地中的一些高大树木，由于种种原因而出现生长缓慢、树势衰弱，根系受损、树体倾斜，出现断枝、枯枝等情况，一旦遇到大风、暴雨等恶劣天气就容易出现倒伏，树枝折断、垂落而危及建筑设施，对人群安全构成威胁。几乎所有的树木多少都具有潜在的不安全因素，无论是健康生长的树木还是不健康的树木，都会发生意外情况而成为安全隐患。在城市绿化养护中，对树木经营管理中的一个重要方面，就是避免树木构成对设施、财产的损伤及对人们的伤害。因此，已经受损、有问题的树木要关注、要调整，也要密切关注被暂时看做是健康的树木，通过修剪管理防止出现危险，并建立确保树木安全的管理体系。

一般把具有危险的树木定义为树体结构发生异常且有可能危及目标的树木，其不安全因素主要有以下两方面构成：

(1) 树体结构异常　由于病虫害、机械损伤、大根损伤、树体中心偏斜及立地环境限制及其他因素造成的树木各部构造的异常。树木结构方面的因素主要包括以下几个方面：

① 地上部分　树干的尖削度不合理或树干过度弯曲、倾斜；由于病虫害，引起的枝干缺损、腐朽、溃烂；各种机械损伤造成树干劈裂、折断；树冠比例过大、严重偏冠，具有多个直径几乎相同的主干；木质部发生腐朽、空洞，树体倾斜等。大枝（一级或二级分支）上的枝叶分布不均匀，大枝呈水平延伸、过长，前端枝叶过多、下垂；一些侧枝基部与树干或主枝连接处由于病虫造成腐朽、损伤，连接脆弱；树枝木质部由于枝量重心偏斜而纹理扭曲，由于病虫造成腐朽等。

② 地下部分　根系浅、一些大根缺损、裸出地表、腐朽，侧根环绕主根影响及抑制其他根系的生长。

这些树木结构的异常都可能对城市形成潜在的不安全因素，可以通过对树种生长习性的了解、病虫害的掌握，进行预测和预防，如有些树木生长速度过快，树体高大、树冠幅度大，造成材质强度低、脆弱，抗性差，在出现异常气候时发生树倒或折断现象。

另外一种不安全因素是在设计中与养护中造成的，如树木生长的位置以及树冠结构等方面对交通的影响。例如，种植于十字路口的行道树，如果树木体积过大，树冠可能会遮挡司机的视线；行道树的枝下高过低既可能造成对行人的意外伤害，也会刮蹭车辆。种植于电线下的树木生长过高大，与高压线接触会危及供电，这类问题也应列为树木造成不安全因素。

(2) 危及的目标　城市树木危及的目标包括地面上的人群、各类建筑、设施、车辆等，对经常活动的地方，如居住区、道路、公园、街头绿地、广场以及重要的建筑附近的树木，是园林绿化部门主要的监管对象，同时也应注意树木根系对地下部分城市基础设施如地下建筑、管线等产生的影响。因发生树倒或折断现象而造成直接危害。

2. 对具危险性树木的分析判断

对树木具有潜在危险性的评测，一般应包括3个方面。

(1) 对有不安全因素的树木进行检查与评测　利用对树体外表的观察或用仪器测量树木的各种表现，并与正常生长的树木进行比较来做出诊断，通过对树体各个器官在生长中的表现来判断树木是否具有潜在危险性。观测的内容主要涉及有：树木的生长表现、各部形状是否正常、树体平衡性及机械结构是否合理等。利用树体展现出的树木特殊的身体语言来了解其内部的结构变化，例如：

① 树干、树枝的机械强度与树木的结构有关，每种树木在长期的进化过程中形成独特的生长特性，以维持其树体机械结构的合理性，其中木质部纤维素结构、组合都直接关系到树木的机械强度。因此正常情况下树木均能承受其树冠本身的重量造成的应力以及外界风雪的压力。

② 树木是生命体，利用生长调整树体平衡各部分生长，并起到支撑各部分的作用，树木利用其生长，使各部分、各方面所受的压力、应力均衡地分布在其表面。树木在生长中适应这类经常性的应力分布规律，一旦在某一位置发生应力的变化，该位置就成为脆弱点，具有潜在危险性。

③ 整个树干对树体起着支撑作用，其中树木的边材起着主要的支撑作用，可以根据树干的边材数量的多少推断树干强度。

④ 在正常的气候条件下，树木一般情况下不会在某个部位因负载过大或失去负荷的情况而出现危险。但当出现极端异常天气（雷电、雪压、雨凇、冰挂、冰雹、台风、龙卷风），导致树木的某个部位负荷加重，破坏原先的平衡并使该处成为脆弱点。绿化地的片林种植较密，当周围的树木被伐去，留下的树木生长节律由于光、热、水、养发生变化，生长平衡发生改变，重新调整结构，当新的平衡出现之前，是树木处于脆弱点时候。

⑤ 树木在某些部位因外界压力出现生长变化，如枝条受到机械性的损伤时，形成层会进行愈伤组织生长加快修复损伤，因此当某些部位突然生长旺盛时可能就是机械强度下降的部位，这种因损伤而产生的生长增量现象称为因修复生长产生的症状。

树木内部出现的异常，从树干外表的变化可以预示其内部的变化，并可以此评估树木的安全问题。当树干部位内部发生腐烂或有空洞时，外部会出现隆突、肿胀；树干木质部内部有裂缝，外部皮层出现条肋状的突起；树体主枝由于侧枝偏向一侧时，树皮表面局部的纵向裂缝表示该处木质部受到扭曲而开裂。

（2）可能造成树木潜在危险的影响因素　树木在生长中可能存在的潜在危险取决于树种、生长的位置、树龄、立地条件、危及的目标等，充分地了解这些因子特点，注意解决问题，可及时避免不必要的损失。

① 树种：不同的树种在材质构成、机械强度有极大的差异，而由于树枝较细，表现的弱点要远大于树干和根系。如一些树种的枝条表现出髓心大、木质部质地疏松、比例大、脆弱，树种结构本身的特点是成为潜在危险的主要因素，而外界的恶劣条件也许只是促成危险的发生，如泡桐、复叶槭、薄壳山核桃等。很多阔叶树种具有较开展的树冠，由于外向延伸的枝条重心向外，易出现负重过度而下垂、损伤或断裂；由于雪压、雨淞、冰挂造成伤害；树干心腐向主枝蔓延也会造成潜在危险。一些速生树种的木质部强度较低，即使在幼龄阶段也容易损伤或断裂，这是必须注意的。针叶树种其根系及根颈部位易成为衰弱点，树干的心腐速度慢且不易向主枝延伸，另外树冠相对较小，侧枝短，因冰雪造成损害的机会也少。

② 树体的大小和树龄：一般情况下大树、老树容易发生问题，老树对于生长环境改变的适应性较差，因此发生腐朽、受病菌感染的机会就多。小树、幼树树体小，枝条软，可能造成树木潜在危险小。

③ 树木培育与养护中的不当处理：在苗木栽培与养护中，有些环节处理不当，会导致树木受损，也是造成潜在危险的重要因素。

a. 苗圃阶段：苗圃中的小树出现枝干弯曲、树干折断后通过整形修剪由萌生枝代替原来的主枝，苗木成年后树干构成隐患的可能性高于其他树木。

b. 树木栽种方法不当：由于种植方法不当造成根系盘根、缠绕甚至出现折根的现象，这种现象在生长中不易发现，遇大风易被风刮倒。

c. 大树截干：大树截去树冠后，截口下萌发若干侧枝形成新的树冠，这些侧枝与主干的连接牢固性差，遇大风或外力容易发生劈裂，截口木质部易出心腐。

d. 修剪不当：修剪技术不当会造成潜在危险，伤口大愈合困难，过度修剪造成的伤口过多，会增加感染病菌的机会，导致腐朽。

e. 灌溉不当：耐干旱的树木过多的灌溉，易造成根系感病及根系腐烂。

f. 病虫害：病虫害发生导致树木生长衰退、引发腐朽真菌的侵入造成干腐等。

④ 立地条件：在绿化地的立地条件有多种因素，有的会立刻对树木造成伤害，有的会缓缓地对树木逐渐构成伤害。

a. 气候因素：主要是极端异常的天气，如暴雨、雷电、雪压、雨淞、冰挂、冰雹、台风、龙卷风的出现，通常是造成树木威胁城市居民生命财产安全的主要因素之一。2002 年上海因连续降雨致使市区树木倒伏。2008 年初冰雪积压造成南方很多树木受到伤害，雪压、雨淞、冰挂可以使树枝的负重超过正常条件的 30 倍，是冬季树枝折断的主要原因。

b. 土壤理化性质以及灌溉条件：土层浅，土壤干燥、黏重、排水不良等立地条件会造成树木根系较浅，遇大风这些树木易风倒。当土壤水分饱和时也会造成风倒在建筑区，由于建筑工程活动，如土壤被踩踏、压实，表面铺装可能降低土壤的通透性，影响土壤气体交换与有机物分解，抑制根系的生长；建筑垃圾侵入、栽植坑过小，树木根系的生长受抑制，导致根系生长衰退而逐渐死亡、腐朽，从而发生根系与树冠生长不平衡。

c. 立地条件的改变：随着城市建设进行，树木生长周围环境发生变化，如在树北面建楼，给树营建了一个背风向阳的环境，在树南面建楼，给树营建了一个光照不足、有效积温低的环境，建筑的建立，特别使根系部位土壤条件的改变，如在根部取土、铺装地面而切断根系等，都有可能构成对树木生长的影响，地上部分与地下部分的平衡被打破，尤其是高大楼盘的建立，地下基础深，切断了土壤水分的来源。

(3) 造成树木弱势的因素

① 树冠的结构：乔木树种的树冠构成有两种类型，一类具有明显的中心干，顶端生长优势显著；另一类则相反，无明显的主干，多主枝构成树冠。

a. 有中心干型：如果中心干发生如虫蛀、损伤、腐朽，则其上部的树冠就会受影响；如果中心干折断或严重损伤，有可能形成一个或几个新的主干，而与其基部的分枝处的连接强度弱；双中心干在生长过程中相连处夹嵌树皮，而其木质部的年轮组织只有一部分相连。随着直径生长，这两个中心干交叉的外侧树皮出现褶皱，交叉的连接处遇风或重心不稳产生劈裂，由于树体大、危险性极大，必须采取修补措施来加固。

b. 多主枝型：这类树木通常由多个直径和长度相近的侧枝构成树冠，它们的排列是否合理是树冠结构稳定性的重要因素。以下几种情况构成潜在危险的可能性要大：一株树几个主枝的直径与主干直径相似；几个直径相近的主枝几乎着生在树干的同一位置；古树、老树树冠继续有较旺盛的生长。其中一、二的情况是在育苗过程中为了促使萌发分枝、早形成树冠、提前出圃，采取截干、截枝的办法，使结分枝位置低，侧枝多、密，直径大致相同、集中在同一位置，而这些问题在栽植后不可能再得以改正，因此要格外注意在苗圃期间的管理。

在养护中形成这类问题的原因有：采用截干大苗以及大树栽植时截干。对 20～30cm 的树木截干移植是近年来城市绿化中的流行做法，对树木结构不利影响有以下 3 个方面：截口以下一般会有较多个不定芽、隐芽同时萌发，为了迅速形成树冠在栽植后 1～2 年内多不进行修剪，侧枝轮状排列，萌发枝的距离过近，枝间容易发生夹嵌树皮的现象；树干一些部位积累充足养分，萌发枝生长旺盛，形成木质部的强度要低于正常状态的枝；萌发枝生长迅速，而树干的直径增长明显滞后，结果在分枝处的树干部位形成明显的肿胀，易造成树皮开裂并向下延伸，严重时整个树干的树皮条裂。

② 分枝角度与分枝强度：主枝与中心干分枝角度小，在基部有嵌夹树皮的情况。侧枝在分枝部位因外力而劈裂未折断，在裂口处形成新愈合组织，但裂口处容易发生病菌感染腐烂。如果发现有肿突、有锯齿状的裂口出现，应特别注意检查。并针对上

述问题的侧枝剪短减轻重量，否则基部劈裂，侧枝重量大，撕裂其下部的树皮。分枝角度小的主枝生长旺盛，而且与中心干的关系要比那些水平的侧枝强，在主枝与中心干的连接点周围及下部被一系列交叉重叠的次生木质层所包围，在外部表现为褶皱的重叠，并随着侧枝年龄的增长被深深地埋入树干，这些木质层的形成可能是因为主枝与中心干的形成层生长速度不一致，主枝的木质部形成先于中心干。只有当树干的直径大于侧枝的直径时（连接处），树干的木质部才能围绕侧枝生长形成高强度的连接。

③ 树木偏冠：树冠一侧的枝叶多于其他方向，树冠不平衡，或因受风的影响树干成扭曲状。

④ 树干木质部裂纹：如果木质部出现裂纹，在裂纹两侧尖端外侧形成肋状隆起的脊，随树干裂口在树干断面及纵向延伸，肋脊在树干表面不断外突，并纵向延长形成类似板状根的树干外突；树干内断面裂纹如果被今后生长的年轮包围、封闭，则树干外突程度小而近圆形。如果树干内发生裂纹未能及时修复形成条肋，在树干外部出现纵向的条状裂口，树干可能纵向劈成两半，构成危险。

⑤ 夏季的树枝折断和垂落：一般情况，垂落的树枝大多位于树冠边缘，呈水平状态，且远离分枝的基部。断枝的木质部一般完好，但可能在髓心部位见到色斑或腐朽，这些树枝可能在以前受到过外力的损伤但未表现症状。大树在夏季无风天气发生树枝断落的现象，有可能严重危及行人的安全，因此应得到足够的重视。为防范树枝垂落，可剪去或剪短水平的细长枝条；通过修剪促使形成向上生长，尖削度大的树枝，减少水平向枝；通过适当的养护措施来保证树木健康生长，但不过于旺盛；及时通过修剪来除去病弱、腐朽、干枯的树枝，使树冠处于合理结构状态。

⑥ 树干倾斜：树干严重向一侧倾斜，危险性大，有几点应注意：树木一直倾斜，在生长过程中形成了适应这种状态的木质部结构及根系，倒伏的危险性要小于那些先直立的、由于外因造成树体倾斜的树木；倾斜的树木，倾斜方向另一侧的长根像缆绳一样拉住倾斜的树体，一旦这些长根损伤，或外力来自树干倾斜方向，则树木极易倾倒。应采取必要的修剪措施把树冠中心内移或树体伐除。

⑦ 树木根系生长问题：树木根系是支撑树体的主要器官，当生长受到影响，既造成潜在危险：大树根系暴露造成不安全性，在大树树干基部附近因挖掘、取土，大的侧根暴露或被切断，使大树在城市中成为不安全的因素，危险程度还取决树高，树冠浓密程度，土壤厚度、质地，风向、风速等；大树根系固着力差造成不安全性，土层很浅、土壤含水高，根系的固着力低，不能抗风等异常天气，不能承受树冠重负。特别是在严重水土流失的环境中，常见主侧根裸露与地表，必须通过修剪来控制树木的高度和冠幅；大树根系缠绕造成不安全性。植树时由于坑小，或周围的土壤黏重，侧根无法伸展，围绕主根生长，这最具危害性，如果能在栽植后2～3年及时检查就可避免。应该注意的是，这类情况经常在苗圃中已经形成，因此应严格检查出圃的苗木；大树根系分布不均匀造成不安全性，树木根系的分布一般与树冠范围相应，长期受一个方向强风作用，迎风一侧的根系生长长些，密度也高，在这一侧的根系受到损伤，可能造成较大的危害；大树根及根颈的感病造成不安全性。根系及根颈的感病与腐朽导致树木发生严重的健康问题通常是在树木出现症状之前，根系问题已存在。一

些树木当主根系因病害受损时长出不定根，这些新的根系能很快生长以支持树木的水分和营养，而原来的主根可能不断地损失最终完全丧失支持树木的能力，这类情况通常发生在树干的基部被填埋、雨水过多、灌溉过度、根部覆盖物过厚，或者地被植物覆盖过多。在作树体检查时也要检查根系和根颈部位。

⑧ 树干受冻伤或遭雷击损伤：严重的雷击可把树干劈裂、粉碎造成树木死亡，或在树干上留下伤痕，低温冰冻也常构成对树干的损伤，特别是树皮已有裂纹的情况下，如遇积雪融化或降雨后的低温天气，都有可能使树干冻裂，这两种伤害增加了病菌感染的机会。

⑨ 已死的树木或树枝：园林树木死亡的现象十分常见，大部分情况会留在原地一段时间。留多长时间而不会构成威胁，取决于树种、死亡原因、时间、气候和土壤等因素。针叶树死亡根系没有腐朽，在3年时间内其结构可保持完好，但阔叶树死亡后其树枝折断垂落的时间要早于针叶树，易产生危险，直径粗于5cm的树枝一旦垂落易伤人。死亡的树枝一旦发现，且是人群经常活动的场所应及时修剪除去。

(4) 对树木可能危及的目标评估　树木可能危及的目标主要为人和物。在人群活动频繁的地方如居民区、街道、公园、风景名胜区，树木要认真检查与评测的，判断潜伏危险的影响，作为依据进行调解，另外建筑、地表铺装、地下部分的基础设施的地段，也要对树木检查与评测的，判断潜伏危险对建筑、地表铺装、地下部分的基础设施的影响大小。

3. **检查周期**

城市树木的安全性检查在绿化单位里应成为制度，对树木进行定期检查并结合修剪及时处理，一般间隔1～2年，也可视具体情况，常绿树种在春季检查，落叶树种则在落叶以后。有些地方1年2次，分别在夏季和冬季进行，夏季主要针对生长枝生长出现的潜在危险进行检查，冬季针对树体进行检测。应该注意的是，检查周期的时间、间隔确定还需根据树种及其生长的位置来决定，根据树木的重要性以及可能危及目标的重要程度来决定。

二、树木腐朽及其影响

1. **树木的腐朽**

(1) 树木腐朽的概念　树木腐朽现象受到城市树木养护管理的注意，因为树体内腐朽直接降低树干、树枝的机械强度。当树木出现腐朽情况时，即具有了不安全性，构成对人群与财产安全的潜在威胁。但对安全的威胁，取决树木腐朽的发生原因和过程、在哪些部位的腐朽及腐朽到什么程度，从而，对树木腐朽做出科学的诊断和合理的评价，控制和消除导致腐朽的因素。

树木的腐朽过程是指树木的木质部分解和转化的过程，即在真菌或细菌作用下，木质部这个复杂的有机物分解为简单形式。虽说腐朽一般发生在树木木质部，但随着木质部的腐朽范围扩大、致死形成层细胞，树木最终死亡。

造成树木腐朽有许多因素，但树体受伤是腐朽的前提，没有伤口微生物无法侵入感染。无论树体因为什么原因出现伤口，微生物都可以通过树木伤口侵入感染后，并会不断侵蚀树体形成柱状的变色或腐朽区。对于树干腐朽影响大的有以下因素：

① 树种不同与树干腐朽有很大关系，不同树种树干腐朽的速度不同，同树种的不同个体也存在着差异性，速生树种的树干腐朽速度较快，如加杨、馒头柳、国槐等。

② 不同的真菌对木材的入侵感染能力及造成腐朽的速度不同。

③ 水分与空气影响树干的腐朽的速度　水分通过树干的伤口进入木质部，真菌的孢子和细菌也能随水分一起侵入，能够满足真菌的水分需要。同时，树干中空气的量对于侵入的真菌的生长起着重要作用。

④ 昆虫、鸟类、啮齿动物的活动与树木修剪都会造成树体的伤口，使树干木质部与空气相接触，使真菌得以生长，致使木质部腐朽发生。

⑤ 树木的年龄大小、生长情况、伤口的位置，以及生长环境都与树干腐朽与有很大的关系。

(2) 树木木质部腐朽的阶段　一般把树木的腐朽过程划分为以下几个阶段：

① 初期阶段：真菌开始侵入木质部，进行生长，并开始对木质部进行分解，腐朽初期木材变色或不变色，但木质部组织的细胞壁变薄，机械强度开始降低。

② 早期阶段：真菌已对木质部细胞内进行物质分解，肉眼已能观察到腐朽的表象，但一般不十分明显，木材颜色、质地、脆性均稍有变化。

③ 中期阶段：木质部腐朽的表面现象已十分明显，但木材的宏观构造仍然保持完整的状态，仍有一定的机械强度。

④ 后期阶段：真菌已对木质部框架进行分解，造成木材的整个结构改变、被破坏，表现木质部为粉末状或纤维状。

树木某部位被诊断腐朽后，要掌握其腐朽的范围及其力学性质，找出其可能危及安全的临界点，做好有效的管理，可以用仪器来测量和判断腐朽的程度与机械强度，如果强度已不足支持树体及枝干的重量，并难以抗拒极端气候，应及早伐除、修剪或采取相应的支撑加固措施。

2. 树木腐朽的类型

(1) 不同真菌对木材腐朽方式分类　真菌可以降解树木木质部所有的细胞壁组成成分，但不同真菌种类具有不同的酶及生化物质，对木质部腐朽方式不同。

① 褐腐：由担子菌纲的真菌侵入木质部，降解其纤维素和半纤维素，使纤维的长度变短失去其抗拉强度，褐腐过程不降解木质素。褐腐导致腐朽的木材颜色从浅褐色到深褐色，质地脆，干燥时容易裂成小块，易用手研成粉末。褐腐菌可导致多种树木腐朽，但对早材的影响比晚材的影响快，因为早材的纤维管胞木质化程度较低，而晚材的纤维管胞木质化程度较高、密度大，影响真菌的菌丝侵蚀。

② 白腐：由担子菌纲和一些子囊菌的真菌导致的腐朽，这类真菌能降解纤维素、半纤维素和木素，降解的速度与真菌种类及木材内部的条件有密切关系。与褐腐的情况相似，白腐真菌在侵蚀年轮纤维的部位方面有区别，可分为以下两大类：

a. 有选择的降解：白腐真菌在木材腐朽过程中对木质素的降解先于纤维素或半

纤维素，在腐朽的早期阶段纤维素基本没有发生降解，因为残留的纤维素是线状的，常常集中在某些部位，在木质部形成分散的浅色囊状，如果是感染材色较深的木材则更加明显。在纤维素未降解时仍维持着木质部的结构，仍有一定的抗拉强度、抗压性和刚性，这一点正好与褐腐相反。而到腐朽的后期，随着纤维素的降解，木材最终失去抗拉强度的同时也失去抗压和刚性，并逐渐扩大使树干出现空洞。

b. 刺激性的腐朽：主要发生在阔叶树种中，极少见于针叶树，真菌分泌的酶可以分解木质化细胞壁的所有组成，但纤维素降解时半纤维素和木质素几乎以相同的速度降解。由于降解了纤维素，失去抗拉强度，腐朽部位变得十分脆。

(2) 腐朽部位的不同　树木的木质部由于形成的时间的不同及积蓄的物质不同，形成心材与边材两部位，根据树木发生腐朽的部位来划分心腐与边材腐朽。

① 心腐：真菌经活树的干枝的残桩、根系侵入而引起树干腐朽，经树干基部的伤口侵入则造成根颈的腐朽。这类真菌种类能在少氧条件下生长，它们侵入心材后在垂直方向上蔓延速度快，向周边扩展速度慢。心腐通常发生在树干及根颈部位。

② 边材腐朽：有些真菌主要在已死亡的树干、受伤而暴露的边材或有氧条件的部位，这类真菌的生长需要大量的氧，先发生在生长极度衰弱趋于死亡的树枝上，然后向其他大枝甚至树干蔓延，阔叶树极容易受感染。

(3) 木质部腐朽变色　树木的木质部受到真菌的侵蚀时，细胞内含物发生改变以适应代谢的变化来保护木材，这导致木材变色。初期的木材变色是一个化学变化，木材变色本身并不影响到其材性，但已预示木材可能开始腐朽，腐朽变色发生在边材、心材上，与边材、心材原有色不同，能有所区别。

(4) 树洞　在真菌感染树木腐朽的后期，活体树木的木质部腐朽部分完全被真菌分解成粉末并掉落，而形成空洞。树干或树枝的空洞多有一侧向外暴露，也有因树枝被隐蔽起来，当心材的大部分腐朽后掉落可形成纵向很深的树洞。而在向外开口的树洞边缘有形成层组织进行细胞分裂愈合形成创伤材，尤其沿树干方向的边缘；有创伤材在生长中外层表现光滑、较薄覆盖伤口或填充表面，但向内反卷形成很厚的边，一些树木创伤材在空洞较大时，对树干的支撑提供了必要的强度。

三、自然灾害

1. 冻害

冻害主要是指树木因受低温的伤害而使细胞和组织受伤，甚至死亡的现象。当出现难以抗拒的低温时，树体细胞或组织结冰时，细胞壁外面的纯水膜首先结冰，随着温度下降，冰晶进一步扩大，这一方面会使细胞失水，引起细胞原生质浓缩，造成胶体物质的沉淀；另一方面使压力增加，促使细胞膜变性和细胞壁破裂，严重时引起树木死亡。

(1) 造成树体冻害的因素　树木冻害发生的因素很多，内因有树种不同、品种不同、树龄大小、生长势的差异、新梢的成熟质量及休眠状态有密切关系，从外因看与气象、地势、坡向不同、水体、土壤性质及栽培管理等因素分不开的。因此，发生冻害时，多方分析，寻找主要矛盾，提出解决办法。

① 不同的树种或不同的品种，其抗冻能力不同　如樟子松比油松抗冻，油松比马尾松抗冻。同是梨属的秋子梨比白梨和沙梨抗冻。又如北方的杏梅比长江流域的梅品种抗寒，长江流域的梅品种比广东的黄梅抗寒。

② 枝条成熟状况与抗冻能力　枝条充分成熟的标志主要是：木质化的程度高，含水量减少，细胞液浓度增加，积累淀粉多。在降温来临之前，不能停止生长而进行抗寒锻炼的树木，都容易遭受冻害。

③ 枝条内糖类变化动态与抗寒越冬性　梅花与同属的北方抗寒树种杏及山桃一样，糖类变化动态与其抗寒越冬性密切相关，到生长期结束前，淀粉的积蓄达到最高，在枝条的环髓层及髓射线细胞内充满着淀粉粒。到11月上旬末，原产长江流域的梅品种与杏、山桃一样淀粉粒开始明显溶蚀分解，至1月份杏及山桃枝条中的淀粉粒完全分解，而梅花枝内始终残存淀粉的痕迹，没有彻底分解。而广州黄梅在入冬后，始终未观察到淀粉分解的现象。在越冬过程中时枝条中淀粉转化的速度和程度与树种的抗寒越冬能力密切相关。从淀粉的转化表明，杏、山桃，具有较高的抗寒生理功能基础；长江流域梅品种的抗寒力虽不及杏、山桃，但具有一定的抗寒生理功能基础；而广州黄梅则完全不具备这种内在条件。

④ 枝条休眠状况与抗寒性　休眠期中，一般处在休眠状态的植株抗寒力强，植株休眠愈深，抗寒力愈强。植物抗寒性在秋天和初冬期间随气候逐渐变化而逐渐发展起来的，这个过程称为“抗寒锻炼”，一般的植物通过抗寒锻炼提高抗寒性。到了春季，随着气温的升高抗冻能力逐渐丧失，这一丧失过程称为“锻炼解除”。树木在春季解除休眠的早晚与冻害发生有密切关系。解除休眠早易受到早春低温威胁较大；而解除休眠较晚的，可以避开早春低温的威胁。因此，冻害的发生一般常常不在绝对温度最低的休眠期，而常在秋末或春初时发生。所以说，越冬性不仅表现在对于低温的抵抗能力，而且表现在休眠期和解除休眠后对于综合环境条件的适应能力。

⑤ 低温来临状况与抗寒性　当低温到来的时期早且突然，植物容易发生冻害。当日极端最低温度越低时，植物受冻害就越大；低温持续的时间越长，植物受害越大；降温速度越快，植物受害越重。此外，树木受低温影响后，如果温度急剧回升，则比缓慢回升受害严重。

⑥ 地势、坡向、水体、栽培管理水平等因素与抗寒性

a. 地势、坡向不同，小气候差异大。如在江苏、浙江一带种在山南面的柑橘比种在同样条件下北面的柑橘受害重，因为山南面日夜温度变化较大，山北面日夜温差小。江苏太湖东山的柑橘，每年山南面的橘子多少要发生冻害，而山北面的橘子则不发生冻害。在同等条件下，土层浅的橘园比土层厚的橘园受害严重，因为土层厚，扎根深，根系发达，吸收的养分和水分多，植株健壮。

b. 水体对冻害的发生也有一定的影响。在同一个地区位于水源较近的橘园比离水远的橘园受害轻，因为水的热容量大，白天水体吸收大量热，到晚上周围空气温度比水温低时，水体又向外放出热量，因而使周围空气温度升高。前面介绍的江苏东山山北面的柑橘一般不发生冻害的另一个原因是山北面面临太湖。但是在1976年冬天，东山北面的柑橘比山南面的柑橘受害还重，这是因为山北面的太湖已结冰之故。

c. 栽培管理水平与冻害的发生有密切的关系　同一品种的实生苗比嫁接苗耐寒，因为实生苗根系发达，根深抗寒力强，同时实生苗可塑性强，适应性就强；砧木的耐寒性差异很大，桃树在北方以山桃为砧木，在南方以毛桃为砧木，因为山桃比毛桃抗寒；同一个品种结果多的比结果少的容易发生冻害，因为结果多消耗大量的养分，所以容易受冻；施肥不足的比合理施肥的抗寒力差，因为施肥不足，植株长得不充实，营养积累少，抗寒力就低；树木遭受病、虫危害时，容易发生冻害，而且病虫危害越严重，冻害也就越严重。

(2) 冻害的表现

① 芽：花芽是抗寒力较弱的器官。花芽冻害多发生在春季回暖时期，腋花芽较顶花芽的抗寒力强。花芽受冻后，内部变褐色，初期从表面上只看到芽鳞松散，不易鉴别，到后期则芽不萌发，干缩枯死。

② 枝条：枝条的冻害与其成熟度有关。成熟的枝条，在休眠期以形成层最抗寒，皮层次之，而木质部、髓部最不抗寒。所以随着受冻程度的加重，髓部、木质部先后变色，严重冻害时韧皮部才受伤，如果形成层变色则枝条便失去了恢复能力。但在生长期中则以形成层抗寒力最差。

幼树在秋季因雨水过多贪青徒长，枝条生长不充实，易加重冻害，特别是成熟较差的先端对严寒敏感，常首先发生冻害，轻者髓部变色，较重时枝条脱水干缩，严重时枝条可能冻死。多年生枝条发生冻害，常表现树皮局部冻伤，受冻部分最初稍变色下陷，不易发现，如果用刀挑开，可发现皮部已变褐，以后逐渐干枯死亡，皮部裂开和脱落，但是如果形成层未受冻，则可逐渐恢复。

③ 枝杈和基角：枝杈或主枝基角部分进入休眠较晚，位置比较隐蔽，输导组织发育不好，通过抗寒锻炼较迟，因此遇到低温或昼夜温差变化较大时，易引起冻害。

枝杈冻害有各种表现：有的受冻后皮层和形成层变褐色，而后干枝凹陷，有的树皮成块状冻坏，有的顺主干垂直冻裂形成劈枝。主枝与树干的基角愈小，枝杈基角冻害也愈严重。这些表现依冻害的程度和树种、品种而有不同。

④ 主干：主干受冻后有的形成纵裂，一般称为“冻裂”现象，树皮成块状脱离木质部，或沿裂缝向外卷折。一般生长过旺的幼树主干易受冻害，这些伤口极易招致腐烂病。形成冻裂的原因是由于气温突然急剧降到零下，树皮迅速冷却收缩，致使主干组织内外张力不均，因而自外向内开裂，或树皮脱离木质部。树干“冻裂”常发生在夜间，随着气温的变暖，冻裂处又可逐渐愈合。

⑤ 根颈和根系：在一年中根颈停止生长最迟，进入休眠期最晚，而开始活动和解除休眠又较早，因此在温度骤然下降的情况下，根颈未能很好地通过抗寒锻炼，同时近地表处温度变化又剧烈，因而容易引起根颈的冻害。根颈受冻后，树皮先变色，以后干枯，可发生在局部，也可能成环状，根颈冻害对植株危害很大。

根系无休眠期，所以根系较其地上部分耐寒力差。但根系在越冬时活动力明显减弱，故耐寒力较生长期略强。根系受冻后变褐，皮部易与木质部分离。一般粗根较细根耐寒力强，近地面的粗根由于地温低，较下层根系易受冻，新栽的树或幼树因根系小又浅，易受冻害，而大树则相当抗寒。

2. 干梢

干梢是指枝条因越冬性不强受冻及发生枝条脱水、皱缩、干枯的现象称为干梢，有些地方称为灼条、烧条、抽条等。严重时整枝枯死，轻者虽能发枝，但易造成树形紊乱，影响树冠的正常扩展，幼树的枝条与成熟树的徒长枝经常出现这种现象。

干梢与枝条的成熟度有关，枝条生长充实的抗性强，反之则易干梢。造成干梢的原因有多种说法，但各地试验证明，幼树越冬后干梢是“冻”、“旱”造成的。即冬季气温低，尤以土温降低持续时间长，直到早春，因土温低致使根系吸水困难，而地上部则因温度较高且干燥多风，蒸腾作用加大，水分供应失调，因而枝条逐渐失水，表皮皱缩，严重时最后干枯。所以，抽条实际上是冬季的生理干旱，是冻害的结果。

3. 霜害

生长季里由于急剧降温，水汽凝结成霜使幼嫩部分受冻称为霜害。由于冬春季寒潮的反复侵袭，我国除台湾与海南岛的部分地区外，均会出现零度以下的低温。在早秋及晚春寒潮入侵时，常使气温骤然下降，形成霜害。一般来说，纬度越高，无霜期越短。在同一纬度上，我国西部大陆性气候明显，无霜期较东部短。小地形与无霜期有密切关系，一般坡地较洼地、南坡较北坡、近大水面的较无大水面的地区无霜期长，受霜冻威胁较轻。秋天出现的称为早霜，早春出现的称为晚霜。

霜冻严重影响观赏效果和果品产量，如1955年1月，由于强大的寒流侵袭，广东、福建南部，平均气温比正常年份低3～4℃，绝对低温达03～4℃，连续几天重霜，使香蕉、龙眼、荔枝等多种树木均遭到严重损失，重者全株死亡，轻者则树势减弱，数年后才逐渐恢复。

在北方，晚霜较早霜具有更大的危害性。例如，从萌芽至开花期，抗寒力越来越弱，甚至极短暂的零度以下温度也会给幼嫩组织带来致命的伤害。在此期间，霜冻来临越晚，则受害越重，春季萌芽越早，霜冻威胁也越大。北方的杏开花早，最易遭受霜害。

早春萌芽时受霜冻后，嫩芽和嫩枝变褐色、鳞片松散而枯死在枝上。花期受冻，由于雌蕊最不耐寒，轻者将雌蕊和花托冻死，但花朵可照常开放。稍重的霜害可将雄蕊冻死，严重霜冻时，花瓣受冻变枯、脱落。幼果受冻，轻者幼胚变褐，果实仍保持绿色，以后逐渐脱落；重者则全果变褐色很快脱落。

4. 风害

在多风地区，树木常发生风害，出现偏冠和偏心现象。偏冠会给树木整形修剪带来困难，影响树木功能作用的发挥；偏心的树易遭受冻害和日灼，影响树木正常发育。北方冬季和早春的大风，易使树木枝梢干枯死亡。春季的旱风，常将新梢嫩叶吹焦，缩短花期，不利授粉受精。夏秋季沿海地区的树木又常遭台风危害，常使枝叶折损，大枝折断，全树吹倒，尤以阵发性大风对高大的树木破坏性为大。

(1) 树种的生物学特性与风害的关系

① 树种特性　浅根、高干、冠大、叶密的树种如刺槐、加杨等抗风力弱；相反，根深、矮干、枝叶稀疏坚韧的树种如垂柳、乌桕等则抗风性较强。

② 树枝结构　一般髓心大、机械组织不发达、生长又很迅速而枝叶茂密的树种，风害较重。一些易受虫害的树种主干最易风折，健康的树木一般是不易遭受风折的。

(2) 环境条件与风害的关系

① 行道树：如果风向与街道平行，风力汇集成为风口，风压增加，风害会随之加大。

② 土壤水分：局部绿地因地势低凹，排水不畅，雨后绿地积水造成雨后土壤松软，风害会显著增加。

③ 土壤质地：风害也受绿地土壤质地的影响，若绿地偏沙或为煤渣土、石砾土等，因此结构差，土层薄，抗风性差；若为壤土或偏黏土等则抗风性强。

(3) 人为经营措施与风害的关系

① 苗木质量：苗木移栽时，特别是移栽大树，如果根盘起得小，则因树身大，易遭风害。所以大树移栽时一定要按规定起苗，起的根盘不可小于规定尺寸，还要立支柱，在风大地区，栽大苗也要立支柱，以免树身吹歪。

② 栽植方式：凡是栽植株行距适度、根系能自由扩展的，抗风强。如树木株行距过密，根系发育不好，再加上护理跟不上则风害显著增加。

③ 栽植技术：在多风地区栽植穴应适当加大，如果栽植穴太小，树木会因根系不舒展、发育不好、重心不稳而易受风害。

5. 雪害和雨凇（冰挂）

积雪一般对树木无害，但常常因为树冠上积雪过多压裂或压断大枝。如 1976 年 3 月初昆明市大雪将直径为 10cm 左右的油橄榄的主枝压断，将竹子压倒。2003 年初冬北京及华北一些地区的一场大雪，将许多大树的大枝压弯、压断，许多园林树木，如国槐、悬铃木、柳树、杨树等受到不同程度的伤害，地面上一片狼藉，造成了巨大的经济损失，有些地方还堵塞了交通。同时因融雪期的冻融交替变化，冷却不均也易引起冻害。雨凇对树木也有一定的影响。1957 年 3 月、1964 年 2 月在杭州、武汉，长沙等地均发生过雨凇，在树上结冰，对早春开花的梅花、腊梅、山茶、迎春和初结幼果的枇杷、油茶等花果均有一定的损失，还造成部分毛竹、樟树等常绿树折枝、裂干和死亡。2008 年 1 月以来低温雨雪冰冻灾害造成我国 17 个地区不同程度的受灾，湖南、湖北、贵州、广西、江西、安徽等省份受灾严重，大量的树木、竹类因冰挂造成压裂或压断大枝。

四、树木伤害的提前预防及伤后处理

1. 自然灾害提前预防及伤后处理

(1) 冻害的防治　我国气候条件虽然比较优越，但是由于树木种类繁多、分布广，而且常常有寒流侵袭，因此，冻害的发生仍较普遍。冻害对树木威胁很大，严重时常将数十年生大树冻死。如 1976 年 3 月初昆明市低温将 30～40 年生的桉树冻死。树木局部受冻以后，常常起溃疡性寄生菌寄生的病害，使树势大大衰弱，从而造成这类病害和冻害的恶性循环。如苹果腐烂病、柿园的柿斑病和角斑病等的发生，证明与冻害的发生有关。有些树木虽然抗寒力较强，但花期容易受冻害，在公园中影响观赏效果。因此，预防冻害对树木功能的发挥有重要的意义，同时，防冻害对于引种、丰富园林树种有很大作用。

北京地区有些种类在栽植1～3年内需要采用防寒措施，如玉兰、雪松、樱花、竹类、水杉、梧桐、凌霄、紫叶李、日本冷杉、迎春等，少数树种需要每年保护越冬，如北京园林中的葡萄、月季、牡丹、千头柏、翠柏等。越冬防寒的措施如下所述。

① 贯彻适地适树的原则：因地制宜地种植抗寒力强的树种、品种和砧木，在小气候条件比较好的地方种植边缘树种，这样可以大大减少越冬防寒的工作量，同时注意栽植防护林和设置风障，改善小气候条件，预防和减轻冻害。

② 加强栽培管理：加强栽培管理（尤其重视后期管理）有助于树木体内营养物质的储备。经验证明，春季加强肥水供应，合理运用排灌和施肥技术，可以促进新梢生长和叶片增大，提高光合效能，增加营养物质的积累，保证树体健壮。后期控制灌水，及时排涝，适量施用磷钾肥，勤锄深耕，可促使枝条及早结束生长，有利于组织充实，延长营养物质的积累时间，从而能更好地进行抗寒锻炼。

此外，通过夏季适期摘心，促进枝条成熟，冬季修剪减少冬季蒸腾面积，以及人工落叶等方法均对预防冻害有良好的效果。在整个生长期必须加强对病虫害的防治。

③ 加强树体保护：对树体保护方法很多，一般的树木采用浇“冻水”和灌“春水”防寒。为了保护容易受冻的种类，采用全株培土（如月季、葡萄等）、箍树、根颈培土（高30cm）、涂白、主干包草、搭风障、北面培月牙形土埂等。以上的防治措施应在冬季低温到来之前做好准备，以免低温来得早，造成冻害。最根本的办法还是引种驯化和育种工作，如梅花等在北京均可露地栽培，而多枝桉、灰桉、达氏桉、赤桉及大叶桉等，已在武汉、长沙、杭州、合肥等露地生长多年，有的已开了花。

受冻后树木的护理极为重要，因为受冻树木受树脂状物质的淤塞，因而使根的吸收、输导和叶的蒸腾、光合作用以及植株的生长等均遭到破坏。为此，在恢复受冻树木的生长时，应尽快地恢复输导系统，治愈伤口，缓和缺水现象，促进体眠芽萌发和叶片迅速增大。

受冻后恢复生长的树，一般均表现生长不良，因此，首先要加强管理，保证前期的水肥供应，亦可以早期追肥和根外追肥，补给养分。

在树体管理上，对受冻害树体要晚剪和轻剪，给予枝条一定的恢复时期，对明显受冻枯死部分可及时剪除，以利伤口愈合。对于一时看不准受冻部位时，不要急于修剪，待春天发芽后再做决定，对受冻造成的伤口要及时治疗，应喷白涂剂预防日灼，并结合做好防治病虫害和保叶工作，对根颈受冻的树木要及时桥接或根寄接，对树皮受冻后成块脱离木质部的要用钉子钉住或进行桥接补救。

(2) 防止干梢的措施　主要是通过合理的肥水管理，促进枝条前期生长，防止后期徒长，充实枝条组织，增加其抗性，并注意防治病虫害。秋季新定植的不耐寒树尤其是幼龄树木，为了预防干梢，一般多采用埋土防寒，即将苗木地上部向北卧倒培土防寒，这样既可保温减少蒸腾，又可防止干梢。但植株大则不易卧倒，因此也可在树干北部培起60cm高的半月形的土埂，使南面充分接受阳光，改变微域气候条件，能提高土温，并可缩短土壤冻结期，提早化冻，有利于根系及时吸水，补充枝条损失的水分。实践证明用培土埂的办法，可以防止或减轻幼树的干梢，如在树干周围撒布马粪，亦可增加土温，提前解冻，或于早春灌水，增加土壤温度和水分，均有利于防止或减轻干梢。

此外，在秋季对幼树枝干缠纸、缠塑料薄膜或胶膜、喷白等，对防止浮尘子产卵和干梢现象的发生具有一定的作用。其缺点是用工多，成本高，应根据当地具体条件灵活运用。

(3) 防霜措施　霜冻的发生与外界条件有密切关系，由于霜冻是冷空气集聚的结果，所以小地形对霜冻的发生有很大影响。在冷空气易于积聚的地方霜冻重，而在空气流通处则霜冻轻。在不透风林带之间易聚积冷空气，形成霜穴，使霜冻加重，由于霜害发生时的气温逆转现象，越近地面气温越低，所以树木下部受害较上部重。湿度对霜冻有一定的影响，湿度大可缓和温度变化，故靠近大水面的地方或霜前灌水的树木都可减轻危害。

因此防霜的措施应从增加或保持树木周围的热量，促使上下层空气对流，避免冷空气积聚，推迟树木的物候期，增加对霜冻的抗力等多方面考虑。

① 推迟萌动期：为避免霜害，可利用药剂和激素或其他方法使树木萌动推迟(延长植株的休眠期)，因为萌动和开花的推迟，可以躲避早春发生的霜冻。例如，将比久、乙烯利、青鲜素、萘乙酸钾盐（250～500mg/kg水）溶液在萌芽前或秋末喷洒树上，可以抑制萌动，或在早春多次灌返浆水，以降低地温，即在萌芽后至开花前灌水2～3次，一般可延迟开花2～3天，或树干刷白使早春树体减少对太阳热能的吸收，使温度升高较慢。据试验，此法可延迟发芽开花2～3天，能防止树体遭受早春回寒的霜冻。

② 改变小气候条件防霜护树：根据气象台的霜冻预报及时采取防霜措施，对保护树木具有重要作用，具体方法如下所述。

a. 喷水法：利用人工降雨和喷雾设备在即将发生霜冻的黎明，向树冠上喷水，因为水比树周围的气温高，遇冷凝结时放出潜热，同时也能提高近地表层的空气湿度，减少地面辐射热的散失，因而起到了提高气温防止霜冻的效果。此法的缺点主要是要求设备条件较高，但随着我国喷灌的发展，仍是可行的。

b. 熏烟法：我国早在1400年前就发明了熏烟防霜法，因其简单易行而有效，至今仍在国内外各地广为应用。事先在园内每隔一定距离设置发烟堆（用稻秆、草类或锯末等），可根据当地气象预报，于凌晨及时点火发烟，形成烟幕。熏烟能减少土壤热量的辐射散发，同时烟粒吸收湿气，使水汽凝结液体放出热量提高温度，保护树木。但在多风或降温到3℃以下时，则效果不好。

近年来北方一些地区配制防霜烟雾剂防霜效果很好。例如，黑龙江省宾西果树场烟雾剂配方为，硝酸铵20%，锯末70%，废柴油10%。配制方法是将硝酸铵研碎，锯末烘干过筛。锯末越碎，发烟越浓，持续时间越长。平时将原料分开放，在霜来临时，按比例混合，放入铁筒或纸壳筒，根据风向放药剂，待降霜前点燃，可提高温度

1～1.5℃，烟幕可维持1h左右。

c. 吹风法：上面介绍霜害是在空气静止情况下发生的，因此可以在霜冻前利用大型吹风机增强空气流通，将冷气吹散，可以起到防霜效果。

d. 加热法：加热防霜是现代防霜先进而有效的方法。美国、前苏联等利用加热器提高果园温度。在果园内每隔一定距离放置加热器，在霜将来临时点火加温。下层空气变暖而上升，而上层原来温度较高的空气下降，在果园周围形成一个暖气层，果园中设置加热器以数量多而每个加热器放热量小为原则，可以达到既保护果树，而不致浪费太大。

e. 根外追肥：根外追肥能增加细胞浓度，明显提高树木抗冻性。

霜冻过后往往忽视善后工作，放弃了霜冻后的管理，这是错误的。特别是对花灌木和果树，为克服灾害造成的损失，应采取积极措施，做好霜后的管理工作。

(4) 防风　首先在种植设计时要注意在风口、风道等易遭风害的地方选抗风树种和品种，适当密植，采用低干矮冠整形。此外，要根据当地特点，设置防风林和护园林等，都可降低风速，免受损失。

在管理措施上，应根据当地实际情况采取相应防风措施，如排除积水，改良栽植地点的土壤质地，培育壮根良苗，采取大穴换土，适当深植；合理修枝，控制树形，定植后及时立支柱；对结果多的树要及早吊枝或顶枝，减少落果；对幼树、名贵树种可设置风障等。

对于遭受大风危害、折枝、伤害树冠或被刮倒的树木，要根据受害情况，及时维护。首先要对风倒树及时顺势扶正，培土为馒头形，修去部分或大部分枝条，并立支柱。对裂枝要顶起或吊枝，捆紧基部伤面，或涂激素药膏促其愈合；并加强肥水管理，促进树势的恢复。对难以补救者应加以淘汰，秋后重新换植新株。

(5) 防雪害和雨凇（冰挂）危害　在多雪地区，应在雪前对树木大枝设立支柱，枝条过密的还应进行适当修剪，在雪后及时除掉将被雪压断的树枝，扶正压弯的树枝，振落树上的积雪或采用其他有效措施防止雪害。对于雨凇，可用竹竿打击枝叶上的冰，并设支柱支撑。

2. 树木的保护和修补

(1) 树木的保护和修补原则　树木的主干或骨干枝，往往因病虫害、冻害、日灼及机械损伤等造成伤口，这些伤口如不及时保护、治疗、修补，经过长期雨水浸渍和病菌寄生，易使内部腐烂形成树洞。另外，树木经常受到人为有意无意的损坏，如树盘内的土壤被长期践踏变得坚实，在树干上刻字留念或拉枝折枝等，所有这些对树木的生长都有很大影响。因此，对树体的保护和修补是非常重要的养护措施。

树体保护首先应贯彻“防重于治”的原则，做好各方面的预防工作，尽量防止各种灾害的发生，同时还要做好宣传教育工作，使人们认识到，保护树木人人有责。对树体上已造成的伤口，应该早治，防止扩大，应根据树干上伤口的部位、轻重和特点，采用不同的治疗和修补方法。

(2) 工程建设过程中的园林树木的保护管理

① 建设前的处理：工程建设开始前对计划保留的树木采取适当的保护性处理，有助于增强树体对建设影响的忍受力。处理的目的是最大限度地增加树体内碳水化合物的储存并调节生长，使树木迅速产生新根、嫩梢，以适应新的生长环境。对树木的保护性处理应尽早进行，以便有足够的时间使各种处理措施发挥作用。一般经常采用的措施有：

a. 灌溉：在水分亏缺时给树体提供及时而充足的灌溉是既简单又重要的一项措施。在工程前期，应在树体保护圈的边缘，围绕树体筑一个15cm高的围堰或设置塑料隔板，用载水车引水灌慨，树体根际土壤浸湿深度应达到0.6～1m。

b. 施肥：肥料的供给应根据树木的管护历史做出具体安排。一般情况下，如果树体生长缓慢、叶色暗淡或有少量落叶，应考虑施肥，通常氮是主要的补给元素。在工程建设之前给树体施肥是卓有成效的，在建设期间及在建设后的至少一年内，仍应继续给树木施肥，以增强树体对生态环境条件改变的适应性。

c. 虫害防治：在工程建设之前和进行期间，若发现树体有病虫危害，应及时而有效地进行防治，以确保树木的正常生长。

② 建设期间的树体保护：给保留的树木或每个树群设置一个临时性栅栏是最重要的保护措施，在此范围内应禁止材料储放、倾倒垃圾、停车或其他建筑性的活动，同时在这些树木上作明显的标志。当邻近的那些不被保留的树木在建设开始前被伐除后，保留下来的树木将面迎更大的风，因此需要修剪，以减少被风吹倒的危险。先前有遮蔽的树干，若已暴露在太阳的直射下，应及时将其遮蔽或用白色的乳胶涂抹，以免受到日灼的危害。

防护围栏区域以外的计划栽植区，若有可能遇到建设车辆、材料储放和设备停放影响时，应覆盖10～15cm的护土材料。覆盖材料应是容易去除的，若覆盖材料有利于表层土壤结构的改善，则可以保留。

除给计划保留的树木设置防护栏以外，所有其他工地相关事项，如场地清扫、公共设施的埋设和坑道挖掘、现场办事处的部署、建设设备的停放、土方的堆积、通道和材料的储放、化学物质和燃料的储放、混凝土搅拌场选址、因搭建建设用房和设备运作而必须的树木修剪、建设过程中对树木的管理，以及提供被保护树木的设计等，都应在树木栽培专家的参与下，在不影响树木生长的前提下进行。

建设工程的合同书应包含对现有树木的保护计划和相应的处罚措施，让建设者知道他们的责任，自觉地保护现有树木。对树木的价值评估，应在建设开始前根据有关法规做出。万一损害事件发生，负有责任的建设承包商应做出相应的赔偿。

③ 避免市政建设对现有树木的伤害：在大多数情况下，市政建设对树木的影响不可能完全消除，我们的目标是将伤害程度尽可能减小。在我国，一些城市中已经注意到市政施工对现有树木的伤害，并建立了保护条例。如北京，在2001年颁发了“城市建设中加强树木保护的紧急通知”，明确规定“凡在城市及近郊区进行建设，特别是进行道路改扩建和危旧房改造中，建设单位必须在规划前期调查清楚工程范围内的树木情况，在规划设计中能够避让古树、大树的，坚决避让，并在施工中采取严格保护措施”。国外城市在这方面有很好的经验，现作简单介绍。

a. 地形改造对树木的伤害：几乎每一项工程建设都可能涉及到对地形的改造，在挖土、填土、削土和筑坡的过程中，不仅改变了地表构造或地形地貌，更严重的是改变了树木根系的生长环境，必然会影响树木的生长。

ⅰ. 填土：填土是市政建设中经常发生的行为，如果靠近树体填土，必须考虑为什么要填土、是否能限制填土或将填土远离树体。如果必须填土，则应将保持树体健康的价值与堆放这些土方的花费进行比较，或寻找其他远离树体的地方处理这些土方。在一般情况下，填土层低于 15cm 且排水良好时，对那些生根容易和能忍受、抵御根颈腐烂的长势旺盛的幼树危害不大。一些树木被填埋后，可能会萌发出一些新根暂时维持树体的生命，但随着原有根系的必然死亡，最终仍将危及树体存活。另外，一些浅根性的树木则对基部的填土十分敏感，如填土达到一定厚度，就有可能造成树木死亡。

许多树木栽培学文献都强调了保持树体基部土壤自然状态的重要性，如果树木周围必须填土来抬升高程，通常可采取以下措施：首先设法调整周边高程，使之与树木根颈基部的高程尽可能一致；如果在高程必须被抬升时，应确定填土的边界结构，并附加必需的辅助建筑。例如，在树体保护圈内边缘设置挡土墙，并在四周埋设通气管道；如果树木种植地低洼积水，应在尽可能远离树体（靠近挡土墙）的地方挖排水沟，或做导流沟、筑缓坡以利排水；如果恰当的树体保护圈不能被保留，则应考虑移树；或创造适宜的高程变化后，改植树种。

ⅱ. 取土：从树木周围取土会严重损伤树体根系，甚至可能危及树体的稳固性。如果树体保护圈内的整个地面被降低 15cm，树的存活将受到威胁。如果必须在树下取土，则根据树木的种类、年龄、生根方式以及该地域的土壤条件，保留适当的原始土层厚度，当然未被损坏的土壤保留得越多越好。如果取土和挖掘必须在树体保护圈内进行，应首先探明根系的分布，小心地从树冠投影外围向树干基部逐步移土。在大多数情况下，在距树干 2～3m 以外，吸收根的分布明显减少，但为了保持树体的良好稳固状态，仍应尽量距树干远一些，并尽量少伤根系。

ⅲ. 高程变更：在大多数情况下，竣工的地面高程与自然高程间有一定的变化。如果位于高程变化附近的树木值得抢救，可以采取建造挡土墙的办法来减少根部周围土壤的高程变化。挡土墙的结构可以是混凝土、砖砌、木制或石砌，但墙体必须具有挖深到土层中的结构性脚基。若脚基必须伸入根系保护圈内时，可使用不连续脚基，以减少对根系生长的影响。在挡土墙建构过程中，为预防被切断、暴露的根系干枯，可采用厚实的粗麻布或其他多孔、有吸水力的织物，覆盖在暴露的根系和土壤表面，特别是对于木兰属这一类具肉质根的树种，更应有效地预防根系失水。但这一点经常被忽略，有时甚至在高温干燥的气候条件下，对敏感树种也很少采用这种保护措施，故必须加强施工过程中的绿化监理。

在高程变更较小（30～60cm）时，通常采用构筑斜坡过渡到自然高程的措施，以减少对根系的损伤。斜坡比例通常为 2∶1 或 3∶1。如树木周围地表的高程降低超过 15cm 时，一般会对树木生长造成严重影响，甚或导致死亡，必须在树木的周围筑挡土墙保留根部的自然土层，避免根系的裸露。

b. 地下市政设施建设对树木的伤害：地下公共设施埋设可能导致对树木根系的严重损伤。若改用穿过树下铺设管道而不开挖地沟的方法，则减少树木损失和移去死树、重新栽植树木的代价。开挖地沟的方法：若在树体保护圈外侧采用机械开挖地沟，或根据上表中的规定距离进行施工；若管道必须从树体中央下部穿过时，只能采用地下坑道的施工方法。一些国家制订了树下穿过的管道深度的规范，至少要求深度达到0.6m，建议应尽可能深一些，依据树体的大小确定为0.9～1.5m。在根系保护主要范围的下方挖掘，任何直径大于3～5cm的根，都应尽可能避免被切断。

c. 铺筑路面对树木的伤害：大多数树木栽培专家认为铺筑的路面有损于树木的生长，因为路面限制了根际土壤中水和空气的流通。树木对铺筑路面量的容忍度取决于在铺筑过程中有多少根系受到影响、树木的种类、生长状况、树木的生长环境、土壤孔隙度和排水系统以及树木在路面下重建根系的潜能。国外的一些树木保护指南建议，在树木根际周围使用通透性强的路面；在铺设非通透性路面时，建议采用某些漏孔的类型或透气系统。一种简单的设计是，在道路铺筑开工时，沿线挖一些规则排列、有间隔的、2～5cm直径的洞；另一种设计是，铺一层沙砾基础，在其上竖一些PVC臂材，用铺设路面的材料围固；路面竣工后将其切平，管中注入沙砾，安上格栅，其形状可依据通气需求设计成长条形或格栅状。另外，在铺设路面上设置多条伸缩缝，也可以达到同样的功效。

路面铺设中，保护树木的最重要措施是避免因铺设道路而切断根系和压实根际周围的土壤，合理的设计可以把这些因素限制在最小程度，实际施工中有几种常用的有效方法，如采用铺设较薄断面，如混凝土的断面比沥青要薄，或尽可能使要求较厚铺设断面的重载道路远离树木，也可调整最终高程，使铺设路面的路段建在自然高程的顶部，路面将高于周围的地形，这样就可以使用“免挖掘”设计，减少对道路两侧树木根系的损伤，还可以增加铺设材料的强度，以减少在施工过程中对亚基层（土壤）的压实。

(3) 树干疗伤　对于枝干上因病、虫，冻、日灼或修剪等造成的伤口，首先应当用锋利的刀刮净削平四周，使皮层边缘呈弧形，然后用药剂（2%～5%硫酸铜液，0.1%的升汞溶液，石硫合剂原液）消毒。修剪造成的伤口应削平，然后涂以保护剂。选用的保护剂要求容易涂抹，黏着性好，受热不融化，不透雨水，不腐蚀树体组织，同时有防腐消毒的作用，如铅油、接蜡等均可。大量应用时也可用黏土和鲜牛粪加少量的石硫合剂的混合物作为涂抹剂，若用激素涂剂对伤口的愈合更有利，用含有0.01%～0.1%的d-萘乙酸膏涂在伤口表面，可促进伤口愈合。

由于风折使树木枝干折裂，应立即用绳索捆缚加固，然后消毒涂保护剂。北京有的公园用两个半弧圈构成的铁箍加固，为了防止摩擦树皮用棕麻绕垫，用螺栓连接，以便随着干径的增粗而放松。另一种方法（主要是国外采用），是用带螺纹的铁棒或螺挂旋入树干，起到连接和夹紧的作用。

由于雷击使枝干受伤的树木，应将烧伤部位锯除并涂保护剂。

(4) 树洞修补处理　经常可看到在大树、老树的树干甚至大枝上有树洞，有各种原因造成树体的伤口长久不愈合，长期外露的木质部受雨水浸渍，逐渐腐烂，形成树洞，严重时树干内部中空，树皮破裂，一般称为“破肚子”。由于树干的木质部及髓部腐烂，输导组织遭到破坏，因而影响水分和养分的运输及储存，严重削弱树势，降低了枝干的坚固性和负载能力。当树洞的直径大于树干半径的70%，树干很容易折断，从而缩短了树体寿命。但有树洞的树木可以继续存活许多年也是常见的。对树洞的修补处理，如运用填补、清理的方法完全由树种、树木的重要性、年龄、生长情况以及树洞的大小、位置来决定。例如具有历史和景观价值的重要树木、古树、名木，树干上的巨大树洞也许正是其价值的一个方面，对此树洞的处理应成为养护的主要内容；但对另外一些树木，树洞严重的影响其安全，而树木本身的价值不大，则应该首先考虑其安全性；树洞多因木质部腐朽造成，腐朽部位常寄生白蚁、蚂蚁，它们在树干中筑巢，不断地扩大树洞，而控制白蚁比较困难。

树洞修补处理一般采用清理、消毒、支撑固定、密封、填充、覆盖等来防止树洞继续腐朽、继续扩大和发展，在表面形成愈伤组织保护树木。其方法有三种：

① 开放法：若树洞过大或孔洞不深无填充的必要时，可将洞内腐烂木质部彻底清除，刮去洞口边缘的死组织，直至露出新的组织为止，用药剂消毒，并涂防护剂，防护剂每隔半年左右重涂一次，同时改变洞形，以利排水。也可在材洞最下端插入排水管，并注意经常检查排水情况，以免堵塞。如果树洞很大，给人以奇树之感，欲留作观赏时可采用此法。

② 封闭法：对较窄的树洞，可在洞口表面覆以金属薄片，待其愈合后嵌入树体而封闭树洞，也可将树洞经处理消毒后，在洞口钉上板条，用油灰和麻刀灰封闭（油灰是用生石灰和热机油以1∶0.35混合而成，也可以直接用安装玻璃用的油灰俗称“腻子”），再涂以白灰乳胶、颜料粉面，以增加美观，还可以在上面压树皮状纹或钉上一层真树皮。

③ 填充法：填充物最好是水泥和小石砾的混合物，若无水泥，也可就地取材。填充材料必须压实，为加强填料与木质部连接，洞内可钉若干电镀铁钉，并在洞口内两侧挖一道深约4cm的凹槽，填充物从底部开始，每20～25cm为一层，用油毡隔开，每层表面都向外略斜，以利排水，填充物边缘应不超出木质部，使形成层能在它上面形成愈伤组织。外层用石灰、乳胶、颜色粉涂抹，为增加美观，富有真实感，应在最外面钉一层真的树皮。

常用的填充材料：水泥，最常用的填充材料，它是刚性的材料，难以去除，不防水，过重，只能用于小洞的填补；沥青，沥青与沙的混合物，常用于树干基部的树洞，性能优于水泥，比较适用于基部呈袋状的树洞；聚氨酯泡沫材料，明显优于其他的常用材料，如有重量轻、使用方便、无毒性、柔韧性较好、树洞中的水分容易排出等优点。

(5) 吊枝和顶枝　吊枝在果园中多采用，顶枝在园林中应用较多。大树或古老的树木若出现树身倾斜不稳时，大枝下垂的需设支柱撑好，支柱可采用金属、木桩、钢筋混凝土材料。支柱应有坚固的基础，上端与树干连接处应有适当形状的托杆和托碗，并加软垫，以免损害树皮。设支柱时一定要考虑到美观，与周围环境协调。北京故宫将支撑物油漆成绿色，并根据多枝松枝下垂的姿态，将支撑物做成棚架形式，效果很好。将几个主枝用铁索连接起来，也是一种有效的加固方法。

(6) 涂白 树干涂白，目的是防治病虫害和延迟树木萌芽，避免日灼危害。据试验，桃树涂白后较对照推迟花期 5 天，因此在日照强烈、温度变化剧烈的大陆性气候地区，应利用涂白减弱树木地上部分吸收太阳辐射热原理来延迟芽的萌动期。由于涂白可以反射阳光，防止枝干温度局部增高，可预防日灼危害。因此目前仍采用涂白作为树体保护的措施之一。杨树、柳树栽完后马上涂白，可防蛀干虫害。

涂白剂的配制成分各地不一，一般常用的配方是，水 10 份，生石灰 3 份，石硫合剂原液 0.5 份，食盐 0.5 份，油脂（动植物油均可）少许。配制时要先化开石灰，把油脂倒入后充分搅拌，再加水拌成石灰乳，最后放入石硫合剂及盐水，也可加黏着剂，以延长涂白剂的黏着性。

除以上介绍的四种措施外，为保护树体，恢复树势，有时也采用“桥接”的补救措施。

3. 树木安全性的管理

(1) 建立树木安全管理系统 城市绿化管理部门应建立树木安全的管理体系安排为日常的工作内容，结合整形修剪加强对树木的管理和养护，减少树木可能带来的损害，并在出现危险时能及时到达现场进行处理。该系统应包括如下的内容。

① 确定安全性的指标：针对树木潜在危险构成对人、物安全的威胁程度，划分不同的等级，最重要的是构成威胁的阈值的确定。

② 建立定期检查制度：对不同树种、不同地段、不同生长位置、树木年龄的个体分别采用不同的检查周期。已经处理的树木应间隔一段时间后进行重复检查。

③ 建立管理信息系统：特别是对行道树、街区绿地、住宅绿地、公园等人群经常活动的场所的树木，具有重要意义的古树、名木，处于重要景观的树木等，建立安全性信息管理系统，记录日常检查、处理等基本情况，可随时了解，遇到问题及时处理。而目前由于计算机技术的普及，这项工作已被数据库代替了，近年来更是运用地理信息系统来实现管理。

④ 建立培训制度：从事检查和处理的工作人员必须接受定期培训，并获得岗位证书。

⑤ 应建立专业管理人员和大学、研究机构的合作关系：树木安全性的确认是一项复杂的工作，有时需要应用各种仪器设备，需要有相当的经验，因此充分的利用大学及研究机构的技术力量和设备是必须的。

⑥ 应有明确的经费支持：根据上述的要求，这项工作需较大的投入，因此应纳入城市树木日常管理的预算中。

对于树木安全性的检查和诊断，是一项需要经验和富于挑战性的工作，因此在认真观察和记录检查与诊断的结果的同时，应注意比较前后检查诊断期间树木表现，确认前次检查的准确程度，这样有助于今后的工作。

(2) 建立分级评测系统 评测树木安全性，是为了确认所测树木是否可能构成对居民安全威胁和财产的损害，如果可能发生威胁，需要做何种处理才能避免，或把损失减小到最低程度。对于一个城市，特别是拥有巨大数量树木的大城市来讲，这是一项艰巨的工作，也不可能对每1株树木实现定期检查和监控。多数情况是在接到有关的报告，或在台风来到之前对十分重要的目标进行检查和处理。当然，对于现代城市的绿化管理来说这是远不够的，因此必须采用分级管理的方法，即根据树木可能构成威胁程度的不同来划分等级，把那些最有可能构成威胁的树木作为重点检查的对象，并做出及时的处理。这样的分级管理的办法已在许多国家实施，一般根据以下几个方面来评测：

① 树木折断的可能性。

② 树木折断、倒伏危及目标（人、财产、交通）的可能性。

③ 树种因子，根据不同树木种类的木材强度特点来评测。

④ 对危及目标可能造成的损害程度。

⑤ 危及目标的价值。

上述的评测体系包括3个方面的特点，其一，树种特性，是生物学基础；其二，树种受损伤、受腐朽菌感染、腐朽程度，以及生长衰退等因素，有外界的因素也有树木生长的原因；其三，可能危及的目标情况，如是否有危及的目标、其价值等因素。上述各评测内容，除危及对象的价值可用货币形式直接表达外，其他均用百分数来表示，也可给予不同的等级。

根据以上的分析，从城市树木的安全性考虑可根据树木生长位置、可能危及的目标建立分级监控与管理系统。

一级监控：生长在人群经常活动的城市中心广场、绿地的，主要商业区的行道树，住宅区，重要建筑物附近单株栽植的并已具有严重隐患的树木。

二级监控：除上述以外人群一般较少进入的绿地、住宅区等树木，虽表现出各种问题，但尚未构成严重威胁的树木。

三级监控：公园、街头绿地等成片树林中的树木。

思 考 题

1. 从古树名木的意义及影响其生长的因素探讨为什么要进行养护管理？
2. 根据什么原则对古树名木进行养护，采取哪些养护措施？
3. 树木的不安全因素由哪两方面构成？
4. 造成树木潜在危险的影响因素有哪些？如何防范？
5. 导致树木腐朽的因素有哪些？如何防范？
6. 有哪些自然灾害会对树木造成伤害，如何防范？

第十章 园林植物病虫害防治

第一节 园林植物病害的概念

一、园林植物病害的定义

园林植物在生活和储运过程中，由于受到了致病因素（生物或非生物因素）的侵袭，以致生理上、解剖结构上产生局部的或整体的反常变化，使植物的生长发育受到显著影响，甚至引起死亡，造成经济损失和降低观赏价值。这种现象就叫园林植物病害。理解园林植物病害现象有两个基本点。

（1）植物病害的发生必须具有病理变化的过程　当植物遭病原物的侵染或不利的非生物因素的影响后，往往先引起生理机能的改变，进而出现细胞组织结构、形态上不正常的改变，均有一个逐渐加深、持续发展的过程。非生物因素或是生物因素都可以引起植物的损伤，是在短时间内受到外界因素袭击突然所致，如风折、雪压、动物咬伤等，受害植物在生理上不发生病理程序，因此不能称为病害。

（2）园林植物病害造成经济和观赏价值、生态景观的损失　即园林植物本身的正常生长、发育或生存受到威胁，观赏性、经济价值降低。但有些园林植物由于生物或非生物因素的影响，尽管发生了某些病态，却增加了它们的经济价值和观赏价值，同样也不称它们为植物病害。例如，绿菊、绿牡丹是由病毒、支原体侵染引起的。羽衣甘蓝是食用甘蓝的病态。人们将这些“病态”植物视为观赏花卉中的珍品，因此一般都不当做病害。

二、园林植物病害的症状

园林植物受生物或非生物病原侵染后，其外表所显现出来的各种各样的病态特征称为症状。分为病状和病征。病状是植物本身的异常表现，也就是受病植株生理解剖上的病变反映到外部形态上的结果。病征是指寄主病部表面病原物的各种形态结构，并能用眼睛直接观察到的特征。由真菌、细菌和寄生性种子植物等因素引起的病害，病部多表现较明显的病征。根据主要特征，可划分为以下几种类型。

1. 病状类型

（1）变色　园林植物感病后，叶绿素的形成受抑或遭到破坏减少，叶片表现为不正常的颜色，表现为褪绿（杜鹃花缺铁褪绿病）、黄化（翠菊黄化病）和花叶（茉莉黄化病）。

（2）坏死　园林植物细胞和组织死亡的现象。常见的有：腐烂（山茶花腐病、鸢尾细菌性软腐病)、溃疡(杨树溃疡病、西府海棠溃疡病)、斑点(兰花炭疽病、水仙大褐斑病)。

(3) 萎蔫　园林植物因病而表现失水状态称为萎蔫。如菊花青枯病、石竹枯萎病等。

(4) 畸形　畸形是因细胞或组织过度生长或发育不足引起的形态异常。常见的有丛枝(泡桐丛枝病)、肿瘤(月季根癌病)、变形(桃缩叶病)、流脂或流胶(桃流胶病)。

2. 病征类型

(1) 粉霉状物　植物感病部位病原真菌的营养体和繁殖体呈现各种颜色的霉状物或粉状物。如霜霉(月季霜霉病)、青霉(百合青霉病)、灰霉(仙客来灰霉病)、烟霉(牡丹煤污病)、白粉(月季白粉病)等。

(2) 锈状物　病原真菌在病部所表现的黄褐色锈状物,如香石竹锈病、桧柏锈病等。

(3) 线状物、颗粒状物　病原真菌在病部产生的线状或颗粒状结构。如苹果紫纹羽病在根部形成紫色的线状物。

(4) 马蹄状物及伞状物　植物感病部位真菌产生肉质、革质等颜色各异、体型较大的伞状物或马蹄状物,如郁金香白绢病。

(5) 脓状物(溢脓)　病部出现的脓状黏液,干燥后成为胶质的颗粒,这是细菌性病害特有的病征,如菊花青枯病。

三、园林植物侵染性病害的诊断

植物病害的症状都具有一定的特征,又相对稳定,可以作为病害诊断的重要依据。对于已知的比较常见的病害,根据症状可以作出比较正确的诊断。如当杨树叶片上出现许多针头大小的黑褐病斑,病斑中央有一灰白色黏质物时,无疑是由 *Marssonina* 属的真菌引起的杨树黑斑病的典型症状。对症状容易混淆或少见的、新的病害,首先要对园林植物病害发生状况和发生环境进行调查,了解病株的分布、发生面积、树种组成及前一年的苗木栽植情况等,作为病害诊断的参考。还要对植物病害的症状类型进行观察,根据症状的特点,区别是伤害还是病害,然后进一步分析发病原因或鉴定病原物。经过现场和症状观察,初步诊断为病害的,可挑取、刮取或切取表面或埋藏在组织中的菌丝、孢子梗、孢子或子实体进行镜检,来确定该菌在分类上的地位。如果镜检遇到腐生菌类或次生菌类的干扰,还不能确定所观察的菌类是否是真正的病原菌时,必须进一步使用人工诱发试验手段。其步骤如下:①当发现植物病组织上经常出现的微生物时,应将它分离出来,并使其在人工培养基上生长;②将培养物进一步纯化,得到纯菌种;③将纯菌种接种到健康的寄主植物上,并给予适宜的发病条件,使其发病,观察它是否与原症状相同;④从接种发病的组织上再分离出这种微生物。但人工诱发试验并不一定能够完全实行,因为有些病原物到现在还没找到人工培养的方法。接种试验也常常由于没有掌握接种方法或不了解病害发生的必要条件而不能成功。目前,对病毒和支原体还没有人工培养方法,一般用嫁接方法来证明它们的传染性。

第二节 园林植物主要病害及防治

一、锈病类

锈病是园林植物病害中一类常见的病害。主要危害叶片、芽，也可以危害叶柄、花、果、嫩枝等部位，叶部锈病虽然不能使寄主植物致死，但常常造成叶片早落，果实畸形，长势衰弱，降低观赏植物的观赏性。危害园林植物的锈病有玫瑰锈病、海棠锈病、月季锈病、香石竹锈病、牡丹（芍药）锈病、唐菖蒲锈病、菊花锈病等。

玫瑰锈病是世界性病害。在我国发生也很普遍，是玫瑰上的一种主要病害，该病还可以危害月季、野玫瑰等植物。发病植株提早落叶，生长衰弱，影响生长和开花。玫瑰锈病见图 10-1。

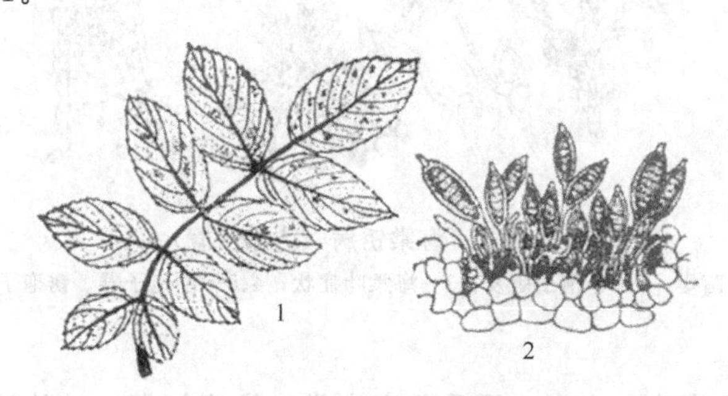

图 10-1 玫瑰锈病
1—症状；2—冬孢子堆
（引自孙丹萍《园林植物病虫害防治技术》，2006）

1. 症状

玫瑰锈病可危害植株地上部分所有绿色器官，主要危害叶片和芽。早春新芽受害后，可见芽上布满鲜黄色的粉状物，形似一朵朵小黄花。叶片背面出现黄色稍隆起的小斑点（锈孢子器），初生于表皮下，成熟后突破表皮散出橘红色粉末，病斑外围有褪色环圈。叶片正面性孢子器不明显。随着病情的发展，叶面出现褪绿小黄斑，叶背产生近圆形的橘黄色粉堆（夏孢子堆），散生或聚生。夏孢子堆也可发生在叶片正面。生长后期，叶背出现大量的黑色小粉堆（冬孢子堆）。

嫩梢、叶柄、果实等部位的病斑明显地隆起。嫩梢、叶柄上的夏孢子堆呈长椭圆形；果实上的病斑为圆形，果实畸形。

2. 病原

病原菌属担子菌亚门、多孢锈菌属，在北京地区，危害玫瑰的锈菌多是玫瑰多孢锈菌。

3. 发生规律

病菌系单主寄生锈菌，以菌丝体在芽内或在发病部位越冬，冬孢子在枯枝落叶上也可越冬。初春病芽上的锈孢子是病叶的主要侵染源。次年春，冬孢子萌发产生担孢子，担孢子萌发侵入植株后形成性孢子器，随后形成锈孢子器。该病 4 月下旬产生夏孢子，6～8 月份发病比较严重，降雨多是病害流行的主导因素，而夏季的高温对病菌有抑制作用。秋季还有 1 次发病小高峰。夏孢子经风雨传播，由气孔侵入。

苹-桧锈病主要危害海棠、苹果和松柏，在海棠、苹果和松柏混栽的公园、绿地等处发病严重，常引起早期落叶，受害严重的桧柏小枝上病瘿成串，造成满株柏叶枯黄，叶片畸形，凹凸不平，早枯早落，小枝干枯，甚至整株死亡。新梢、叶柄、果实和果梗上产生相似的症状。海棠锈病见图 10-2。

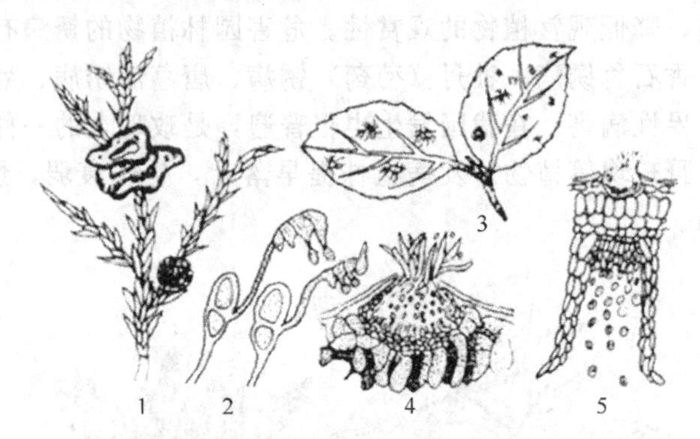

图 10-2　海棠锈病（仿徐明慧）

1—菌瘿；2—冬孢子萌发；3—海棠叶症状；4、5—性孢子器、锈孢子器

1. 症状

苹-桧锈病转主寄生。在春、夏季危害海棠。发病初期，叶片正面出现黄绿色小斑点，后扩大为橙黄色病斑，病斑正面出现针尖大小的黑色小粒点（即性孢子器）。发病后期叶片背面长出黄色须状物（即锈孢子器）。转主寄主为桧柏，秋冬季病菌危害桧柏针叶或小枝，被害部位出现浅黄色斑点，后隆起呈灰褐色豆状的小瘤。初期表面光滑，后膨大，表面粗糙，呈棕褐色。翌春 3～4 月遇雨破裂，膨大为橙黄色花朵状或木耳状（见彩图 10-1）。

2. 病原

病原主要有两种，为山田胶锈菌和梨胶锈病菌，均属真菌担子菌亚门胶锈菌属。冬孢子发生在松柏上；性孢子、锈孢子着生在苹果等蔷薇科植物上产生，不产生夏孢子。

3. 发病规律

病菌以菌瘿在桧柏上越冬，菌丝可多年生。翌春遇雨冬孢子角萌发产生担孢子，冬孢子角形成的参考物候期是：柳树发芽，山桃开花，杨树吐花序。担孢子随风传播到海棠上。担孢子萌发后直接侵入寄主表皮，约 10d 后在叶片正面产生性孢子器，20d 后在叶片背面形成锈孢子器。8～9 月锈孢子成熟随风传到桧柏上，侵入嫩梢越冬。此菌无夏孢子阶段，故全年只发生一次，没有再侵染，但小孢子和锈孢子侵染期相当长，对贴梗海棠和松柏等危害常较重。海棠和桧柏混栽或距离较近，病菌大量存在，3～4 月份雨水较多，是苹-桧锈病发生的 3 个重要条件。在海棠、苹果与桧柏混栽的公园、绿地等处发病严重。

4. **锈病类的防治措施**

(1) 切断侵染链　园林规划时，尽量避免海棠、苹果、梨等仁果类阔叶树与桧属、柏属的针叶树相互混交栽植。一般要求两类植物相距5km以上。若不可避免时，应选择抗病品种种植，且将柏类植物种植在下风口，海棠等种植在逆风口，以尽量减轻危害。

(2) 减少越冬病菌　结合修剪，适当剪除松柏等寄主上的重病枝，减少侵染源。休眠期喷洒3°Bé的石硫合剂，杀死芽内及病部的越冬菌丝体；生长季节及时摘除病芽或病叶。

(3) 药剂防治　生长季节喷洒1∶1∶(150～200) 波尔多液，或0.2～0.3°Bé的石硫合剂，或代森锰锌可湿性粉剂500倍液，或25%粉锈宁可湿性粉剂1500倍液，或喷洒敌锈钠250～300倍液等药剂均有良好的防效。

二、白粉病类

白粉病是园林植物上发生既普遍又严重的重要病害，白粉病可侵染瓜叶菊、月季、蔷薇、凤仙、丁香等多种观赏植物。多危害叶片，也可危害幼茎、嫩梢、花蕾等部位。被害叶片枯黄早落，影响树势和观赏效果。但球茎、鳞茎、兰花等类花卉，以及角质层、蜡质层厚的花卉，如山茶、杜鹃、玉兰等，尚未见白粉病的报道。危害园林植物的常见白粉病有紫薇白粉病、月季白粉病、丁香白粉病、秋海棠白粉病、凤仙花白粉病、瓜叶菊白粉病、大叶黄杨白粉病、黄栌白粉病等。紫薇白粉病菌见图10-3。

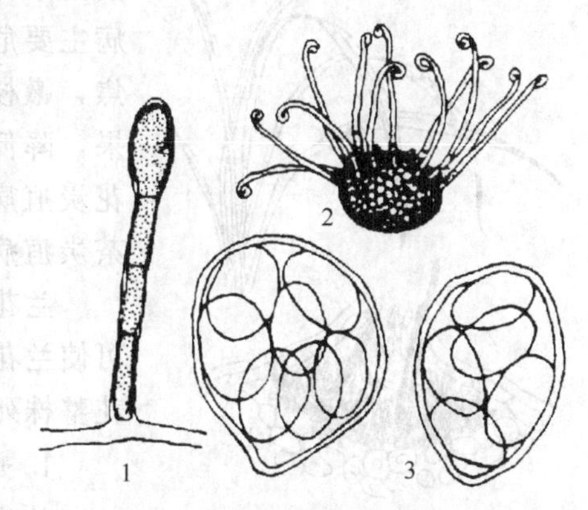

图10-3　紫薇白粉病菌
1—分生孢子梗和分生孢子；2—闭囊壳和附属丝；3—子囊和子囊孢子
(宋瑞清，2001)

1. **症状**

紫薇白粉病主要危害叶片、幼茎和花蕾。发病初期，叶片上先出现白色小粉斑，后扩大为圆形粉斑，严重时白粉层覆盖整个叶片，造成叶片皱缩、叶黄早落或干枯死亡。发病后期白粉层上出现由白渐黄、最后变为黑色的小颗粒，即病原菌的闭囊壳（见彩图10-2）。

2. **病原**

我国已知有两种病原，南方小钩丝壳菌和紫薇白粉菌，均属真菌子囊菌亚门，核菌纲，白粉菌目。

3. **发病规律**

病原菌以菌丝体在病芽上或以闭囊壳在病叶上越冬。粉孢子由气流传播，生长季节有多次再侵染。该病主要发生在春、秋两季，秋季为发病盛期。

4. **白粉病类防治措施**

(1) 消灭越冬病菌　秋、冬季结合修剪除病枝，彻底清除枯枝落叶，集中处理。

休眠期喷1～3度石硫合剂，杀灭越冬菌源，减少侵染来源。生长季节及时摘除病芽、病叶和病梢。

(2) 加强栽培管理　栽植密度适宜，修剪要合理，避免偏施氮肥，增施磷、钾肥。

(3) 化学防治　发病初期喷洒25%三唑酮可湿性粉剂3000倍液、50%苯菌灵可湿性粉剂1000倍液、70%甲基硫菌灵可湿性粉剂1000倍液、2%武夷菌素水剂150～200倍液等。注意交替、轮换用药，延缓或避免抗药性产生；紫薇展叶抽梢期用25%粉锈宁可湿性粉剂1500倍液，或20%粉锈宁乳油4000倍液，喷2～3次。敌力脱25%乳油100ppm药液防治，1个月喷1次。

三、炭疽病类

炭疽病是园林植物中常见的另一大类病害，因该类病害有潜伏侵染的特点，经常给园林植物的引种造成损失。炭疽病的另一特点是子实体往往呈轮纹状排列，在潮湿条件下病斑上有粉红色的黏孢子团出现。炭疽病主要危害叶片和果实，可造成果实腐烂，叶片枯焦，嫩枝严重受害，影响切花观赏效果和绿化效果，降低观赏性。危害园林植物的主要炭疽病有兰花炭疽病、扶桑炭疽病、牡丹（芍药）炭疽病、山茶炭疽病等。

图10-4　兰花炭疽病
1—症状图；2—分生孢子盘
(引自孙丹萍《园林植物病虫害防治技术》，2006)

兰花炭疽病是一种广泛分布的病害，危害严重，可使兰花叶片布满黑点，影响观赏，严重时可以使兰花整株死亡。兰花炭疽病见图10-4及彩图10-3。

1. 症状

兰花炭疽病主要危害兰花叶片，也可危害果实。发生于叶缘时为半圆形斑，发生于叶中部时为圆形或椭圆形斑，发生于叶尖端时为部分叶段枯死。病斑发生于叶基部时，许多病斑连成一片，也会造成整叶枯死。病斑初为红褐色，后期病斑中心颜色变浅，上轮生小黑点（分生孢子盘）。果实上病斑不规则，呈长条形黑褐色斑。

2. 病原

病原主要为兰炭疽菌，属真菌半知菌亚门刺盘孢属，主要危害春兰、建兰、婆兰等品种。其次是兰叶炭疽菌，主要危害寒兰、蕙兰、披刺叶兰、建兰和墨兰等品种。

3. 发病规律

病原菌以菌丝体或分生孢子盘在病残体或土壤中越冬。翌年兰花展开新叶时进行初侵染。分生孢子随风、雨和昆虫传播，可多次再侵染。病菌由伤口侵入或直接侵入。潜育期2～3周。病害3～11月均可发生，以5～7月梅雨季节发病最重。高湿闷热，晴雨交替，通风不良，土壤积水等条件会加重病害的发生。株距过密，叶片相互摩擦，易造成伤口发病。受介壳虫为害的兰花容易发生炭疽病。喷灌后，造成田间湿度提高，有利于发病。

4. 炭疽病类防治措施

(1) 减少侵染源　注意清除病残体，尤其是假鳞茎上的病叶残茬。

(2) 栽培技术防治　加强栽培管理，改善环境条件，控制病害发生。夏季要遮阴；滴灌浇水，不从植株上端淋水。盆栽兰应放在通风透光的地方，露地放置时，要有荫棚防雨，不要放置过密。对发病的叶子和植株要及时剪除，集中销毁。

(3) 药剂防治　发病初期病斑初现时开始喷药。常用药剂有50%多菌灵可湿性粉剂500倍液、70%甲基硫菌灵可湿性粉剂800倍液、(0.5～1)：1：200波尔多液、75%百菌清可湿性粉剂500～800倍液和70%福美双＋福美锌可湿性粉剂500倍液等。

四、叶斑病类

观赏植物叶斑病一般是指叶片组织遭受植物病原菌局部侵染后，导致叶片上产生不同形状斑点病的统称。叶斑病种类很多，可因病斑的色泽、形状、大小、质地、有无轮纹的形成等因素，可以分为黑斑、褐斑、圆斑、角斑、轮斑、斑枯和穿孔等类型。叶斑病普遍降低园林植物的观赏性和绿化效果，有些叶斑病也给园林植物造成巨大损失，如月季黑斑病、山茶斑枯病等。常见叶斑病还有紫荆角斑病、桂花枯斑病、菊花褐斑病等。月季黑斑病见图10-5。

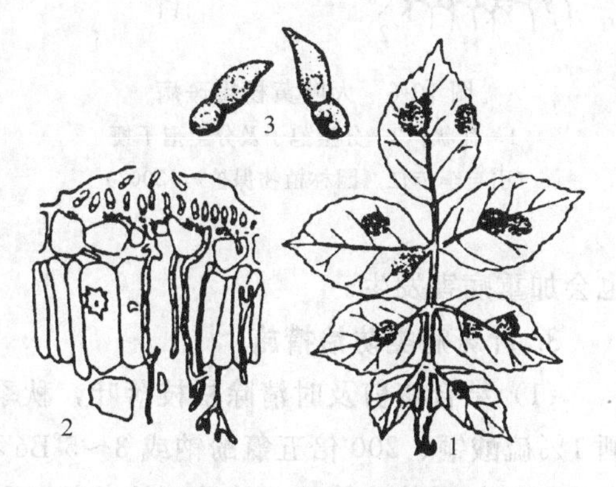

图 10-5　月季黑斑病

1—症状；2—分生孢子盘；3—分生孢子

(引自林焕章《花卉病虫害防治手册》，1999)

1. 月季黑斑病

(1) 症状　月季黑斑病主要危害叶片，也能侵害枝梢和果实。发病初期，叶片正面出现褐色小斑点，逐渐扩展成为圆形、近圆形的黑色病斑，病斑边缘呈放射状黄晕，这是该病的典型症状。发病后期，病斑中央变为灰白色，其上着生许多黑色小颗粒（分生孢子盘）。病斑连片使叶片变黄、脱落。嫩梢感病时出现黑紫色长条斑，微下陷，导致嫩梢干枯（见彩图10-4）。

(2) 病原　蔷薇放线孢菌和蔷薇盘二孢菌分别属于真菌半知菌亚门放线孢属和盘二孢属。

(3) 发病规律　病原菌以菌丝体和分生孢子盘在芽鳞、叶痕、枯枝落叶上越冬，翌年春产生分生孢子进行初侵染。分生孢子由雨水、灌溉水喷溅传播，由表皮直接侵入，有多次再侵染。发病与降雨早晚、降雨次数和降雨量密切相关，一般在降雨2周后出现症状。5月中下旬开始发病，6～7月为侵染盛期，8～9月为发病盛期。高温高湿则病重。通风不良有利于发病。

2. **大叶黄杨褐斑病**

大叶黄杨褐斑病是大叶黄杨上普遍发生的叶斑病，易引起提早落叶，树势生长衰弱（见图10-6）。

（1）症状　大叶黄杨褐斑病叶片上出现黄色小斑点，后变为褐色，并逐渐扩展成为近圆形或不规则形病斑。后期病斑变灰褐色或灰白色，边缘色深，面上有轮纹。病斑正面散生许多黑色的小霉点，即病菌的分生孢子及分生孢子梗。叶背病斑上有少量的小霉点，发病严重时，病斑相互连接占叶片面积的一半以上，叶片变黄、枯萎、脱落。

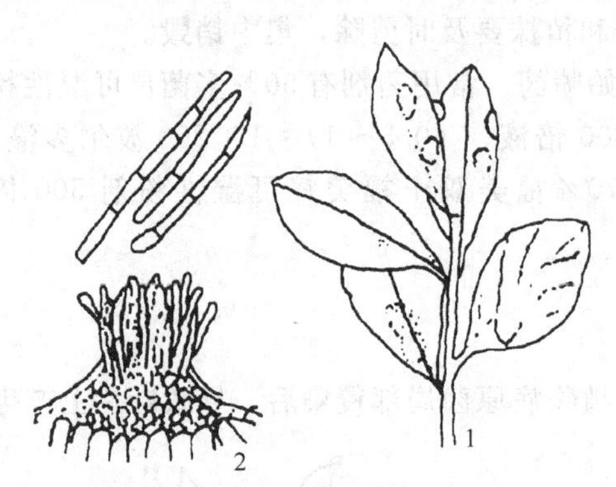

图10-6　大叶黄杨褐斑病
1—症状；2—分生孢子及分生孢子梗
（引自李传仁《园林植物保护》，2007）

（2）病原　坏损尾孢属真菌半知菌亚门尾孢属。

（3）发病规律　病菌以菌丝体和子座在病落叶及其他病残组织中越冬，翌年春形成分生孢子，经风、雨等传播，侵染健康叶片。潜育期20～30d。5月中下旬开始发病，6～7月为侵染盛期，8～9月为发病的高峰期，并发生大量落叶。至11月底病害才停止蔓延。管理粗放，多雨、排水不畅，通风透光不良条件下发病重，夏季炎热干旱，肥水不足，树势生长不良也会加重病害发生。

3. **叶斑病类防治措施**

（1）结合修剪及时清除枯枝落叶，秋季彻底清除枯枝落叶，集中销毁。休眠期喷洒1%硫酸铜、200倍五氯酚钠或3～5°Bé石硫合剂，杀死越冬菌源。

（2）加强栽培管理，改善环境条件，种植密度要适宜，以便通风透光，降低叶片湿度。肥水要充足，N、P、K合理配比，促进植株生长健壮。采取滴灌措施，尤其是夏季干旱时，要及时浇灌；在排水良好的土壤上建造苗圃。

（3）药剂防治。萌芽前，喷3～5°Bé石硫合剂，或1∶1∶120波尔多液。发病期喷65%代森锌可湿性粉剂500倍液，每2～3周喷1次。75%百菌清可湿性粉剂500～700倍液、70%甲基硫菌灵可湿性粉剂500～700倍液、65%代森锌可湿性粉剂500倍液或50%多菌灵可湿性粉剂500～1000倍液等喷雾。注意交替用药。发病严重地区从5月份开始喷药。

五、灰霉病类

灰霉病几乎可以危害所有草本植物和部分非草本观赏植物，引起叶斑、溃疡及球茎、鳞茎、种子、花瓣、叶片和果实等部位的腐烂，降低观赏性。常见灰霉病有仙客来灰霉病、牡丹灰霉病、月季灰霉病、唐菖蒲灰霉病等。

仙客来灰霉病在温室中发生最普遍，常造成叶片、花瓣的腐烂坏死，使植株生长衰弱，降低观赏性，是仙客来的3大病害之一。仙客来灰霉病症状见图10-7。

1. **症状**

仙客来灰霉病危害仙客来的叶片、叶柄及花冠等部位。叶片上首先由叶缘出现暗绿色水浸状斑纹，逐渐蔓延到整个叶片，最后全叶褐色干枯。湿度大时，病斑上长出灰色霉层，即病原菌的分生孢子及分生孢子梗。叶柄和花梗发病，出现水浸状腐烂，并产生灰色霉层。花瓣发病时，出现水浸状圆斑，严重时，花瓣腐烂，产生灰色霉层（见彩图10-5）。

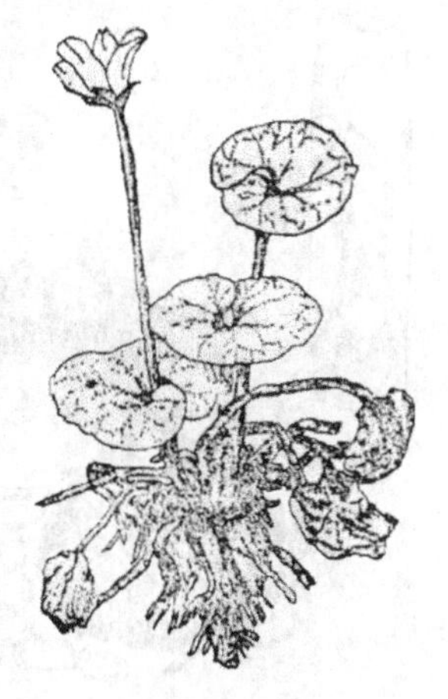

图10-7 仙客来灰霉病症状
（引自宋建英《园林植物病虫害防治》，2005）

2. **病原**

灰葡萄孢霉属真菌半知菌亚门葡萄孢属。分生孢子单胞，葡萄状聚生于分生孢子梗顶端。

3. **发病规律**

病菌以菌核、菌丝或分生孢子随病残物在土中越冬。翌年，当气温达到20℃时，产生大量分生孢子，借风雨等传播侵染。在湿度大的温室内，灰霉病可以周年发生。一年中有两次发病高峰期，2～4月和7～8月。气温15～22℃、空气相对湿度大于90%时极易发病。梅雨季节以及10月份以后的开花期，发病重，病情扩展蔓延快，并易形成灰色霉层。高湿度、光照不足，通风不良，密度过大等均会加重病害发生，否则病害发展缓慢，且灰霉少。

4. **灰霉病类防治措施**

（1）温室栽培经常通风，排除积水，降低湿度。夜晚结露时，注意通风排湿。增加室内光照，阴雨天控制浇水量，尽量减少伤口发生。春秋季结合翻盆换土，选用无病新土或土壤消毒后作盆土。清除病残体，集中销毁。

（2）春季多雨时，喷药控制病害的发生。常用药剂有0.5：1：200波尔多液、65%代森锌可湿性粉剂500倍液等，每10～15天1次，效果较好。发病初期，及时用50%腐霉利可湿性粉剂、40%多菌灵＋乙霉威可湿性粉剂、50%异菌脲可湿性粉剂1000～1500倍液喷雾，连续2～3次。湿度高时，可以选用30%百菌清烟剂或10%腐霉利烟剂250～300g/667m²，于傍晚时闭棚熏蒸。

六、溃疡病类

槐树溃疡病又名槐树腐烂病或烂皮病，引起苗木、幼树和大枝枯萎，甚至导致整株死亡，主要危害槐树和龙爪槐。槐树溃疡病见图10-8。

1. **症状**

苗木感病后在绿色树皮上，初期出现黄褐色水渍状病斑，近圆形，逐渐扩展为梭形，中央稍凹陷，有酒糟味，呈湿腐状。不久生有许多橘红色分生孢子座。如病斑环绕树的主干，上部即行枯死，不环绕主干的当年多能愈合。槐树溃疡病的另一种症状

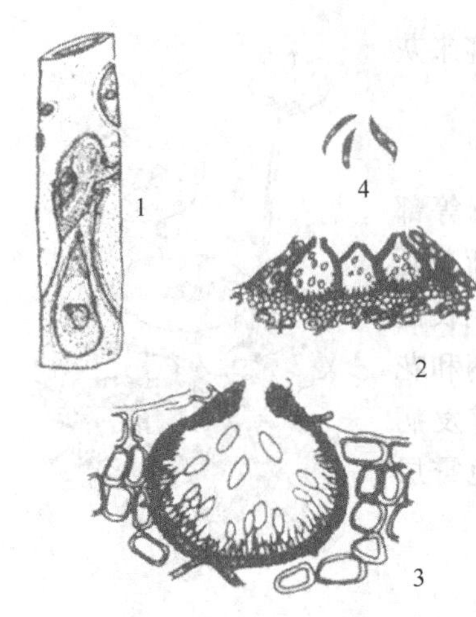

图 10-8 槐树溃疡病
1—由多主小穴壳菌引起的幼干上的病斑；
2,3—多主小穴壳菌的分生孢子器和
分生孢子；4—分生镰孢的分生孢子
（仿周仲铭）

为发病初期出现深褐色水浸状近圆形病斑，边缘为紫黑色，长达20cm，病斑发展迅速，可环绕树干。后期，病斑上产生许多黑色颗粒状的分生孢子器。随后，病部逐渐干枯下陷或开裂，但其周围很少产生愈合组织。

2. 病原

病原菌为三隔镰孢菌，属半知菌亚门，丝孢纲，瘤座孢目，和聚生小穴壳菌，属半知菌亚门，腔孢纲，球壳孢目。

3. 发病规律

槐树溃疡病多发生在2～4年生大苗的绿色主茎及大树的1～2年生绿色枝条上。病菌多自皮孔和叶痕侵入，也可从断枝、残桩及修剪伤口、虫伤口和死芽等处侵入。3月初开始发病，3月中旬至4月底，病情发展迅速，病斑发展较快，5～6月形成大量的分生孢子，夏初槐树进入生长旺季，病情逐渐停止发展。周围出现愈合组织。在种植过密、苗木衰弱、伤口多的条件下，病害发生严重。

4. 溃疡病类防治措施

（1）加强肥、水等养护管理，在起苗、假植、运输和定植的过程中，特别是新移栽的幼苗、幼树，根部不要暴露时间太长，尽量避免苗木失水；要及时浇水，促使树木生长健壮；防止叶蝉产卵，注意保护各种伤口，防止或减少病菌侵染。

（2）用25％瑞多霉300倍液加适量泥土后敷于病部，或用40％乙膦铝250倍液、25％甲霜灵可湿性粉剂300倍液喷涂枝干有明显防效。

（3）病斑上扎些小眼后，涂5％原油，或30～50倍的50％托布津，或福美砷。

七、枯萎病类

雪松枯梢病危害樟子松、马尾松、红松、湿地松、火炬松、长白赤松、黑皮油松和雪松等多种松树，是一种分布普遍，危害严重的传染病。除引起枯梢外，还危害芽、松针和幼苗根茎，严重时引起松树大面积枯死。

1. 雪松枯梢病

（1）症状 雪松枯梢病危害芽、针叶及枝梢，幼苗和幼树发病重。初病时嫩芽、针叶及枝梢出现青铜色病状，渐变红褐色，严重时全树冠出现“红顶”，树皮被害时出现溃疡、开裂病状，并由裂缝中溢脂，淡灰色或淡蓝灰色。新梢病后弯曲萎蔫，渐枯死，针叶变褐色。3～5年生幼苗的根茎受害时，茎皮组织变深红色，具黑色线纹且伸延到木质部，严重时幼苗可枯死。

（2）病原 病原为蝶形葡萄孢菌、半知菌亚门、丝孢纲、丝孢目真菌。

（3）发病规律　病菌的分生孢子在病部的组织内越冬。7月中、下旬为发病高峰期，进入9月便停止发展。

2. 合欢枯萎病

合欢枯萎病为合欢的一种毁灭性病害，严重时，造成大量树木枯萎死亡。苗圃、绿地、公园、庭院等处均有发生（见图10-9）。

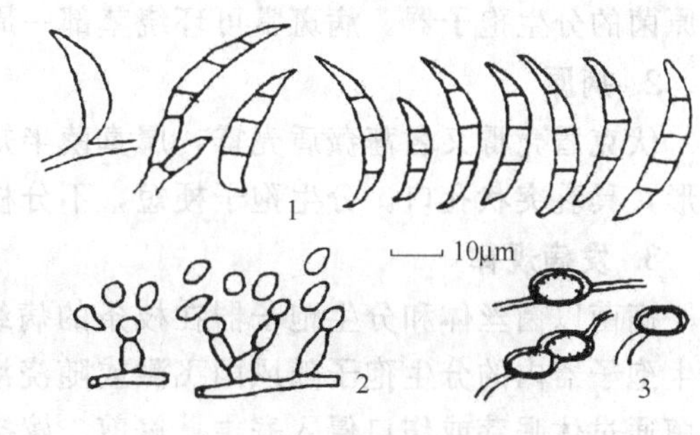

图10-9　合欢枯萎病菌

1—大型分生孢子；2—小型分生孢子；3—厚垣孢子

（城市绿地植物病害及其防治）

（1）症状　感病植株叶片萎蔫下垂，变干，以致脱落，苗木枯死。一般先从枝条基部的叶片变黄。夏末秋初，感病树干或枝的皮孔肿胀并破裂，其中产生分生孢子座及大量粉色粉末状分生孢子，由枝、干伤口侵入。病斑一般呈梭形，初期病皮含水多，后期变干，黑褐色，病斑下陷，病菌分生孢子座突破皮缝，出现成堆的粉色分生孢子堆。

（2）病原　为尖镰孢菌的合欢专化型。

（3）发病规律　此病为系统侵染性病害。病菌在病株上或随病残体在土壤里过冬。次年春、夏从根部伤口直接侵入，也能从树木枝、干的伤口侵入。从根部侵入的病菌自根部导管向上蔓延至干部和枝条的导管，造成枝枯。从枝、干伤口侵入的造成树皮先呈水渍状坏死，后干枯下陷。发病重时造成黄叶、枯叶、树皮腐烂，以致整株死亡。

3. 枯萎病类防治措施

（1）消灭初侵染　幼苗及幼树病后，剪除病部烧毁，并用20％石灰消毒土壤。

（2）园林技术防治　要种在排水良好、地势较高、土质好的地块。雨后注意排水，提高树体自身的抗病性。

（3）药剂防治　用1∶1∶100波尔多液；70％百菌清500～1000倍液；50％六氯苯250～750倍液；可湿性托布津2000倍液在新梢和针叶萌发期喷施，隔10～15d喷1次，连喷2～3次。患病轻的植株，可往根部浇灌400倍的50％代森铵溶液，每平方米浇2～4kg。

八、枝枯病类

月季枝枯病常引起月季枝条干枯，严重时整株枯死，可以危害月季、玫瑰、蔷薇等蔷薇属植物。月季枝枯病见图10-10。

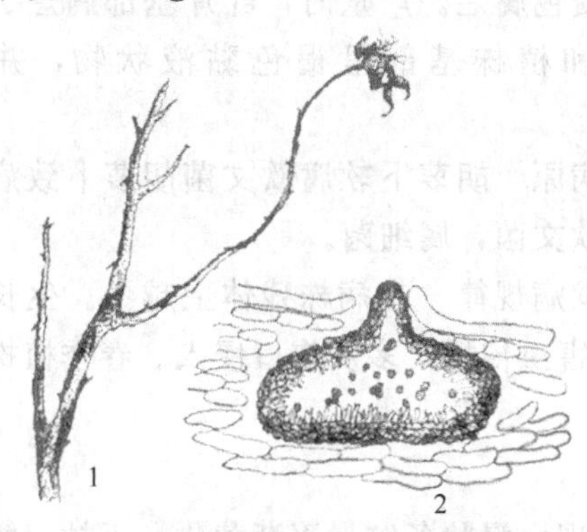

图10-10　月季枝枯病（仿蔡耀焯）

1—枝条症状；2—分生孢子器

1. 症状

月季枝枯病主要发生在茎部，发病部位出现苍白、黄色或红色的小点，后扩大为椭圆形至不规则形病斑，中央浅褐色或灰白色，边缘清晰呈紫色，后期病斑下陷，表皮纵向开裂，病斑上着生许多黑色小颗粒，即病原菌的分生孢子器。病斑常可环绕茎部一周，引起病部以上部分变褐枯死。

2. **病原**

伏克盾壳霉又名蔷薇盾壳霉，属真菌半知菌亚门盾壳霉属。分生孢子器黑色，扁球形，具乳突状孔口。分生孢子梗短，不分枝。分生孢子浅黄色，单胞，近球形。

3. **发病规律**

病菌以菌丝体和分生孢子器在枝条的病组织内越冬，翌年春天，在潮湿条件下，分生孢子器内的分生孢子随风雨飞溅或随浇灌水滴顺茎下流传播，成为初侵染来源。病菌通过休眠芽或伤口侵入寄主。修剪、嫁接以及枝条摩擦、昆虫危害等造成的伤口是很容易感染病害的。凡茎部受伤、管理不善、过度修剪、肥料不足、受旱、受涝、树势衰弱的植株发病均较为严重。

4. **枝枯病类防治措施**

(1) 及时修剪病枝并销毁。晴天修剪，利于伤口愈合。修剪口，可用1%硫酸铜消毒，再涂1∶1∶15波尔多浆或其他保护剂。

(2) 发病初期可选用50%多菌灵可湿性粉剂800～1000倍液、70%甲基硫菌灵可湿性粉剂1000倍液或65%代森锌可湿性粉剂与50%苯菌灵可湿性粉剂各1000倍液混合喷洒。

九、软腐病类

细菌性软腐病是鸢尾的常见病害，该病寄主范围广，除鸢尾外，还危害仙客来、马蹄莲、火炬花、风信子、百合及郁金香等多种花卉植物。

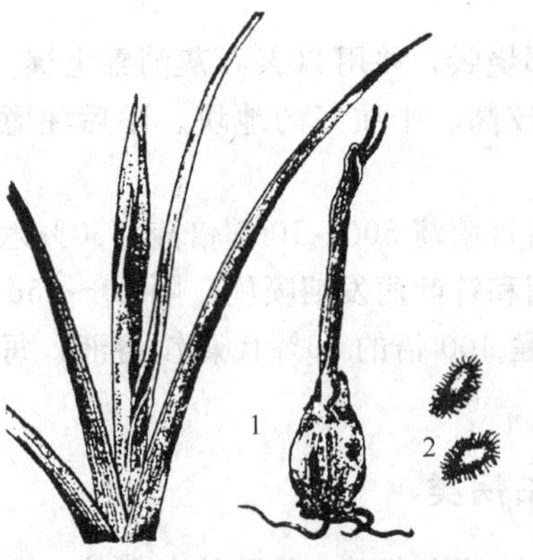

图10-11 鸢尾软腐病

1—症状；2—病原细菌

(引自林焕章《花卉病虫害防治手册》，1999)

1. **鸢尾软腐病**

鸢尾软腐病主要危害块茎，严重时植株枯死。德国和澳大利亚鸢尾发病较多。此外，还危害大丽花、菊花等（见图10-11）。

(1) 症状　鸢尾软腐病初期出现水渍状病斑，逐渐变色腐烂。严重时，叶片基部腐烂、干枯，块茎和植株基部呈褐色黏液状物，并有臭味。

(2) 病原　胡萝卜软腐欧文菌胡萝卜致病变种和海芋欧文菌，属细菌。

(3) 发病规律　在病株残体上越冬。生长季节均可侵染发病，主要借雨水、灌溉水及地下害虫传播，多从伤口侵入。春季植株感病后，能繁殖大量细菌，成为多次侵染的病源。

2. **风信子软腐病**

(1) 症状　风信子软腐病最初叶片先端出现水浸状条纹，逐渐黄化、干枯。鳞茎顶部呈水渍状黏滑性软腐，花梗基部随之腐烂，花未开，花芽先脱落，或后期形成不正常花而脱落。芽被侵染后先变白，而后发黏、发软，具恶臭味。叶片也产生水渍状腐烂。根颈部位发生水浸状病斑较多，球茎组织发生糊状腐烂，初为灰白色，后呈灰褐色，有时留下一完整的外皮。腐败的球茎或根状茎伴有恶臭气味，是诊断此病的重要依据。

(2) 病原　胡萝卜软腐欧文菌胡萝卜致病变种和海芋欧文菌属细菌薄壁菌门欧氏杆菌属。生长最适宜温度为27～30℃。

(3) 发病规律　许多风信子品种都容易感染。春季地温上升，水分过多，不通风，发病重。分球繁殖留下伤口于夏季储藏期间易发生腐烂。

3. 软腐病类的防治措施

① 栽培后期节制肥水，避免鳞茎裂底而腐烂。催花时避免温度过高，水分过多，常施追肥，及时松土。减少连作，注意换土和土壤消毒。注意排水，合理灌溉。注意通风，保持植株基部干燥。

② 选择健康无病球茎或根状茎作繁殖材料，及时剪除病叶或拔除病株销毁，彻底挖除腐烂的球茎，储藏期发现有病球茎及时剔除。

③ 及时采收，防止鳞茎破损。储藏时必须通风干燥。

④ 发现病株及时拔除烧毁，并用20%的石灰乳或每平方米用50～100g漂白粉消毒土壤。

⑤ 初发病期向植株基部喷洒1∶1∶100波尔多液；波尔多液或100～150单位农用链霉素，每隔半月1次，连喷2～3次。植株喷农用链霉素1000倍液。防止病菌传染。

十、病毒类

植物病毒病在观赏植物中十分常见，危害严重。发病植株的叶色、花色异常，器官畸形，植株矮化，重病株则不开花，并可以导致种质退化，甚至毁种。常见的病毒类病害有兰花病毒病、一串红花叶病、月季花叶病、仙客来病毒病、水仙黄条斑病等。

兰花病毒病是兰花栽培中的一类重要病害。患有病毒病的兰花植株将是终身患病，即使是新发生的幼叶、幼芽也都带有病毒，给兰花生产带来巨大损失。兰花病毒病主要包括建兰花叶病、齿兰环斑病、卡特兰兰花碎色病等（见彩图10-6）。

1. 建兰花叶病

感病植株叶片上产生褪绿斑点及坏死斑；卡特兰接种叶上形成局部坏死。此病使建兰属的植物产生花叶。病原为建兰花叶病毒。此病毒一般由汁液、机械接触、蚜虫传播。植株感染后，大部分在叶上形成坏死斑或花叶状。

2. 齿兰环斑病

引起齿兰环斑病的病原为齿兰环斑病毒。此病毒感染植株后，在建兰上产生花叶状，在卡特兰上产生坏死斑，在齿兰上形成环斑。该病毒传播的主要途径是汁液、园艺操作过程、工具。

3. **卡特兰兰花碎色病**

该病毒侵染植株后，首先在叶片上形成圆形或椭圆形坏死斑。随后，小病斑连接成大病斑，导致叶子枯黄。严重时，花变小、变色，有的变为畸形。此病毒通过汁液及园艺工具传播。病原是烟草花叶病毒兰花株。

4. **病毒病类的防治措施**

① 严把检疫关，避免病毒病在我国大发生。

② 繁殖苗必须从健壮无病的母株上采插条。将母株种植在无虫无病的地段或温室中，建立无病毒母本园专供采条。

③ 通过茎尖脱毒组培法，繁殖生产用苗。

④ 在切花生产过程中，要避免人为的传播，如在卫生管理、整株、摘心过程中，注意手和工具的消毒。

⑤ 定期喷施杀虫剂防虫，防止昆虫对病毒病的传播。

十一、植原体类

图 10-12 泡桐丛枝病（仿董元）

泡桐丛枝病在我国发生普遍，影响生长量和树势，幼苗和幼树受害严重时，当年即枯死。常见的植原体病害还有枫杨丛枝病、竹丛枝病等。泡桐丛枝病见图10-12。

1. **症状**

泡桐丛枝病典型症状为丛枝型，多发生在个别枝上，腋芽和不定芽大量萌发，丛生许多细弱小节，节间变短，叶序紊乱，叶片小而黄，有时皱缩。病枝上的小枝可抽出小枝，如此可重复数次，至秋天常簇生成团，小枝愈来愈细弱，叶也愈来愈小，外观似鸟巢。小枝多直立，冬季落叶后呈扫帚状。丛生的病枝常于冬季枯死，连年发病可导致全株死亡（见彩图10-7）。

2. **病原**

病原为植原体。

3. **发病规律**

植原体大量存在于韧皮部输导组织的筛管内，病原菌秋季随树液流向根部，春季又随树液流向树体上部。用实生苗繁殖的泡桐幼树发病率较低，成片的及行道树的发病率较高。病害可以通过带病的种根、病苗的调运而传播。已证明烟草盲蝽和茶翅蝽是传播泡桐丛枝病害的介体昆虫。带病种根和苗木的调运是病害远程传播的重要途径。

4. **植原体病害的防治措施**

① 选育抗病品种。培育无病苗木，严格选用无病植株作采种和采根母株，不用平茬苗和留根苗。采用种子繁殖，培育实生苗。

② 用 50℃的水浸种根 10～15min 可减少幼苗发病。

③ 发病初期，对表现出症状的丛生枝条及时锯掉或对老病枝进行环剥可减轻病害程度。

④ 药剂防治用 10～20mg/mL 的四环素 15～30mL 注入幼苗或幼树的髓心内，有明显的治疗效果。大树要在干基部或丛枝基部打洞，将针管插入边材木质部，将药液徐徐注入，用量因树木大小而异。此法对轻病株效果较好，重病株则易复发。

⑤ 5～6 月对传病媒介昆虫进行药剂防治。

十二、线虫病

1. 仙客来根结线虫病

仙客来根结线虫病是危害仙客来根部的重要病害，可侵染危害多种花卉，在我国发生普遍。仙客来根结线虫危害症状见图 10-13。

(1) 症状　仙客来根结线虫病在仙客来的主根或新生的侧根上产生单生或串生的瘤状根结，根瘤初为淡黄色，表皮光滑，后期变褐色，表面粗糙，剖开根瘤可见白色粒状物，即为梨形的雌线虫。受害植株生长衰落、叶色发黄或枯死（见彩图 10-8）。

(2) 病原　南方根结线虫、花生根结线虫和高弓根结线虫。花生根结线虫雌虫，虫体末端具一棕黄色胶质卵囊，一端露于病瘤外，每卵囊内有卵 300～500 个，会阴部弓形纹较低平，稍呈圆形，背面圆而扁，侧线上无明显沟纹，仅具不规则断续横纹，近尾尖处无刻点。雄虫线形。南方根结线虫，线虫纲、垫刃目、根结线虫属。雄虫蠕虫形，尾短而钝圆，有两根弯刺状的交合刺。雌虫鸭梨形，阴门周围有特殊的会阴花纹。幼虫蠕虫形。卵长椭圆形，无色透明。

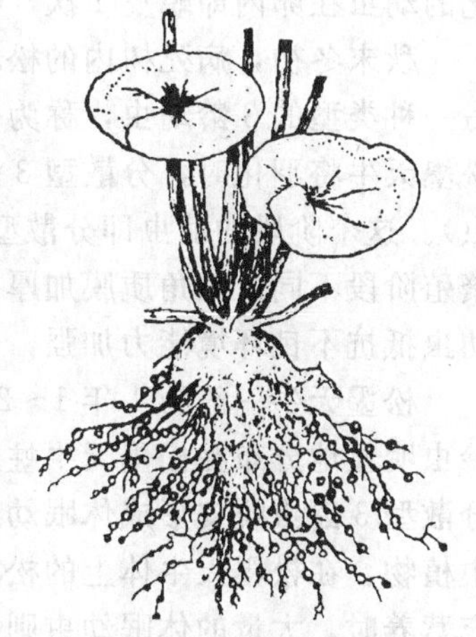

图 10-13　仙客来根结线虫为害症状（引自李传仁《园林植物保护》，2007）

(3) 发病规律　病原线虫卵、幼虫、成虫都可以越冬，在土内或随患病根在土中越冬。雌虫在病根上越冬，卵在卵囊内越冬，成活期可达两年，在土内越冬的 2 龄幼虫，可直接侵入寄主的幼根，刺激寄主形成巨型细胞，并形成根结。幼虫几经脱皮发育为成虫，雌雄交配产卵或孤雌生殖产卵。翌年环境适宜侵入寄主。完成 1 代约需 30～50d，1 年发生约 3～5 代。线虫可借水流、肥料、病土和种苗等传播。带毒种苗是远距离传播的重要途径。土壤内幼虫如 3 周遇不到寄主，死亡率可达 90%。连作、高温高湿、盆土疏松、湿度过大有利发病。

2. 松材线虫病

松材线虫病又名松枯萎病，是松树的一种毁灭性病害。其分布地区包括北美的美国、加拿大和墨西哥，亚洲东北部的中国、日本和韩国，以及欧洲的葡萄牙。由于其危害严重、防治困难，因而受到世界各国的高度重视。在世界上被列为重要的危险性森林病害。

（1）症状　松材线虫通过松墨天牛补充营养的伤口进入木质部，寄生在树脂道中。在大量繁殖的同时移动，逐渐遍及全株，并导致树脂道薄壁细胞和上皮细胞的破坏和死亡，造成植株失水，蒸腾作用降低，树脂分泌急剧减少和停止。所表现出来的外部症状是针叶陆续变为黄褐色乃至红褐色，萎蔫，最后整株枯死。病死木的木质部往往由于有蓝变菌的存在而呈现蓝灰色。

（2）病原　由蠕形动物门，线虫纲，垫刃目，滑刃总科，伞刃属的松材线虫侵染引起的。

（3）发病规律　该线虫由卵发育为成虫，其间要经过4龄幼虫期。雌、雄虫交尾后产卵，雌虫可保持30d左右的产卵期，1条雌虫产卵约100粒。在生长最适温度（25℃）条件下约4d 1代，发育的临界温度为9.5℃，高于33℃则不能繁殖。由卵孵化的幼虫在卵内即蜕皮1次，孵出的幼虫为2龄幼虫。

秋末冬初，病死树内的松材线虫已逐渐停止增殖，并有自然死亡，同时开始出现另一种类型的3龄幼虫，称为分散型3龄虫，进入休眠阶段，翌年春季，当媒介昆虫松墨天牛将羽化时，分散型3龄虫蜕皮后形成分散型4龄虫，即休眠幼虫（耐久型幼虫）。这个阶段的幼虫即分散型3龄、分散型4龄幼虫在形态上及生物学特性上都与繁殖阶段不同，如角质膜加厚、内含物增多，形成休眠幼虫口针、食道退化，这阶段幼虫抵抗不良环境能力加强，休眠幼虫适宜昆虫携带传播。

松墨天牛一般为1年1～2代；在1年1代的地区，春天可见松材线虫分散型3龄虫明显地分布在松墨天牛蛀道周围，并渐渐向蛹室集中。当松墨天牛即将羽化时，分散型3龄虫蜕皮形成休眠幼虫，通过松墨天牛的气门进入气管，随天牛羽化离开寄主植物。在松墨天牛体上的松材线虫均为休眠幼虫，多分布于气管中，当松墨天牛补充营养时，大量的休眠幼虫则从其啃食树皮所造成的伤口侵入健康树。松墨天牛在产卵期线虫携带量显著减少，少量线虫也可从产卵时所造成的伤口侵入寄主，休眠幼虫进入树体后即蜕皮为成虫进入繁殖阶段，大约以4d 1代的速度大量繁殖，并逐渐扩散到树干、树枝及树根。被松材线虫侵染了的松树大抵是松墨天牛产卵的对象。翌年松墨天牛羽化时又会携带大量线虫，并接种到健康树上，如此循环，导致松材线虫的传播。

3. 线虫病的防治措施

① 加强植物检疫，严格禁止有病的苗木调出、调入。避免疫区扩大病株传入无病区。

② 病土进行消毒。采用日光曝晒方法，即将带虫土摊铺8～10cm厚于室外或温室地上。经日光曝晒和干燥30d左右，可杀死根结线虫。也可选用80%二溴氯丙烷乳剂或棉隆微控制进行土壤消毒。花盆和其他用具要清洗消毒。病土要集中处理。将染病球茎在46.6℃的水中浸泡60min或在48.9℃水中浸泡60min或在48.9℃的水中浸泡30min。

③ 与禾本科植物轮作，间隔2～3年；种植前20～30d，用甲基异硫磷和棉隆进行消毒；病地在种植前10～15d，每667m^{2}用80%二溴氯丙烷乳油2kg对水35～

50L，沟施。也可用20%二溴氯丙烷，每平方米15～20g或3%呋喃丹颗粒剂穴施在花盆中，每盆3～4g；生长期或种植期病株用10%克线磷（力满库）施在根部，每667m^2 2～5kg，可沟施穴施，也可撒施，还可顺水施，但不要过量。

④ 检验中发现有携带线虫的松木及包装箱等应采取溴甲烷熏蒸处理（具体方法略），或浸泡于水中5个月以上，或切片后用作纤维板、刨花板或纸浆等工业原料及作烧炭等燃料用。

⑤ 对利用价值不大的小径木、枝丫等可集中烧毁，严禁遗漏。

⑥ 药剂防治：5%克线磷用量为土重的0.1%，或6cm花盆0.75g，或10%丙线磷用量6cm花盆0.5g。这两种药剂可以在生长期使用，但种植前使用效果更好。10%杀灭威，每平方米5.6g，处理和种植之间至少间隔4周。

第三节　园林植物昆虫学基础知识

园林植物昆虫学是以园林植物害虫为主要研究对象，研究内容包括园林害虫的种类及其生物学特性、发生消长规律和防治措施等，也包含园林害虫天敌的保护利用。园林植物是城市生态系的重要组成部分，然而，园林植物在生长发育过程中会受到许多害虫及其他有害生物的侵害。昆虫不仅直接危害植物，而且还能传播植物病害。植物的真菌、细菌、病毒等病害均有以昆虫为传播媒介的，其中有些病毒必须由昆虫传播，蚜虫、叶蝉、飞虱等刺吸式口器昆虫都是重要的传病媒介。昆虫传播病害造成的损失远远大于由于其取食或产卵等所造成的直接损失。危害园林植物的有害动物种类较多，其中绝大多数是昆虫，其次是螨类和软体动物等。

一、昆虫形态特征

昆虫隶属动物界、节肢动物门、昆虫纲。具有种类多、数量大、分布广的特点。

昆虫的身体分成头部、胸部和腹部三段。头部具有口器和一对触角，并有复眼2个，通常有单眼3个，是昆虫取食和感觉的中心。胸部分3节，具有3对足，一般还有2对翅，是昆虫运动的中心。腹部后端着生外生殖器，有的还有1对尾须，是昆虫生殖和代谢的中心。

1. 触角

大多数昆虫头部都具有触角1对，是昆虫的感觉器官，可以帮助昆虫找到食物和异性，是传递信息的主要器官。触角是由许多环节组成的，基部1节称柄节，第2节称梗节，第3节以上统称鞭节。触角的种类很多，常见的有丝状、刚毛状、棒状、羽状、膝状、念珠状、鳃叶状等。

2. 口器

口器是昆虫的取食器官，口器外形变化很大，使昆虫取食方式各异。最常见的有咀嚼式口器，如金龟子和一些鳞翅目的幼虫，把植物的叶片咬成缺刻、穿孔或啃叶肉留叶脉，甚至把叶全部吃光。其次是刺吸式口器，如椿象、蚜虫、蚧等，将口器刺入植物的组织内吸取汁液，造成卷叶萎缩；还有虹吸式口器，如蝶、蛾类成虫的口器。此外还有蜂类的嚼吸式，蝇类的舐吸式，蓟马的锉吸式，蝇类幼虫的口钩等多种类型。口器种类不同，防治上用药也不同，如刺吸式口器昆虫，防治时应选用内吸剂和触杀剂，而对咀嚼式口器昆虫则多用胃毒性杀虫剂。

3. 足

足是昆虫的行动器官，着生在胸部每节两侧下方，从基部起依次称基节、转节、腿节、胫节、跗节，通常还有爪和中垫。足的类型有天牛的步行足，蝗虫的跳跃足，蝼蛄的开掘足，螳螂的捕捉足等。

4. 翅

翅是昆虫的飞行器官，着生在中胸和后胸，多为三角形。翅的类型有膜翅、毛翅、鳞翅、覆翅、鞘翅、半鞘翅等。

二、昆虫生物学特性

1. 昆虫发育阶段

昆虫一生一般要经过卵、幼虫、蛹、成虫四个发育阶段。各种昆虫形态特征不同，一种昆虫不同发育阶段的形态特征也不一样。

（1）卵　昆虫卵的大小，一般与昆虫身体的大小有关。卵通常较小，形状繁多，通常呈长卵形或肾形，还有桶形、纺锤形、球形、半球形、扁圆形等。各种昆虫都有一定的产卵方式和场所，如刺蛾产卵在叶片上；天牛产卵在植物组织中；寄生蜂产卵在寄主体内。

（2）幼虫　昆虫的幼虫身体通常也分头、胸、腹三部分。头部较坚硬，有单眼、触角及口器。口器一般分为“咀嚼式”和“刺吸式”两种。身体较柔软，前胸和尾部背面各有一块骨片，称前胸背板和尾板（臀板）。有些幼虫体表生有附着物，常见有刚毛，刚毛基部硬化区叫做毛片，多毛的瘤状突起叫做毛瘤，坚硬不能活动的叫做刺。根据足的多少和发育程度可将全变态昆虫幼虫分为四类：

① 原足型　幼虫很像一个发育不完全的胚胎，腹部不分节，胸足和其他附肢只是几个突起，如寄生蜂的早龄幼虫等。

② 多足型　幼虫除有 3 对胸足外，还有 2～8 对腹足，如蝶、蛾及叶蜂幼虫等。

③ 寡足型　幼虫具有 3 对胸足，没有腹足，如金龟子、步甲幼虫等。

④ 无足型　幼虫没有行动器官，如蝇、蜂类幼虫和天牛幼虫等。

（3）蛹　全变态昆虫的末龄幼虫，老熟后停止取食，不活动，进入预蛹期。预蛹期即是末龄幼虫在化蛹前的静止时期。等到末龄幼虫脱去最后一次皮才变为蛹。蛹通常分为三类：

① 离蛹　又称裸蛹。它的特点是触角、胸足和翅等附属器官可以活动，如甲虫和蜂类的蛹。

② 被蛹　这类蛹的附肢和翅都粘贴在体上，不能活动，如蝶、蛾类的蛹。

③ 围蛹　这类蛹是由幼虫最后的蜕皮形成一个桶形的硬壳，以保护其中的离蛹，

如蝇类的蛹。

(4) 成虫期　是昆虫个体发育的最后一个阶段。主要任务是交配产卵、繁殖后代。成虫期形态固定，特征高度发展，是分类的主要依据。

2. 昆虫的世代和生活史

昆虫自卵期发育开始，经过幼虫、蛹直至成虫的整个阶段，称为一个世代。各种昆虫完成一个世代所需时间各不相同，短的一年数代或数十代，长的一年或数年甚至数十年才完成一代。昆虫在一年内出现的各个虫期及世代的变化情况，称为年生活史。

3. 昆虫的变态

昆虫一生中，个体在形态上的变化基本分为两类。

(1) 不完全变态　昆虫一生只经过卵、幼虫、成虫三个发育阶段（没有蛹期），这类变态的幼虫称做若虫。若虫和成虫在形态、生活习性方面基本相同，若虫与成虫的区别只是若虫的翅、生殖器官没有发育成熟。若虫经过最后 1 次脱皮就变为成虫。如蚜虫、蝽、蝼蛄等。

(2) 完全变态　昆虫一生中要经过卵、幼虫、蛹、成虫四个发育阶段。幼虫与成虫在形态、生活习性上完全不同，老熟幼虫要经过一个不活动的蛹期，再羽化为成虫。如天牛、蝶、蛾、蝇、蜂等。

4. 昆虫的生殖

多数昆虫进行卵生生殖，少数昆虫在母体内即行发育，雌成虫产下的不是卵，而是幼虫，这叫做伪胎生殖。

(1) 两性生殖　这是绝大多数昆虫的生殖方式，必须雌雄两性交配，卵子受精后，才能发育成新的个体。又称有性生殖。

(2) 单性生殖　卵不经过受精，也能发育成新的个体。

(3) 产雄孤雌生殖　蜜蜂和多数膜翅目昆虫，未经交配或没有受精的卵，能成长发育为雄虫，受精卵则发育为雌虫。

(4) 产雌孤雌生殖　一些蚧、蓟马等，很少有雄虫或从未见雄虫，未经交配所产下的卵，均能正常发育为雌虫或绝大部分为雌虫，简称孤雌生殖。

(5) 多胚生殖　一个成熟的卵，可以发育成两个至两千个新的个体，这种生殖方式，称为多胚生殖，其后代性别决定于卵是否受精，受精卵发育为雌虫，未受精卵则发育为雄虫，常见在一些内寄生性的蜂类中。

一些蚜虫的生殖方式较特别。秋末，气候变冷，营孤雌生殖的有翅蚜飞到植物上，不久即产生雌雄两性的后代，二者交配产卵，以受精卵越冬；初春，由越冬卵孵出无翅的雌蚜，营孤雌生殖，数代后产生有翅蚜，飞迁到一年生植物上，此后就一直营孤雌生殖，直至迁回第一寄主，秋末再产生两性蚜。这样的生殖方式，称为异态交替（世代交替）。

5. 昆虫的发育

昆虫的一生中，从成虫产卵到卵孵化为幼虫所经过的时间叫做卵期。幼虫从卵壳中爬出来叫做孵化。初孵化的幼虫叫做第一龄幼虫，经过一次脱皮叫做二龄幼虫，以后每脱一次皮就增加一龄。每两次脱皮间的时间，叫做龄期。最后幼虫停止取食，不再生长，叫做老熟幼虫或称末龄幼虫。老熟幼虫再经过脱皮变为蛹，这种变化叫做化蛹。从初孵幼虫到化蛹这段时间叫做幼虫期。不完全变态的老熟幼虫经过脱最后一次皮变为成虫或蛹内成虫钻出蛹壳，这个过程叫做羽化。从化蛹到羽化成虫，这段时间叫做蛹期。成虫羽化后到死亡这段时间叫做成虫期。

6. **昆虫的行为**

(1) 假死性　有些昆虫的成虫如金龟甲、叶甲等；幼虫如尺蠖等，受到突然震动时，就会立即掉到地面上，即所谓“假死”，这种现象是昆虫对外来刺激的防御性反应，可以利用害虫的假死性，进行人工防治。

(2) 趋性　昆虫对自然界的刺激物所产生的反应。趋向刺激物的活动叫做正趋性；避开刺激物的活动叫做负趋性；引起昆虫趋、避活动的主要刺激物有光、温度、化学物质，昆虫的趋性相应地也有趋光性、趋温性、趋化性。这些趋性在防治上是可以利用的。对有趋光性的昆虫，如刺蛾、灯蛾、毒蛾等可以用黑光灯诱杀；对喜食甜、酸等化学气味的小地老虎，可以用糖醋液诱杀。

(3) 休眠　昆虫在发育过程中，常因低温、干燥及食物不足，有临时停止发育的现象，这叫做休眠。昆虫在休眠期，不食不动，以休眠度过冬季或夏季，这叫做越冬或越夏。昆虫的卵、幼虫、蛹、成虫四个时期，都可以发生休眠现象。休眠期害虫对外界不良条件抵抗力较强，但又是其生活中的薄弱环节，只要掌握害虫休眠场所，可以集中人力予以歼灭。

(4) 食性　各种昆虫长期生活在自然界，逐渐形成了各自的食性，通常分为植食性、肉食性、腐食性三类。①植食性：以活的植物的各个部位为食物，大多是植物上的害虫。②肉食性：以其他活动物为食物，有捕食性的瓢虫、螳螂、食蚜虻等；有寄生在动物体内的寄生蜂、寄生蝇，有寄生动物体外的虱等。③腐食性：以植物的残余物、动物的尸体或粪便为食物，如蝇、食粪金龟甲等。

根据昆虫吃的食物种类的多少，又可以分为单食性、寡食性、多食性三类。①单食性：只以一种植物或动物为食，如楸螟只为害楸树；梨茎蜂只为害梨树。②寡食性：能吃1个科或近缘科的多种植物，如顶梢卷叶蛾。③多食性：又叫杂食性。能取食各种不同科的植物，如刺蛾、蓑蛾等。

三、昆虫分类

危害园林植物的昆虫种类很多，按其取食方式和危害寄主的部位，通常将其分为食花食叶类、刺吸类、蛀枝干类、地下害虫四类，分属于以下7个目。

(1) 直翅目　口器咀嚼式。前胸背板多呈马鞍形。前翅革质狭长，后翅膜质，成扇状纵褶于前翅之下。大多数种类后足发达为跳跃式。常见害虫有蝗虫、螽斯、蟋蟀、蝼蛄。

(2) 半翅目　通称椿象或蝽。刺吸式口器（由头前端生出）。前胸背扳宽大，中胸小盾片发达。翅2对，前翅基半部革质，端半部膜质。常见害虫有网蝽、盲蝽等。

（3）同翅目　刺吸口器（从头后端生出）。前翅全部为革质或膜质，后翅膜质。休止时作屋脊状复叠。常见害虫有蝉、叶蝉、沫蝉、木虱、粉虱、蚜虫、介壳虫等。

（4）鞘翅目　通称甲虫。主要特征是前翅硬化为角质，后翅膜质，口器咀嚼式；幼虫为寡足型。常见害虫有天牛、叶甲、吉丁虫、叩头虫、金龟甲、小蠹、象甲等。

（5）鳞翅目　成虫翅2对，体翅表面密被鳞片和鳞毛，虹吸式口器；完全变态。幼虫多足型。常见害虫有凤蝶、粉蝶、毒蛾、木蠹蛾、刺蛾、卷叶蛾、螟蛾、天蛾、尺蛾、舟蛾、夜蛾、灯蛾等。

（6）膜翅目　通称蜂、蚁。有2对膜质翅，前大后小。口器咀嚼式（蜜蜂除外），幼虫多为无足型。

（7）双翅目　包括蚊、虻、蝇。成虫只有1对膜质前翅，后翅退化成平衡棒。常见害虫有潜叶蝇、花蝇、实蝇、瘿蚊等。

第四节　园林植物主要虫害及防治

一、叶甲类

榆蓝叶甲属鞘翅目叶甲科。危害园林植物的种类还有白杨叶甲、柳蓝叶甲、琉璃榆叶甲、紫榆叶甲、榆黄毛萤叶甲和榆绿毛萤叶甲等。榆蓝叶甲见图10-14。

1. 分布与危害

榆蓝叶甲在华北、东北、西北等地区发生普遍，成虫、幼虫均咬食园林植物叶片，成虫具有假死性。成虫和幼虫均危害榆树，严重时整个树冠一片枯黄。若未及时防治，可将树叶吃光。

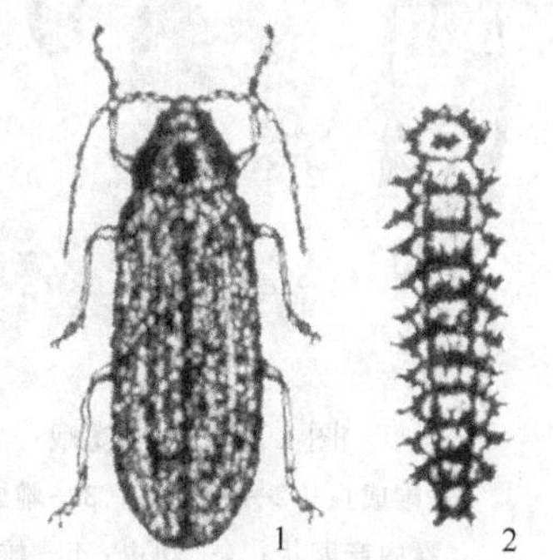

图10-14　榆蓝叶甲
1—成虫；2—幼虫；
（仿中国大百科在线全文检索）

2. 形态特征

成虫黄褐色，近长方形。鞘翅蓝绿色具金属光泽。头顶有一近三角形黑纹，触角黑色。前胸背板有3个黑斑。卵黄色，梨形，似炮弹直立两行排列。老熟幼虫深黄色，体背有黑色毛瘤，前胸背板有对四方形黑斑。蛹乌黄色椭圆形，披黑褐色刚毛。

3. 发生规律

榆蓝叶甲在北京1年发生1～2代，以成虫在树皮裂缝、土中、砖石下及杂草丛等处越冬。榆树发芽时越冬成虫开始活动，交尾、产卵，5月上旬（榆钱末期）卵开始孵化。幼龄幼虫取食叶肉，残留表皮及叶脉，被害叶呈筛网状；幼虫期约1个月。6月中旬至7月上旬为第1代成虫盛期，此时危害严重易造成灾害，成虫一般在叶背剥食叶肉造成穿孔。7月中旬开始在叶背产卵，呈块状。2代幼虫7月下旬开始孵化，8月中旬开始下树化蛹，8月下旬至10月上旬为成虫发生期。成虫在林间飞行、爬行迅速，取食叶片，有假死性，触之即坠地。

4. **叶甲类的防治措施**

（1）人工捕杀　冬、春季在墙脚缝隙处、砖石堆等越冬场所捕杀越冬成虫，也可于第1，2代老熟幼虫群集化蛹时，人工刷除。利用其假死性，将其振落捕杀。

（2）药剂防治　幼虫发生期用40%乐果乳油或30%乙酰甲胺磷乳油涂干，内吸杀虫效果达100%，也可喷洒50%杀螟硫磷乳油或40%乙酰甲胺磷乳油800倍液，10%灭百可2000倍液，或40%速扑杀1500倍液。成虫越冬后用40%氧化乐果、50%杀螟松乳油1000倍液喷雾。

（3）保护利用天敌　如榆卵啮小蜂、瓢虫等。

（4）诱杀成虫　于成虫发生期，设黑光灯或频振式杀虫灯诱杀成虫。

二、蓑蛾类

大蓑蛾属鳞翅目袋蛾科，又称袋蛾、避债蛾、吊死鬼。主要种类还有小蓑蛾、茶蓑蛾。大蓑蛾见图10-15及彩图10-9。

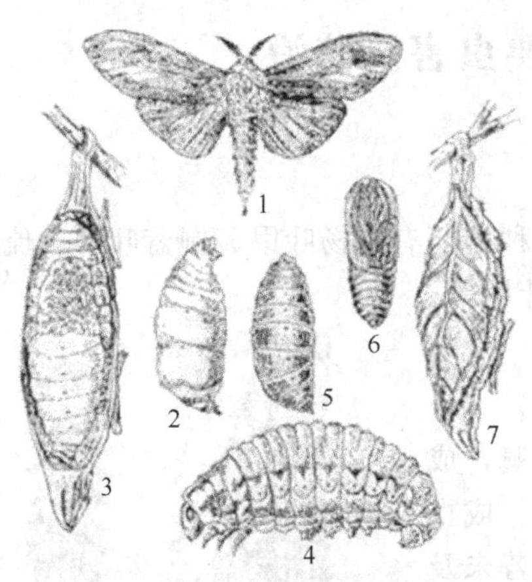

图10-15　大蓑蛾
1—雄成虫；2—雌成虫；3—雌成虫在囊内产卵状；4—幼虫；5—雌蛹；6—雄蛹；7—护囊
（引自蔡平《园林植物昆虫学》2005）

1. **分布与危害**

大蓑蛾在我国主要分布在长江流域及其以南各省市。国外有印度、菲律宾、印度尼西亚等地。可危害榆、腊梅、山茶和樱花等多种观赏树木，大发生时可将叶片吃光，影响植株生长发育。

2. **形态特征**

雌雄异形。雌成虫粗壮，无翅，蛆状，头小，淡赤色，胸部背面中央有1条褐色隆脊，后胸腹面及第7腹节后缘密生黄褐色绒毛环。腹内卵粒清晰可见，终生在袋囊内生活。雄虫黑褐色，触角双栉齿状，胸部有5条深纵纹。卵呈椭圆形，淡黄色，产于护囊内。幼虫共5龄，3龄起雌雄明显异型，幼虫雌性老熟幼虫粗肥，头部赤褐色，头顶有环状斑。腹部黑褐色，各节有皱纹。雄性老熟幼虫头部黄褐色，中央有一白色“八”形纹。蛹雌雄异型。雌蛹纺锤形，淡褐至黑褐色，蛹体前端呈屋脊状，尾端有3根小刺。雄蛹长椭圆形，淡褐至黑褐色，尾部顶端有1叉状突起，顶端有1下曲的钩刺。护囊纺锤形，囊外附较大的碎叶片，有时还有少数零散的枝梗；老熟雌囊大，饱满，而雄囊小，较瘦削。

3. **发生规律**

一般1年1代，少数2代。以老熟幼虫在护囊里悬挂在枝条上越冬。5月上旬化蛹，5月下旬羽化。雌成虫经交配后产卵于护囊内，平均每雌虫产卵3000～4000粒，产卵后雌虫干缩死亡，卵期20d左右，6月中、下旬孵化，幼虫从囊内蜂拥爬出，吐丝随风扩散，遇适宜寄主时，以丝缀取叶子碎片或少量枝梗营囊护身。藏匿于囊内，取食迁移均负囊活动。护囊随虫体长大而不断增大。4～5龄幼虫食量最大为害最重。幼虫喜光，故多聚集于树枝梢头危害，幼虫具有较强的耐饥性。

4. 蓑蛾类的防治措施

（1）人工捕杀 冬、春结合修剪，随时摘除袋囊集中烧毁。

（2）灯光或性信息激素诱杀 5月下旬至6月上旬用黑光灯、频振式杀虫灯或信息激素诱杀雄蛾。

（3）药剂喷雾防治 可用48％毒死蜱乳油、40％乙酰甲胺磷乳油、50％敌敌畏乳油或90％晶体敌百虫1000倍液喷雾，效果很好。

（4）保护利用天敌 如袋蛾天敌伞裙追寄蝇和袋蛾瘤姬蜂等。

三、刺蛾类

黄刺蛾属鳞翅目刺蛾科，又名痒辣子、刺毛虫。为害严重的还有褐刺蛾、绿刺蛾、扁刺蛾等。黄刺蛾见图10-16及彩图10-10。

1. 分布与危害

黄刺蛾在中国各地均有分布。寄主有梅花、西府海棠、桃花、月季、石榴、樱花、红叶李等。幼虫食叶，5龄以后，可把整片叶吃光，仅留主脉。刺蛾幼虫具有枝刺和毒毛，刺人剧痛，故称刺蛾。

2. 形态特征

成虫体黄色，前翅黄褐色，顶角有1条斜纹将翅斜分为两部分，上方黄色，有2褐色点，下方褐色。有2条斜线在翅尖汇合。前翅内半部黄色，外半部为褐色，有2条暗褐色斜线在翅尖上汇合于一点呈倒“V”字形，里面的1条伸至中室下角，为黄色与褐色的分界线，后翅灰黄色。卵扁平，椭圆形，淡黄色。老熟幼虫头小，黄褐色，胸、腹部肥大，黄绿色，体背上有1块紫褐色“哑铃”形大斑。胴部第2节以下各节在亚背线上各有1对刺突，其中以胴部第3、4、10、12节上的刺突最大，第4节刺突较小。体两侧下方还有9对刺突，刺突上生有毒毛。腹足退化具吸盘。蛹椭圆形，黄褐色。茧灰白色，卵形，表面有黑褐色纵宽条纹。于树干缝隙或枝杈上结茧。

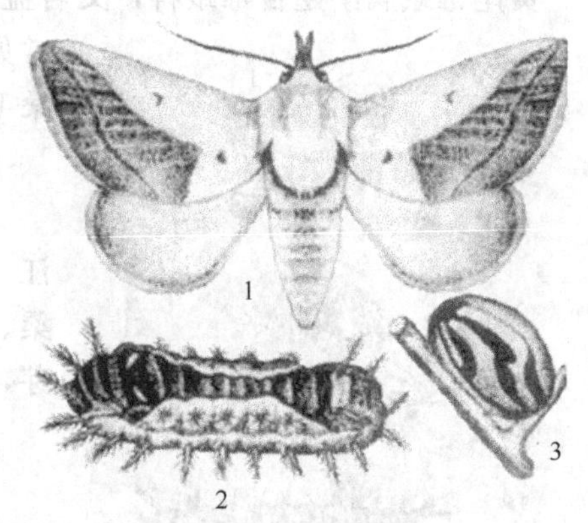

图10-16 黄刺蛾

1—成虫；2—幼虫；3—茧

（引自李成德《森林昆虫学》，2004）

3. 发生规律

一般1年2代。越冬代幼虫于4月底、5月上旬开始化蛹，5月中、下旬出现第1代成虫，5月下旬产卵，6月上、中旬陆续出现第1代幼虫，7月上、中旬结茧化蛹，7月中、下旬即可见到第2代幼虫，延续到9月、10月上、中旬结茧越冬。初龄幼虫有群集性，成虫有趋光性。

4. 刺蛾类的防治措施

(1) 人工除茧　冬季结合修剪，清除树枝上的越冬茧，或利用入土结茧习性，组织人力在树干周围挖茧。

(2) 灯光诱杀　羽化盛期，用黑光灯或频振式杀虫灯诱杀成虫。

(3) 生物防治　选用Bt杀虫剂在潮湿条件下喷雾。青虫菌对扁刺蛾比较敏感，可以喷Bt乳剂100亿孢子/mL，200～500菌液，或喷敌百虫1000倍液。同时，注意保护利用寄生蜂类天敌昆虫。

(4) 化学防治　幼虫2～3龄阶段，可用90%晶体敌百虫1000倍液、50%杀螟硫磷乳油1000倍液、30%乙酰甲胺磷乳油600倍液或20%氰戊菊酯乳油3000倍液等喷雾。

四、毒蛾类

黄尾毒蛾属鳞翅目毒蛾科，又名盗毒蛾、桑毛虫、黄尾白毒蛾。危害观赏植物。常见的毒蛾还有舞毒蛾、柳毒蛾和侧柏毒蛾等。桑毛虫见图10-17。

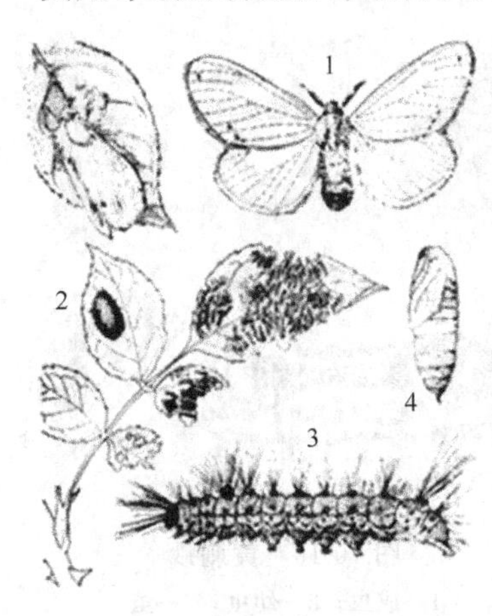

图10-17　桑毛虫

1—成虫；2—卵块；3—幼虫；4—蛹

(引自上海市园林学校《园林植物保护学》，1990)

1. 分布与危害

黄尾毒蛾分布于黑龙江、辽宁、北京、浙江、湖南、云南等省市。黄尾毒蛾危害乌桕、桑、李、梅及樱花等多种植物。幼虫取食叶、芽，越冬幼虫剥食春芽，严重时可将树芽食光。

2. 形态特征

成虫体、翅白色，前翅内缘近臀角处有浅黑斑，触角双栉齿状，腹末具金黄色毛丛。卵呈扁球形，淡黄色，卵块上覆棕黄色绒毛。老熟幼虫头黑色，胸腹部黄色，腹部第1、2、8节膨大且显著隆起，毛瘤大而长。背线黑色，亚背线、气门上线和气门线黑褐色。全体各节上均有许多突起，均生黑毛，每节有毛瘤3对，上生长短不一的褐色毒毛。蛹黑褐色，长圆形，体生黄色刚毛。臀棘较长，表面光滑，末端生1根细刺。茧黄褐色，椭圆形，附有幼虫期毒毛。

3. 发生规律

每年发生代数因地而异，均以幼虫在树干缝隙及树洞处蛀孔吐丝结茧越冬。华北1年1～2代，长江流域1年3～4代，广东1年6代。4月初，第1代幼虫破茧爬出取食春芽，6月上旬羽化。成虫傍晚活动，有趋光性。其他各代幼虫分别在6月中旬、8月上旬、9月下旬出现。初孵幼虫有群集性，4龄后分散。幼虫具假死性，受惊后吐丝下垂转移。10月底至11月初，老熟幼虫在树皮裂缝、卷叶内或在林木附近土块下、篱笆、杂草丛中结茧越冬。

4. **毒蛾类的防治措施**

（1）人工捕杀　利用毒蛾幼虫群集越冬习性，结合冬季修剪集中消灭幼虫。可在树干束草，诱集幼虫越冬加以消灭。摘除卵块及消灭初孵群集幼虫。

（2）灯光诱杀　设置黑光灯或频振式杀虫灯诱杀成虫。

（3）化学防治　越冬幼虫活动时和各代幼虫 3 龄前群集时，用 10%氯氰菊酯乳油 2000～5000 倍液、2.5%三氟氯氰菊酯乳油 3000～5000 倍液、50%杀螟硫磷乳油 1000 倍液或 50%辛硫磷乳油 2000 倍液等喷雾。

五、舟蛾类

杨扇舟蛾属于鳞翅目舟蛾科。主要种类还有杨二尾舟蛾、槐羽舟蛾等。杨扇舟蛾见图 10-18 及彩图 10-11。

1. **分布与危害**

杨扇舟蛾以幼虫危害多种杨、柳的叶片，常造成严重的危害，全国各地均有发生。

2. **形态特征**

成虫体、翅灰褐色，前翅顶角有 1 个三角形赤褐色扇形大斑，斑下面有 1 个黑色圆点。卵呈扁圆形，初产时橙红色，后变为灰黑色。老熟幼虫头黑褐色，体具白色细毛，背面淡黄绿色，体各节着生环形排列的橙红色瘤 8 个，腹部第 1 和第 8 节背面中央具有较大的枣红色肉瘤，腹背 2 侧有灰褐色宽带。蛹红褐色。

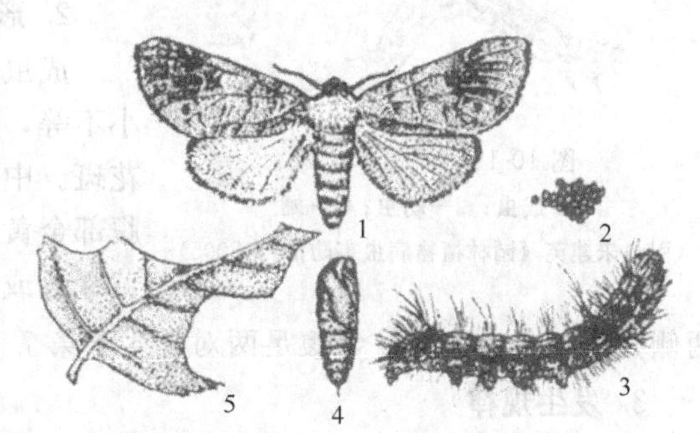

图 10-18　杨扇舟蛾

1—成虫；2—卵；3—幼虫；4—蛹；5—受害状

（引自宋建英《园林植物病虫害防治》，2005）

3. **发生规律**

因各地气候条件的变化，发生世代数也不相同。各地均以蛹结薄茧在土中、树皮缝和落叶卷苞内越冬。翌年 3～4 月初开始羽化。6 月上旬至 10 月上旬为 1～4 代幼虫为害期。老熟幼虫于 9 月下旬至 10 月中旬化蛹越冬。成虫白天栖息于叶背，夜间活动，趋光性强，卵块产于叶背。初孵幼虫有群集性，可吐丝下垂随风传播。老熟幼虫在树上缀叶吐丝结茧化蛹。末代老熟幼虫沿树干爬到地面，化蛹越冬。条件适宜大约每月发生 1 代，有世代重叠现象。

4. **舟蛾类的防治措施**

（1）人工捕杀　冬季在越冬场所挖越冬蛹，集中销毁；摘除卵块和虫苞；于幼虫初龄阶段群集时，剪下虫枝或振落捕杀。

（2）药剂喷雾防治　幼虫期用 10%氯氰菊酯乳油 2000～5000 倍液、2.5%三氟氯氰菊酯乳油 3000～5000 倍液、25%灭幼脲胶悬剂 2000 倍液、4.5%高效氯氰菊酯乳油 2000 倍液或 80%敌敌畏乳油 1000 倍液喷雾防治。

（3）保护利用天敌　如黑卵蜂、寄生蝇、胡蜂和螳螂等。

六、尺蛾类

丝棉木金星尺蠖属鳞翅目尺蛾科，又名大叶黄杨金星尺蠖。主要种类还有大造桥虫、杨尺蛾、黄连木尺蛾、国槐尺蛾、女贞尺蛾等。丝棉木尺蛾见图10-19及彩图10-12。

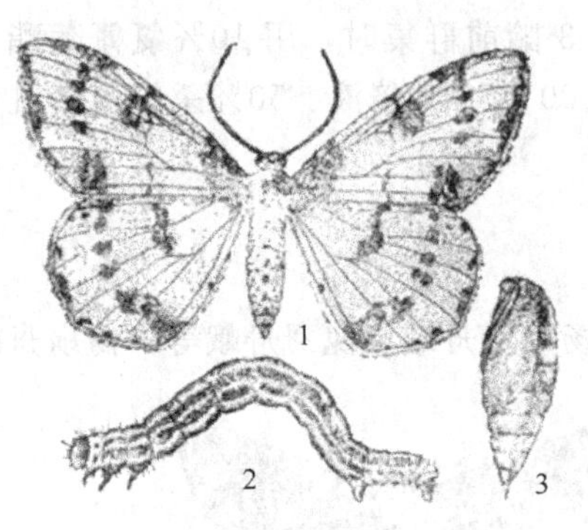

图10-19　丝棉木尺蛾
1—成虫；2—幼虫；3—蛹
（引自宋建英《园林植物病虫害防治》，2005）

1. 分布与危害

丝棉木金星尺蠖危害丝棉木、大叶黄杨、卫矛、榆、杨和柳等，是大叶黄杨绿篱重要害虫。

2. 形态特征

成虫翅银白色，前翅外缘有淡灰色斑，大小不等，排列不规则。前翅基部有1个深黄色花斑。中部有1个大斑。前后翅的斑纹相连。腹部金黄色，上有成行的黑斑点。卵呈椭圆形，黄绿色或灰褐色。老熟幼虫黑色。身体背面和两侧共有5条白色纵纹，腹足两对，生于第7节和第10节。蛹纺锤形，棕褐色。

3. 发生规律

一年发生3～4代，以蛹越冬。4月下旬至5月上旬成虫羽化，产卵于叶背、枝干、杂草中。5月初幼虫开始孵化，黑色，群居，后分散为害。各代幼虫期为7月、8月、9～10月，老熟幼虫于10月下旬入土化蛹越冬。成虫飞翔能力不强，有趋光性。

4. 尺蛾类的防治措施

（1）人工捕杀　成虫飞翔力不强，利用早晚常集中于寄主中下部的特性，可组织人力捕杀。也可于9月至次年4月松土灭蛹。幼虫有吐丝下垂习性，可振落捕杀。

（2）于秋冬季和各代化蛹期，在树木附近松土里挖蛹消灭。

（3）突然振荡小树或树枝，使幼虫吐丝下垂时弄下杀死。

（4）于各代幼虫吐丝下地准备化蛹时，人工扫集杀死。用黑光灯诱杀成虫。

（5）保护胡蜂、土蜂、寄生蜂、麻雀等天敌，有条件还可释放卵寄生蜂、赤眼蜂、养鸡等来治虫。

（6）药剂喷雾防治　幼虫发生期喷10％氯氰菊酯乳油2000～5000倍液、2.5％三氟氯氰菊酯乳油3000～5000倍液、80％敌敌畏乳油1000倍液或40％乙酰甲胺磷乳油800倍液等。卵孵化盛期喷2000～4000倍的50％辛硫磷乳油，或4000倍的20％菊杀乳油，或4000倍的20％灭扫利乳油等毒杀幼虫。

七、枯叶蛾类

马尾松毛虫属鳞翅目枯叶蛾科。主要种类还有黄褐天幕毛虫、赤松毛虫、油松毛虫、杨枯叶蛾等。马尾松毛虫见图 10-20。

1. 分布与危害

马尾松毛虫分布于华中、华南、华东及云贵等省区，以幼虫危害马尾松、云南松、湿地松和火炬松等，严重时将针叶吃光。

2. 形态特征

雌蛾触角栉齿状；雄蛾触角羽毛状。体黄褐至棕色。前翅较宽，外缘呈弧形弓出，翅面斑纹不明显，自翅基到外缘有 4～5 条波状横纹。卵椭圆形，粉红色，呈串珠或堆状产于松针上。幼虫体色有棕红和灰黑两类，体粗壮，多毛，毛长短不一。一般胸部 2～3 节背面着生深蓝色毒毛带，两侧丛生黄毛。自 3 龄起，腹部1～6 节背面生黑色长毛片两束，体侧有许多白色长毛。每侧各有 1 条自头至尾的纵带，纵带上有 1 个白色斑点。蛹纺锤形，棕褐色。茧灰白色或淡黄褐色，有黑色短毒毛。

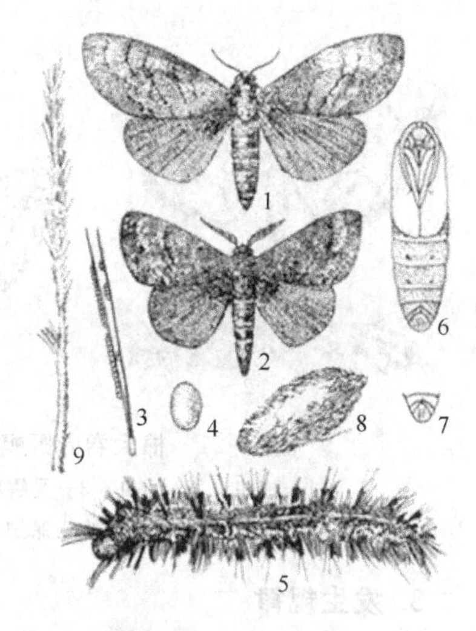

图 10-20 马尾松毛虫
1—雌成虫；2—雄成虫；3—松针上的卵；4—卵；5—幼虫；6—雌蛹；7—雄蛹腹部末端；8—茧；9—马尾松被害状
（引自蔡平《园林植物昆虫学》2005）

3. 发生规律

1 年发生 2～3 代，以 4～5 龄幼虫在树皮裂缝或树下地面杂草丛中及石缝下越冬。翌年 4 月间活动取食，食性单一，4 月下旬结茧化蛹，5 月上旬羽化产卵。第 1 代幼虫于 5 月中旬至 7 月取食为害，7 月下旬结茧化蛹，第 2 代幼虫于 8～9 月下旬为害。1 年发生 3 代地区，第 1 代 4～6 月，第 2 代 6～8 月，第 3 代 8 月下旬至 11 月上旬。卵块产于松针或小枝上，1～2 龄幼虫受惊扰吐丝下垂，借风传播，3～4 龄分散为害，遇惊扰弹跳坠落。

4. 枯叶蛾类的防治措施

① 设黑光灯或频振式杀虫灯诱杀成虫。

② 低龄期幼虫用 2.5%溴氰菊酯乳油 5000 倍液、20%氰戊菊酯乳油 2000 倍液、50%杀螟硫磷乳油 1000 倍液或 80%敌敌畏乳油 1000 倍液喷雾。

③ 施用性引诱剂、核多角体病毒、放养赤眼蜂、黑卵蜂等进行生物防治。

④ 人工捕杀幼虫、摘除卵块、剪除虫茧、清除越冬幼虫、蛹等，集中销毁。

八、螟蛾类

棉大卷叶野螟属鳞翅目螟蛾科。常见种类还有樟巢螟、黄翅缀叶野螟、松梢螟等（见图 10-21）。

1. 分布与危害

棉大卷叶野螟为杂食性害虫，幼虫常将叶片卷成圆筒状的虫苞，匿居其中取食叶片，轻者使花木失去观赏价值，重者将叶片吃光，造成植株枯萎。主要危害朱雀、蜀

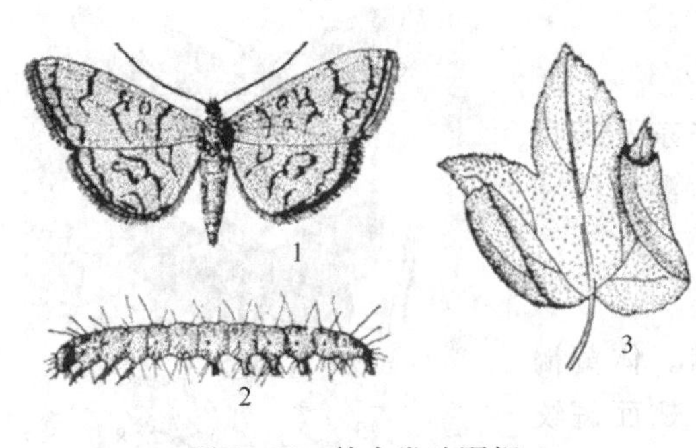

图 10-21　棉大卷叶野螟

1—成虫；2—幼虫；3—受害状

（引自上海市园林学校《园林植物保护学》，1990）

葵、大叶秋葵、大红花、悬铃花、吊灯花、木芙蓉、木槿、木棉、梧桐、海棠、杨和女贞等花木。

2. 形态特征

成虫黄白色，有闪光。胸背有12个黑褐色小点，腹部的尾部有一黑色横纹。前后翅均有褐色波浪状纹，前翅中央接近前缘处有似“OR”形的褐色斑纹。卵椭圆形，略扁，呈块状。老熟幼虫由青绿色变为桃红色。蛹红棕色。

3. 发生规律

1年发生3～4代。以老熟幼虫在落叶、树洞或缝隙处越冬。翌年4月中、下旬化蛹，4月下旬至5月中旬成虫羽化，羽化后次日即可产卵，每雌虫产卵70～200粒。卵期2～9d。5月中、下旬可见幼虫为害，6月下旬出现成虫，7月上旬为发生高峰期，9月中旬以后逐渐减少。春夏干旱、秋季多雨的年份发生较重。

4. 螟蛾类的防治措施

① 发现虫枝及时剪掉处理，消灭虫源。

② 小面积发生时用人工摘除虫苞，杀死幼虫和蛹。

③ 在幼虫低龄期每隔7d左右喷药1次，连续2～3次。药剂可用90%晶体敌百虫500～800倍液，80%敌敌畏乳油1000～1500倍液，40%乐果乳油1500～2000倍液，50%辛硫磷或杀螟硫磷乳油1000倍液。

④ 天敌有寄生于幼虫体内的螟蛉绒茧蜂，寄生于幼虫和蛹体内的广黑点瘤姬蜂和玉米螟大腿小蜂，捕食性的螳螂、蜘蛛、草蛉、小花蝽和蠼螋等。

九、蝶类

柑橘凤蝶属鳞翅目凤蝶科，又名黄凤蝶、橘凤蝶、花椒凤蝶。危害观赏植物的蝶类还有粉蝶、凤蝶、蛱蝶等。柑橘凤蝶见图10-22。

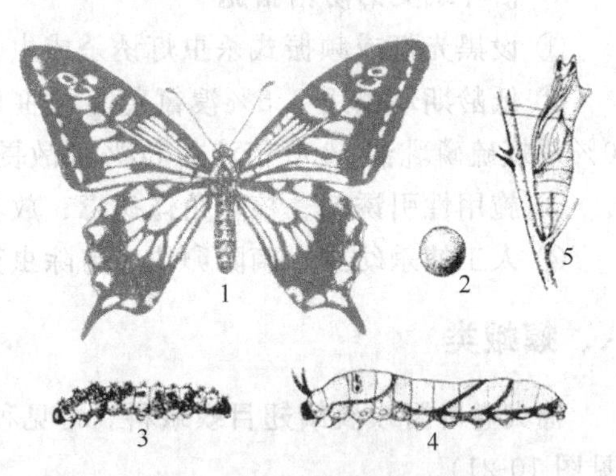

图 10-22　柑橘凤蝶

1—成虫；2—卵；3—第3龄幼虫；4—第4龄幼虫；5—蛹

（引自蔡平《园林植物昆虫学》2005）

1. 分布与危害

柑橘凤蝶主要危害柑橘、佛手、柠檬、金橘和花椒等芸香科植物，是芸香科植物上的重要害虫。

2. 形态特征

成虫翅黄绿色至黑色，上有许多黄

绿色斑纹。翅外缘有黑色宽带，前翅宽带中间有8个黄绿色新月斑，后翅有6个。前翅中部有4条黄白色带状纹，后翅黑带中散生蓝色鳞粉。后翅臀角处有橙黄色圆纹，后角有一尾状突起。卵球形，初为黄绿色，后变紫灰色。幼虫体黑白相间，老熟时草绿色，体表光滑，体侧有白色斜纹。蛹黄色，纺锤形。

3. 发生规律

东北1年发生2代，华东3～4代，湖南、台湾4～5代。以蛹在枝条、叶柄或较隐蔽场所越冬。翌年4月出现成虫，5月上中旬出现第1代幼虫，第2代幼虫发生在6月中旬至下旬，7月至8月为第3代幼虫，9月为第4代幼虫。以幼虫取食幼芽嫩叶，3龄后幼虫食量猛增，可将叶片吃光。老熟幼虫化蛹时先将尾部固着于枝叶或叶柄上，后吐丝缠绕虫体化蛹。成虫白天活动，取食花蜜，卵多散产于芽尖与嫩叶背面。

4. 蝶类的防治措施

(1) 人工捕捉幼虫和挖掘虫蛹。

(2) 保护利用寄生蜂，如凤蝶金小蜂、白粉蝶绒茧蜂、舞毒蛾沈姬蜂等天敌。

(3) 于幼虫期喷洒90%晶体敌百虫800～1000倍液、80%敌敌畏乳油1000倍液。苏云金杆菌Bt乳剂或可湿性粉剂、杀螟杆菌稀释500～800倍液喷雾或2.5%溴氰菊酯乳油1000倍液。

十、叶蜂类

月季叶蜂属膜翅目叶蜂科，又名黄腹虫、蔷薇叶蜂、玫瑰三节叶蜂。主要种类还有松黄叶蜂、蔷薇三节叶蜂、樟叶蜂、桂花叶蜂等。月季叶蜂见图10-23。

1. 分布与危害

月季叶蜂在华东、华北及长江流域均有分布，主要危害月季、玫瑰、蔷薇类花卉。

2. 形态特征

雌虫头胸部黑色具光泽，腹部橙黄色。触角黑色，鞭状，由3节组成，第3节最长。翅黑色，半透明。头、胸、足全部黑色。卵椭圆形，初产淡黄色，孵化前为绿色。初孵幼虫略带淡绿色，头部淡黄色，老熟时黄褐色。胸、腹部每节各有3条黑点线，上生短毛。胸足3对，腹足6对。蛹乳白色。茧椭圆形，灰黄色。

3. 发生规律

1年发生2代。以老熟幼虫在土中做茧越冬。翌年4月化蛹，4～5月羽化为成虫。以产卵管在月季新梢上刺成纵向裂口，产卵于其中。卵2列，30粒左右。卵孵化后新梢破裂变黑倒折。初孵幼虫数十头群集为害，啃食叶片与嫩枝，严重时将叶片全部食光，仅留叶柄和叶脉。6月为第1代幼虫为害盛期。7月初，老熟幼虫入土做茧化蛹，7月中旬第2代成虫羽化。第2代幼虫为害盛期在8月中、下旬。老熟幼虫于9月底至10月上旬陆续化蛹越冬。

4. 叶蜂类的防治措施

① 结合冬耕，清除落叶、杂草，消灭越冬幼虫。

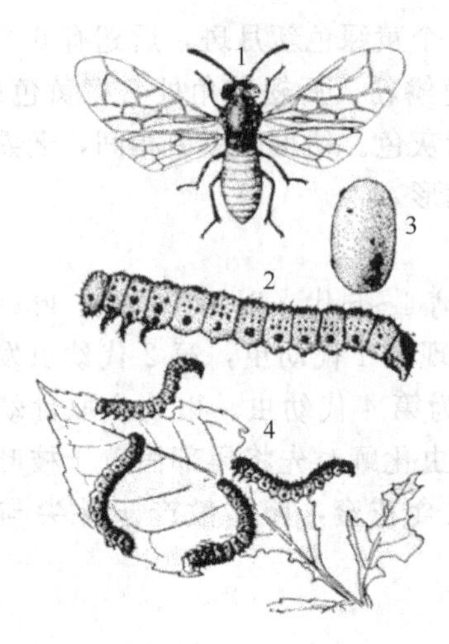

图 10-23　月季叶蜂

1—成虫；2—幼虫；3—茧；4—受害状

（引自上海市园林学校《园林植物保护学》，1990）

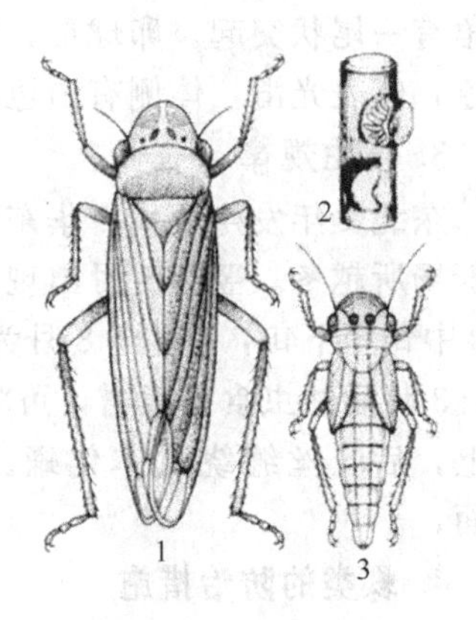

图 10-24　大青叶蝉

1—成虫；2—卵块；

3—若虫（邵玉华绘）

② 在养护管理中将集中为害的幼虫摘除销毁。

③ 于幼虫为害期喷施10%氯氰菊酯乳油2000～5000倍液、2.5%三氟氯氰菊酯乳油3000～5000倍液、50%杀螟松乳油1000倍液或20%杀灭菊酯乳油2500～3000倍液。

十一、叶蝉类

大青叶蝉属同翅目叶蝉科，又名大绿浮尘子、青叶跳蝉、青叶蝉。主要种类还有小绿叶蝉、二星叶蝉等。大青叶蝉见图10-24及彩图10-13。

1. 分布与危害

大青叶蝉可危害豆科、十字花科、蔷薇科和杨柳科等植物。成、若虫均可刺吸植株的汁液，受害叶片正面呈现小白斑点，影响光合作用，并能传播病毒病。成虫产卵时将树皮划破，造成半月形伤口。受害株易受冻害，为害严重时，被害枝条逐渐干枯死亡。

2. 形态特征

成虫体青绿色，头黄色，呈三角形。前翅绿色，端部半透明，后翅烟黑色，半透明，腹背黑色，足橙黄色。卵初为乳白色，后变为淡黄色，长椭圆形，稍弯曲。若虫形态似成虫，初为乳白色，后渐变为黄绿色，腹部背面有4条褐色纵纹，无翅，只有翅芽。若虫共5龄。

3. 发生规律

在北京等地1年3代，各虫期世代重叠，无真正的休眠期。一般以卵在花木、果树枝条的皮层内及杂草茎秆内越冬。华东地区翌年4月中旬至5月卵开始孵化，孵化的若虫刺吸汁液并喜群集，5月下旬第1代成虫开始为害。成虫喜群集于矮生植物叶背和叶面，趋光性强。遇惊扰疾行横走，由叶面向叶背逃避，并会跳跃。7～8月是第 2 代成虫为害期，9～11 月是第 3 代成虫为害期。10 月下旬成虫陆续飞到花木枝条上产卵越冬。夏、秋季卵期 9～15d，越冬代卵期长达 5 个月。若虫历期 1 个月左右。

4. 叶蝉类的防治措施

① 成虫产越冬卵前涂刷白涂剂，对阻止成虫产卵有一定作用。

② 成虫发生初期，设置黑光灯进行灯光诱杀。

③ 人工剪除有卵的枝条及被害枝条，冬春季及时清除杂草。

④ 害虫发生期喷洒 2.5%溴氰菊酯乳油 2000 倍液、50%异丙威乳油 1500 倍液、3%啶虫脒乳油 3000 倍、10%吡虫啉可湿性粉剂 2000 倍液或 20%氰戊菊酯乳油 3000 倍液等，消灭成、若虫。

十二、木虱类

梧桐木虱属同翅目木虱科，又名青桐木虱。主要种类还有国槐木虱等。梧桐木虱见图 10-25 及彩图 10-14。

1. 分布与危害

梧桐木虱以成、若虫群集叶背、幼芽或嫩枝吸食汁液，危害梧桐，使叶片变黄、凋萎、早落。若虫分泌大量白色絮状蜡丝，覆盖枝叶，诱导煤污病发生，影响树木生长，且蜡絮易从树上落下，影响环境。

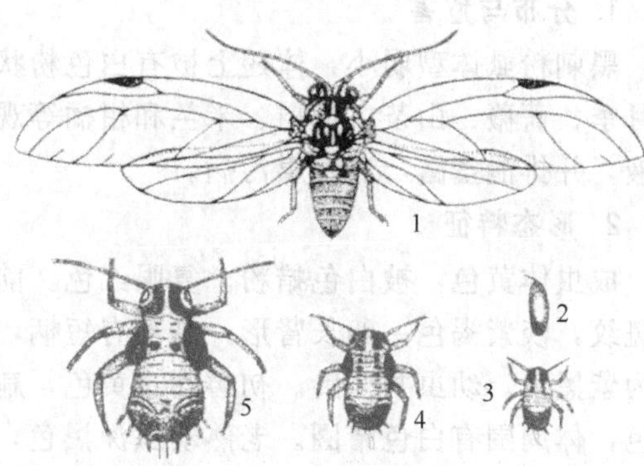

图 10-25 梧桐木虱

1—成虫；2—卵；3～5—第 1、2、3 龄若虫

（仿浙江农业大学）

2. 形态特征

成虫体黄绿色。胸部黑褐色，中胸背盾板上具 6 条纵纹，后胸盾板上有 2 个圆锥状突起。翅无色，透明，翅脉茶黄色，前缘近端部有 1 个褐斑。触角 10 节，黄色，端部 2 节黑色，末端具 2 根叉状刺毛。卵纺锤形，一端较尖，初产时浅黄白色，后变红褐色。若虫共 3 龄，1～2 龄呈长方形，体稍扁，3 龄近长圆筒形，灰绿色，体被较厚的白色絮状蜡质，翅芽明显，淡褐色。

3. 发生规律

1 年多发生 2 代。以卵在枝干上越冬。翌年 4 月中旬，梧桐顶芽萌发时，越冬卵开始孵化，5 月上、中旬为卵孵化盛期。5 月中旬至 6 月上旬为害最重。成虫于 5 月中旬至 7 月上旬出现，产卵于叶片背面或枝条上。产于叶背面的卵能发生第 2 代若虫，产于枝条上的卵则滞育越冬。8 月上、中旬第二代成虫羽化，9 月产卵越冬。每年以第 1 代为害为主，第 2 代种群数量极低。成虫无趋光性，繁殖力强，每雌虫平均产卵 560 粒，卵散产于叶背或枝条表面。1 龄若虫在叶面上刺吸并分泌白色蜡质絮状物，树杈上布满絮状物。2～3 龄常以数十头若虫群集于叶背刺吸汁液。2～3 龄若虫隐匿于自身分泌的白色絮状蜡丝中，刺吸液汁的同时，大量排泄黏性蜜露，常滴于树下，污染环境。

4. **木虱类的防治措施**

① 若虫为害期，喷清水冲掉絮状物，消灭若虫和成虫。

② 在1～2龄若虫期，喷3%啶虫脒乳油、5%高渗吡虫啉可湿性粉剂或30%乙酰甲胺磷乳油或25%噻嗪酮（扑虱灵）可湿性粉剂2000倍液。

③ 早春结合修剪，剪除带卵的枝条，并在枝干上喷石油乳剂10倍液，杀灭越冬卵。

④ 保护利用木虱的天敌，如草蛉、瓢虫、寄生蜂等，可有效控制木虱的危害。

十三、粉虱类

黑刺粉虱又名橘刺粉虱，属同翅目粉虱科。常见危害观赏植物的粉虱还有温室白粉虱、橘粉虱等。黑刺粉虱见图10-26。

1. **分布与危害**

黑刺粉虱体型弱小，体翅上被有白色粉状物，若虫聚集在叶片背面吸食汁液，危害月季、蔷薇、山茶、樟树、米兰和柑橘等观赏植物。常以幼虫群集于叶片背面吸食汁液，并排泄蜜露，诱发煤污病。

2. **形态特征**

成虫体黄色，被白色蜡粉。复眼红色。前翅紫褐色，有7个不规则的白斑。后翅无斑纹，淡紫褐色。卵长肾形，基部有短柄，粘在叶片背面，初产时淡黄色，孵化前变为紫黑色。幼虫共3龄。初孵幼虫黄色，扁平椭圆形，尾端有4根尾毛，后渐变为黑色，体周围有白色蜡圈。老熟幼虫深黑色，体背面有14对刺毛，周围白色蜡圈明显。蛹椭圆形，初为透明乳黄色，后变为黑色。蛹壳黑色有光泽，周围有白色蜡质边缘，背面隆起，胸腹部有多对刺。

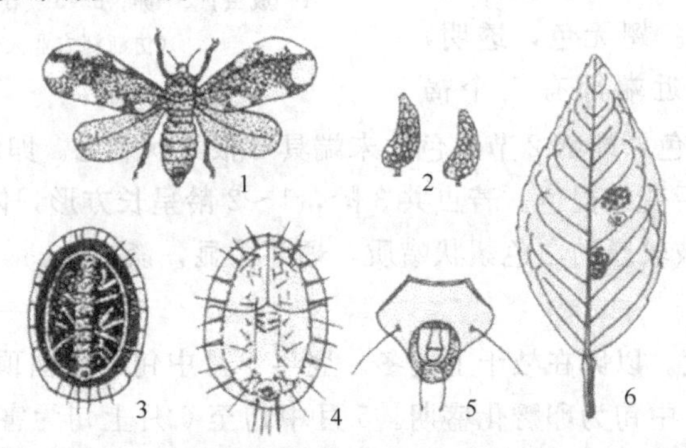

图10-26 黑刺粉虱

1—成虫；2—卵；3—蛹壳；4—处理后的蛹壳；5—管状孔；6—寄生危害状

（引自宋建英《园林植物病虫害防治》，2005）

3. **发生规律**

华东地区1年发生4代。以老熟幼虫在叶背越冬。翌年3月化蛹，4月上、中旬开始羽化为成虫。第1代幼虫始见于4月中旬至6月中旬，成虫白天活动，产卵于叶背，每雌虫产卵约20粒，有孤雌生殖现象。各代幼虫为害盛期分别为5月下旬、7月中旬、8月下旬和9月下旬至10月上旬。第1，2代比较整齐，以后有世代重叠现象。成虫有趋光性。天敌有寄生蜂、寄生菌、瓢虫和草蛉等。

4. 粉虱类的防治措施

（1）农业防治　加强养护管理，适当修剪、疏枝、清除杂草、合理施肥，改善通风透光条件，抑制粉虱发生，减轻为害程度。

（2）药剂防治　低龄幼虫盛发期，喷20％氰戊菊酯乳油、2.5％溴氰菊酯乳油或2.5％三氟氯氰菊酯乳油3000倍液、80％敌敌畏乳油1000～1500倍液或10％吡虫啉可湿性粉剂2000～3000倍液。重点喷施叶背防治第1代幼虫。

（3）生物防治　保护利用天敌，如丽蚜小蜂、刺粉虱黑蜂、中华草蛉、黄色跳小蜂和红点唇瓢虫等。也可用0.26％苦参碱水剂1000～1500倍液喷雾防治。

十四、蚜虫类

绣线菊蚜属同翅目蚜科，又名蜜虫、腻虫。观赏植物上常见的蚜虫还有棉蚜、桃蚜、桃粉蚜、菊小长管蚜、月季长管蚜、菊姬长管蚜等。绣线菊蚜见图10-27及彩图10-15。

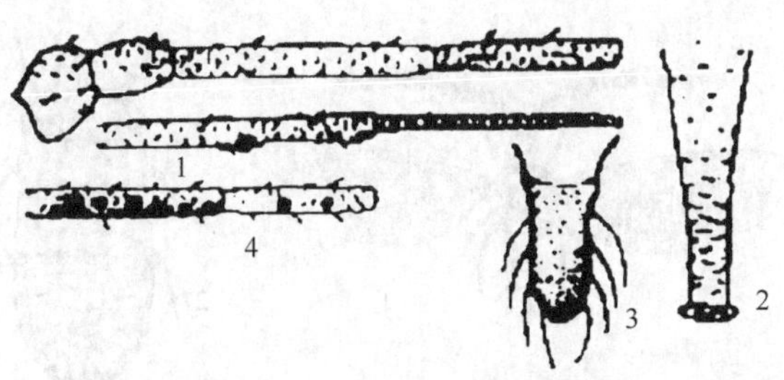

图10-27　绣线菊蚜（仿张广学）
无翅孤雌蚜：1—触角；2—腹管；3—尾片；
有翅孤雌蚜：4—触角

1. 分布与危害

绣线菊蚜繁殖率高，生活周期复杂，寄主广泛。主要危害嫩叶、嫩梢，也可以危害老叶、茎、枝条、花和果等部位，使植物变形、生长缓慢或停滞，严重时造成落叶、枯死，影响观赏。

2. 形态特征

无翅胎生雌蚜体金黄色、黄色至黄绿色，腹管与尾片黑色，足与触角淡黄至灰黑色。腹管圆筒形，有瓦纹，基部较宽。尾片长圆锥形，有微刺组成的瓦纹，有长毛9～13根。有翅胎生雌蚜体长卵形。头、胸黑色，腹部黄色，有黑色斑纹，腹管、尾片黑色。

3. 发生规律

每年发生10代以上。以卵在枝条缝隙、芽鳞附近越冬。翌年3～4月越冬卵孵化，4～5月在绣线菊嫩梢上大量发生，后逐渐转移到海棠等木本花卉上为害。10月上、中旬产生雌雄两性蚜，11 月上、中旬交配产卵越冬。

4. 蚜虫类的防治措施

（1）人工防治　盆栽花卉零星发生蚜虫时，可用毛笔蘸水同方向轻刷。避免刷伤嫩梢、嫩叶。木本花卉可在早春刮除老树皮及剪除受害枝条，消灭越冬卵。

（2）生物防治　保护和利用瓢虫、草蛉、食蚜蝇、蚜茧蜂、蚜小蜂和蚜霉菌等蚜虫的天敌。

（3）药剂喷雾防治　用 3％啶虫脒乳油 2000～2500 倍液、0.26％苦参碱水剂 1500～2000 倍液、10％吡虫啉可湿性粉剂 2000 倍液或 40％乐果乳油 1000 倍液喷雾，重点喷施叶背和嫩枝等蚜虫聚集较多的地方，可取得很好的防治效果。

（4）黏虫板诱蚜　有翅蚜迁飞高峰期，用黄色黏虫板，可诱杀大量有翅蚜。

（5）阻避防治　温室和保护地，用 40～60 目防虫网覆盖，阻止蚜虫迁入为害。观赏植物苗期或生长早期，用银灰膜驱避蚜虫。

十五、介壳虫类

草履蚧属同翅目珠蚧科。主要种类还有日本松干蚧、吹绵蚧、桑盾蚧、日本龟蜡蚧、月季白轮盾蚧等。日本履绵蚧见图 10-28 及彩图 10-16。

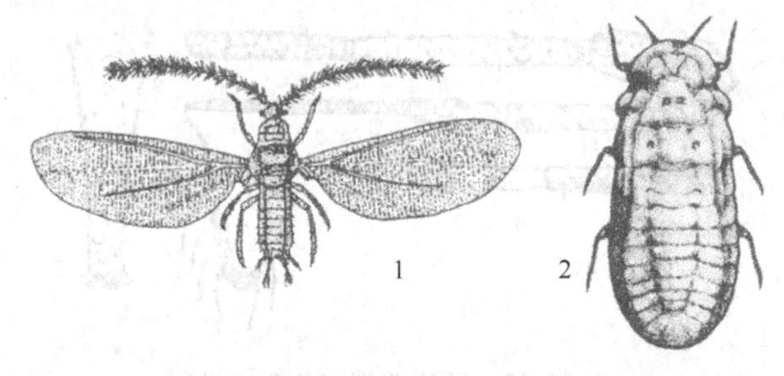

图 10-28　日本履绵蚧
1—雄成虫；2—雌成虫
（1 仿周尧；2 仿张翔）

1. 分布与危害

草履蚧分布于黑龙江、吉林、河北、河南等地，多固定不动刺吸植物汁液，体表常覆盖各种粉状、棉状蜡质分泌物，常危害植物的根、茎、叶、果等部位，是观赏植物上的重要害虫。以若虫和雌成虫刺吸嫩叶、幼芽和枝梢的汁液，主要危害枫杨、女贞和玉兰等观赏植物。

2. 形态特征

雌成虫无翅，体长椭圆形，背部稍高，体黄褐色，腹背有横皱与纵沟，似草鞋，体被细毛和白色蜡粉。足 3 对。雄成虫体紫红色，翅 1 对，淡黑色，善飞翔。卵椭圆形，黄色，后变粉红色，卵产于卵囊内。若虫赤褐色，常群集为害，体形与雌成虫相似。蛹圆筒形，褐色，外被白色棉絮状物。

3. 发生规律

1 年 1 代，以卵和初孵若虫在观赏植物根际附近的土缝、裂隙、砖石堆中越冬。

翌年2月若虫孵化，初孵若虫先留在卵囊中，3月中旬若虫沿树干爬到幼芽、嫩梢上群集为害。4月上、中旬为害最重，分泌蜡质物裹身，4月下旬雄虫蜕皮后爬到树皮缝内、树洞、土缝里化蛹，5月上旬羽化、交尾，交尾后2～3d即死亡。雌虫于5月下旬至6月上旬开始入土，分泌白色棉絮状卵袋，产卵于其中，以卵越夏、越冬。雌虫产卵后即干缩死亡。每雌虫产卵40～50粒，多者百余粒。

4. 蚧类的防治措施

① 加强检疫措施。

② 剪除被介壳虫为害的枝条，烧毁。保持通风透光。发生量小时，可用软刷蘸水轻刷。对茎、干较粗，皮层不易受伤的花木，可在冬季涂刷白涂剂。

③ 保护利用天敌，如红环瓢虫、跳小蜂、瓢虫等。

④ 初孵若虫期进行化学防治。可用2.5%高渗高效氯氰菊酯乳油2000倍液、40%杀扑磷（速扑杀）乳油2000～3000倍液、20%氰戊菊酯乳油2000倍液或30号机油乳剂30～80倍液喷施。

十六、天牛类

星天牛属鞘翅目天牛科。主要种类还有光肩星天牛、桃红颈天牛、桑天牛等。星天牛见图10-29。

1. 分布与危害

星天牛分布辽宁、山东、河南、河北等地，天牛是观赏植物重要的蛀茎秆害虫，主要以幼虫钻蛀植株茎秆，在韧皮部和木质部形成蛀道为害。可以危害杨、柳、榆、刺槐、悬铃木、合欢、海棠、垂柳、紫薇、桑、大叶黄杨和罗汉松等观赏植物。

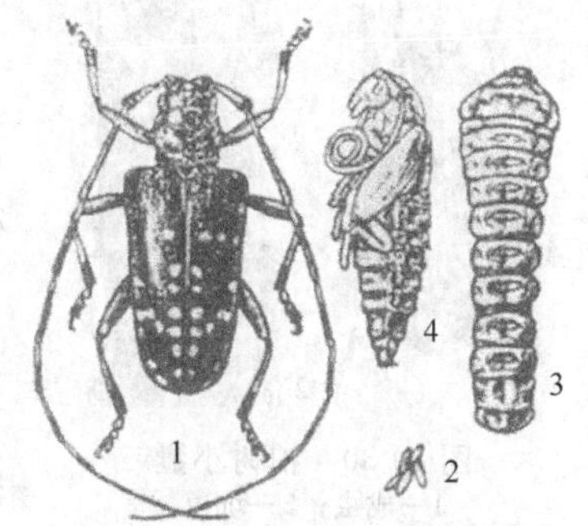

图10-29 星天牛（仿张翔）

1—成虫；2—卵；3—幼虫；4—蛹

2. 形态特征

成虫体翅黑色有光泽，每鞘翅上有大小白斑约20个，鞘翅基部密布黑色小颗粒。触角鞭状12节，第3至第11节每节基部有淡蓝色毛环。雄虫触角超过体长1倍，雌虫触角超过身体1～2节。前胸背板中瘤明显，两侧具尖锐粗大的侧刺突。卵长椭圆形，初产时白色，以后渐变为黄白至灰褐色。老熟幼虫淡黄白色，前胸背板前方左右各有1块黄褐色飞鸟形斑纹，后方有1块黄褐色“凸”字形斑纹。蛹乳白色，裸蛹，纺锤形，羽化前各部分逐渐变为黄褐色至黑色。

3. 发生规律

一般1年发生1代，以老熟幼虫在枝干内越冬。翌年5月中、下旬化蛹，蛹期20d。成虫5～7月出现，啃食枝条嫩皮补充营养，在树干近地面处咬“T”形或“八”字形刻槽产卵，5～6月产卵最盛。产卵处树皮常裂开、隆起，表面湿润，受害株常有木屑排出。幼虫孵出后，从产卵处蛀入，向下蛀食表皮和木质部之间，形成不规则的扁平虫道，虫道中充满虫粪。1个月后开始向木质部蛀食，蛀至木质部2～

3cm深度就转向上蛀，蛀道加宽，并开有通气孔从中排出粪便。11月以后越冬。

4. **天牛类的防治措施**

(1) 人工捕杀　及时剪除或砍伐严重受害株，剪除被害枝梢，消灭幼虫，避免蛀入大枝为害，是防治天牛的关键措施。在天牛活动较弱的清晨，在有新鲜伤口的枝条上寻找成虫并人工捕杀，发现树干有新鲜粪屑时，用小刀挑开皮层捕杀幼虫。在天牛产卵部位用小刀刮卵。天牛幼虫尚未蛀入木质部或仅在木质部表层为害或蛀道不深时，用钢丝钩杀幼虫。

(2) 化学防治　用2.5%溴氰菊酯乳油2000倍液或80%敌敌畏乳油500倍液注射入蛀孔内或浸药棉塞孔，用泥封孔，或用2.5%溴氰菊酯乳油做成毒签插入蛀孔内，毒杀幼虫。也可用52%磷化铝片剂，进行熏蒸。

(3) 树干涂刷白涂剂　在成虫羽化前，将树干距地面以上1m范围内，刷白涂剂(配方：石灰10kg+硫黄1kg+盐10g+水20～40kg)，可以预防天牛产卵。

十七、小蠹虫类

柏树小蠹属鞘翅目小蠹虫科又名侧柏小蠹、柏肤小蠹。主要种类还有松纵坑切梢

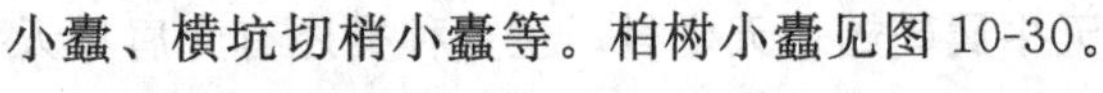

小蠹、横坑切梢小蠹等。柏树小蠹见图10-30。

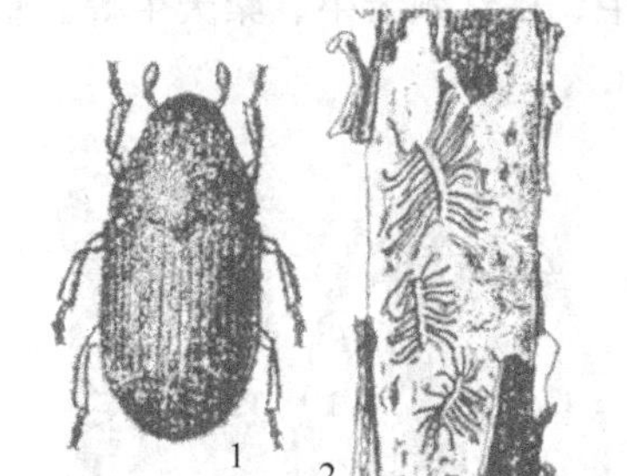

图10-30　柏树小蠹
1—成虫；2—坑道
(引自孙丹萍《园林植物病虫害防治技术》，2006)

1. **分布与危害**

柏树小蠹分布于山西、河北、河南、山东、陕西、甘肃和四川等省。以成、幼虫蛀食危害侧柏、桧柏、龙柏和柳杉等。

2. **形态特征**

成虫赤褐或黑褐色，无光泽。头部小，藏于前胸下。体密被刻点及灰黑色细毛。鞘翅上各具9条纵沟纹，鞘翅斜面具凹面，雄虫鞘翅斜面有栉齿状突起。卵白色，圆球形。老熟幼虫头淡褐色体弯曲。蛹乳白色。

3. **发生规律**

华北地区1年1代，少数1年2代。以成虫在柏树枝梢内越冬。翌年3～4月飞出，雌虫寻找生长势弱的侧柏或桧柏，蛀入皮下，蛀入孔为圆形，雄虫跟踪进入，并共同筑规则的交配室，在内交尾。交配后的雌虫向上咬蛀单纵母坑道，沿坑道两侧咬成卵室，并在其中产卵。雄虫则将木屑清出孔外。雌虫一生可产卵20～100粒，卵期7d左右。幼虫在木质部与韧皮部间筑细长而弯曲的孔道，5月中、下旬老熟幼虫筑蛹室化蛹，蛹期约10d。成虫6月上旬开始出现，6月中、下旬为羽化盛期。新羽化的成虫取食柏树枝梢，枝梢基部被蛀空后，遇风吹即折断，发生严重时，使二年生枝叶脱落，影响树形、树势及美观。

4. **小蠹虫类的防治措施**

(1) 加强检疫　严禁调运虫害木，发现虫害木及时进行药剂或剥皮处理。

（2）加强养护管理　及时浇水、施肥、松土，适时合理修枝、间伐，对弱树和古树要及时复壮，以增强树势，提高抗虫害能力。及时剪除虫害严重的枝条，烧毁，减少虫源。

（3）饵木诱杀　4月上旬至5月下旬，6月中旬至8月下旬设置新伐直径大于2cm侧柏枝干，5～10根成捆平放于背风向阳处，并在饵木上喷施菊酯类农药，引诱成虫蛀入。也可利用柏树提取液，采取黏胶式诱捕器诱杀成虫。

（4）饲养土耳其扁谷盗，于卵期释放，以捕食卵、幼虫和蛹。

十八、木蠹蛾类

咖啡木蠹蛾属鳞翅目木蠹蛾科，又名咖啡豹蠹蛾。主要种类还有芳香木蠹蛾、槐木蠹蛾、柳干木蠹蛾等。咖啡木蠹蛾见图10-31。

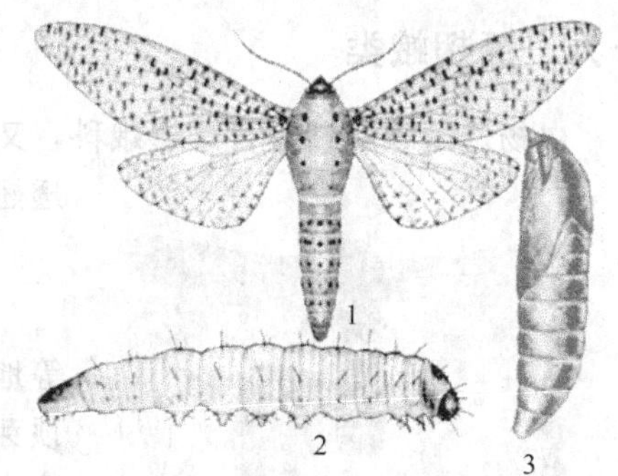

图10-31　咖啡木蠹蛾
1—成虫；2—幼虫；3—蛹
（引自李成德《森林昆虫学》，2004）

1. 分布与危害

咖啡木蠹蛾分布于广东、江西、福建、台湾、浙江、江苏、河南、湖南和四川等地，以幼虫钻蛀枝条或茎秆，危害石榴、月季、樱花、山茶、木槿和紫荆等木本观赏植物。

2. 形态特征

成虫体灰白色，具青蓝色斑点。雌虫触角丝状，雄虫触角基半部羽毛状，端半部丝状，触角黑色，上具白色短绒毛。胸部具白色长绒，背板两侧有3对由青蓝色鳞片组成的圆斑和8个近圆形青蓝色斑点。腹部被白色细毛。卵椭圆形，杏黄色或淡黄白色，孵化前为黑色。呈块状紧密黏结于枯枝虫道内。老熟幼虫头橘红色，体上多白色细毛，前胸背板黑色较硬。蛹赤褐色，长圆筒形。

3. 发生规律

1年发生1～2代。发生2代的区域，第1代成虫期发生于5月上、中旬至6月下旬，第2代在8月初至9月底。发生1代的地区以幼虫在被害枝条的虫道内越冬，次年3月中旬开始取食，4月中、下旬至6月中、下旬化蛹，5月中旬幼虫开始化蛹，5月中、下旬开始羽化，至7月上旬结束。5月底、6月上旬即可见到初孵幼虫。成虫昼伏夜出，趋光性弱。卵块产于树皮缝隙、旧虫道内、新抽嫩梢或芽腋处。成虫寿命1～6d。卵期9～15d。幼虫孵化后，吐丝结网被覆卵块，群集于丝幕下取食卵壳，2～3d后扩散。在叶腋处或嫩梢顶端几个腋芽处蛀入，虫道向上。蛀入后1～2d，蛀孔以上的叶柄凋萎、干枯，并常在蛀孔处折断。取食4～5d后幼虫又转移至新梢，由腋芽处蛀入，6～7月间幼虫向下部二年生枝条转移为害。幼虫蛀入枝条后，在木质部与韧皮部之间，环绕枝条蛀食成环状，枝条很快枯死。幼虫在10月底、11月初停止取食，在蛀道内吐丝缀合虫粪、木屑封闭两端越冬。

4. **木蠹蛾类的防治措施**

(1) 加强养护管理　加强肥水管理，增强树势。结合修剪，及时剪除虫伤枝条，消灭虫源。

(2) 药剂防治　幼虫孵化期，尚未蛀入枝干为害前，喷施50%杀螟硫磷乳油1000倍液。在幼虫侵入皮层或边材表层期间用40%乐果乳剂加柴油（1∶9）喷洒，有很好效果。对已蛀入木质部的幼虫，可用棉球蘸二硫化碳或50%敌敌畏乳油10倍液塞入或注入孔道内，用泥封口。

(3) 灯光诱杀　成虫羽化期，用黑光灯或频振式杀虫灯诱杀成虫。

(4) 生物防治　利用土耳其扁谷盗、绿僵菌等进行防治，并注意保护利用天敌。

(5) 药剂防治　成虫为害期喷洒80%敌敌畏乳油1000倍液防治。

十九、透翅蛾类

白杨透翅蛾属鳞翅目透翅蛾科，又名杨透翅蛾。主要种类还有葡萄透翅蛾、苹果透翅蛾等。白杨透翅蛾见图10-32及彩图10-17。

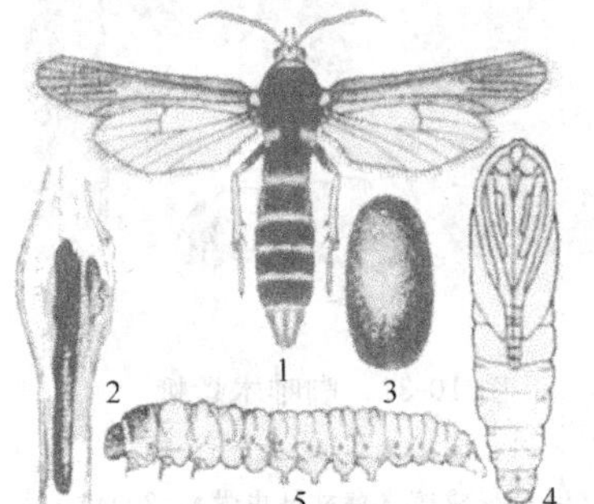

图10-32　白杨透翅蛾

1—成虫；2—危害状；3—茧；4—蛹；5—幼虫

（引自李成德《森林昆虫学》，2004）

1. **分布与危害**

白杨透翅蛾分布于西北、华北、东北、四川等地，以幼虫钻蛀木本植物的茎秆、枝条，抑制顶芽生长，树干形成瘤状虫瘿，易枯萎或风折，造成严重危害。

2. **形态特征**

成虫外形似胡蜂。头顶1束黄褐色毛簇，触角近棍棒状。前翅狭长，覆赭色鳞片，中室与后缘略透明，后翅扇形，全部透明。腹部黑色，有5条橙黄色环带。卵椭圆形，黑色，上有灰白色不规则多角形刻纹。老熟幼虫黄白色，臀板背面有2个深褐色刺。蛹褐色，纺锤形。

3. **发生规律**

多为1年1代，少数1年2代。以幼虫在枝干隧道内越冬。翌年4月中旬取食为害，5月上、中旬幼虫开始化蛹，成虫5月上旬羽化，6月到7月上旬为羽化盛期。成虫有趋光性，飞翔力强且极为迅速，白天活动。卵多产于幼树叶柄基部、旧羽化孔、伤口裂缝处及有茸毛的嫩枝上。卵期10d左右。幼虫多从伤口旧孔道蛀入，封闭孔道，吐丝作茧越冬。初龄幼虫啃食韧皮部，4龄以后蛀入木质部为害，幼虫共8龄无转移为害的现象。成虫羽化后，蛹壳仍留在羽化孔处，是识别白杨透翅蛾主要标志之一。9月底停止取食，以木屑将隧道封闭，吐丝结薄茧越冬。

4. **透翅蛾类的防治措施**

(1) 加强检疫工作　严格检验引进或输出的杨树苗木和枝条，防止害虫传播和扩散。

（2）人工除瘿　发现虫蛀小瘤或虫瘿、蛀屑等，要及时剪除烧毁或钩杀幼虫。

（3）化学药剂防治　幼虫进入枝干后，用50%杀螟硫磷乳油20～60倍，或2.5%溴氰菊酯乳油1份加黏土5份再加适量水，调成糊状，在被害处1～2cm范围内，用刷子涂抹环状药带。也可用杀螟硫磷20倍液涂抹排粪孔道，或从排粪孔注射30倍80%敌敌畏乳油，并用泥封闭虫孔。成虫羽化期，在6月下旬和7月下旬，喷2.5%溴氰菊酯乳油800倍、50%杀螟硫磷乳油800～1000倍液或80%敌敌畏乳油1000～2000倍液，杀灭成虫和初孵幼虫。

（4）性诱剂诱杀　白杨透翅蛾一生只交配1次，在虫口密度低，成虫羽化初期和末期时，使用性诱剂诱杀雄成虫，效果显著。虫口密度大时，可加喷两次残效期较长的触杀剂，以达到更好的防治效果。

二十、螨类

朱砂叶螨又名棉红蜘蛛，属蜘蛛纲叶螨科、叶螨属，是世界性害螨。主要种类还有二斑叶螨、山楂叶螨、截形叶螨、针叶小爪螨、柏小爪螨、苹果全爪螨等。朱砂叶螨见图10-33及彩图10-18。

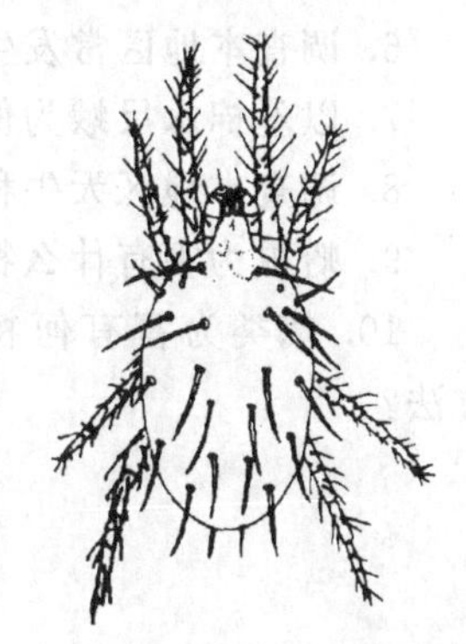

图10-33　朱砂叶螨
（引自孙丹萍《园林植物病虫害防治技术》，2006）

1. 分布与危害

朱砂叶螨是园林植物上为害较重的螨类，高温干旱季节常暴发危害，导致植株衰弱，叶片产生褪绿小点，甚至死亡。刺吸叶片、嫩梢及花，叶片出现黄色斑，早落叶。

2. 形态特征

朱砂叶螨雌成螨体卵圆形，朱红或锈红色，体侧有黑褐色斑纹。卵圆球形，初产时透明无色，后渐变为橙黄色。幼螨近圆形，半透明，取食后体色呈暗绿色，足3对。若螨略成椭圆形，体色较深，体侧透露出较明显的块状斑纹，足4对。

3. 发生规律

朱砂叶螨年发生代数因地而异，每年可发生10～20代。多以受精雌成螨在土缝、树皮裂缝等处越冬。翌年春季旬平均气温达7℃以上时，雌螨出蛰活动，并取食产卵，卵多产于叶背叶脉两侧或在丝网下面。主要是两性生殖，也能进行孤雌生殖。高温干燥少雨利于大发生。10月进入越冬期。

4. 螨类的防治措施

（1）加强养护管理，对木本植物，刮除粗皮，结合修剪，及时清除枯枝、落叶、杂草等，减少越冬场所和虫源地。

（2）保护利用天敌，如植绥螨、钝绥螨、草蛉、六点蓟马、粉蛉、隐翅虫和花蝽等。有条件的地方可以人工引进、繁殖、释放天敌。

（3）早春寄主植物发芽前，喷3～5°Bé石硫合剂，消灭越冬雌成螨。为害期喷施5%唑螨酯乳油4000倍液、20%哒螨酮净乳油2000倍液、5%噻螨酮乳油2000倍液或10%浏阳霉素乳油2000倍液。在平均每叶片2～3头螨时用药。注意各种杀螨剂的交替使用，以减少螨类抗药性。

思考题

1. 大叶黄杨褐斑病的症状有什么特点？应如何进行防治？
2. 月季锈病的症状如何？发病规律如何？应如何进行防治？
3. 兰花病毒病包括哪些病原？该如何进行防治？
4. 仙客来根结线虫病症状有何特征？发病规律如何？应该如何进行防治？
5. 本地区常见的园林植物叶部病害有哪些？其典型症状及发病规律怎样？
6. 调查本地区常发生的刺蛾种类，说明其危害特点及防治方法。
7. 以丝棉木尺蛾为例说明尺蛾类害虫危害特点及防治措施。
8. 调查本地区天牛种类，描述其形态特征及受害状，拟定其综合防治措施。
9. 蚜虫为害有什么特点？如何防治？
10. 螨类为害有何特点？在防治上应抓住什么时机？适宜采用什么样的防治方法？

第十一章　园林绿化工具使用与维护

第一节　剪刀类工具

园艺剪指用以修剪植物枝、叶的剪具，其是由二握把壳体相组形成剪具主体，并使该剪具主体得于一端内部固组剪刃砧体，又一剪具扣柄组设有剪刃构件与剪具主体相配设，且通过一栓体穿组枢设剪具主体、剪刃砧体、剪刃构件与剪具扣柄，该剪具主体与剪具扣柄共同限位有一弹簧，其中，该剪具扣柄延伸有弧勾段，以对应剪刃构件的配设缺口相嵌组定位，借此，能于实际使用时达到省力操作的实用效益（见彩图11-1）。

一、常用的剪刀类工具分为手动和电动两类

1. 手动的种类

手动的种类有：园艺专业剪、弯口剪枝剪、平口剪枝剪、绿篱剪、草剪、剪枝剪、高枝剪等。园艺专业剪用于除玫瑰花刺、修剪插花等；弯口剪枝剪用于剪切幼枝、枯枝等；平口剪枝剪用于剪切幼枝、枯枝等；绿篱剪用于日常绿篱修剪；草剪用于草坪修边；剪枝剪用于剪切粗枝、枯枝等，最大剪切直径 40～45mm；高枝剪把柄可伸缩（最长伸缩可达 2.6～5.2m），易于远距离操作。

2. 电动的种类

电动的种类有：电动修枝剪刀。规格：剪葡萄枝 30mm，剪树枝 18～25mm。配备：塑料工具箱，电池 24V，为可充电电池。充电器：24/4Ah，加一粒电池，背包型电池带，电源线 1.3m，配机套，腰带。

特点：使用寿命长，电动修枝剪刀的电池充电约为 2～3h 可充满，连续使用可持续 4～5h，使用轻巧方便，省力提效，是果农和园林工作者的首选园林工具。

二、使用维护

1. 保持清洁

每天工作完毕应该把使用过的工具进行清理，清除杂物、泥土，并擦干。

2. 避免生锈

剪刀类工具的工作部件大多为金属材料制成，如果生锈，就会影响正常使用，严重的情况下，工具就失去使用价值报废了，所以在使用过程中要特别注意防锈。

3. 刃口保护

剪刀类工具的刃口部位，要特别注意保护，保管时应全部浸油，最好用蜡纸包

好。为防止受压弯曲变形，应避免倾斜重叠，用专用工具对刃口部分的打磨，保证刃磨角度，延长使用寿命。

4. 保管

长期闲置，注意妥善保管。对金属表面进行清洗，并擦干、涂抹防锈油，避免多层压挤，放置在通风干燥的位置。

第二节　植树挖掘机

随着目前国家发展绿色环保快速植树的号召，原先采用人工挖坑镐刨、锹挖既费力又费时，人员疲劳，效率慢，现在采用环保植树挖掘机，其适用于园艺、城市绿化、坡地植树等挖坑作业，是人们植树造林的"好帮手"。该类机具具有结构紧凑、重量轻、启动快、功能完善、挖坑作业机动性能好等特点。使用它既可极大地提高机械化植树造林效率，又可保证苗木的栽植质量。手提式挖掘机有单人或双人操作的机型。主要结构由机架、操作手把、汽油发动机、燃油箱、变速离合器、钻头等部分组成。一般采用小型二冲程 1.9～3.7kW 风冷式汽油发动机作动力，挖坑直径 20～30cm，挖坑深度35～50cm。作业效率 60～80 穴/h，整机重量 10kg（单人机）、25kg（双人机），外形尺寸 60cm×40cm×30cm。环保植树挖掘机属于退耕还林植树快速挖坑用机械。因此，采用"环保植树挖掘机"，比人工挖坑快 30 倍，而且还不劳累，所以采用环保植树挖掘机挖坑省力省时、操作简单、使用方便，它是世界上最先进的植树挖掘机。

植树挖掘机产品由小型通用汽油机、超越离合器、高减速比传动箱及特殊设计的钻具组成，具有体积小、重量轻、操作方便、维护简单、耗油省、噪音低、易启动、成孔效率高、运行费用低、价格便宜等特点。

植树挖掘机设计新颖、灵活、合理，性能稳定可靠，作业效果好、效率高，深受广大用户欢迎。该机可根据树种，选配多种规格的钻头，以满足用户需要。

该机的效率是人工的数十倍，操作熟练的情况每小时不低于 100 个坑，按一天工作 8h 计算，一天可以挖 800 个坑，是人工的 60 多倍。该机适用于大面积、大规模的植树作业，也可以广泛应用于田间地头，道路两侧绿化，沟河堤坝防汛植树任务。

第三节　绿篱修剪机

一、使用绿篱修剪机前应注意的问题

（1）使用前请务必认真阅读使用说明书，将机器的性能以及使用注意事项弄清楚。

（2）绿篱修剪机的用途是修剪树篱、灌木，为了避免发生意外事故，请勿用于其他用途（见彩图11-2）。

（3）绿篱修剪机安装的是高速往复运动的切割刀，如果操作有误，是很危险的。所以在疲劳或不舒服的时候，服用了感冒药或饮酒之后，请勿使用绿篱修剪机。

（4）发动机排出的气体里含有对人体有害的一氧化碳。因此，不要在室内、温室内或隧道内等通风不好的地方使用绿篱修剪机。

（5）以下各种场合，请勿使用。

① 脚下较滑，难以保持稳定的作业姿势时。

② 因浓雾或夜间，对作业现场周围的安全难以确认时。

③ 天气不好时（下雨、刮大风、打雷等）。

（6）初次使用时，务必先请有经验者对绿篱修剪机的用法进行指导后，方可开始实际作业。

（7）过度疲劳会使注意力降低，从而成为发生事故的原因，不要使作业计划过于紧张，每次连续作业时间不能超过 30～40min，然后要有 10～20min 的休息时间，一天的作业时间应限制在 2h 以内。

（8）未成年者不允许使用绿篱修剪机。

二、使用绿篱修剪机时的劳动保护用品

（1）使用绿篱修剪机时，要穿好适合室外作业的服装，并穿戴好以下保护用品：

① 作业帽（在坡地作业时要戴头盔），应将长发扎起来保护好。

② 防尘眼镜或面部防护罩。

③ 戴坚固结实的劳保手套。

④ 不易滑、结实的鞋。

⑤ 耳塞（特别是长时间作业时）。

（2）请务必携带以下用品：

① 机器附属工具及钢锉。

② 适合绿篱修剪机使用的备用燃料。

③ 替换用的刀片。

④ 标示作业区域的用具（绳索、木牌）。

⑤ 哨子（共同作业或遇紧急情况时使用）。

⑥ 砍刀、手锯（铲除障碍物时使用）。

（3）请不要穿裤脚宽大的裤子或赤脚、穿凉鞋、草鞋等作业。

三、有关燃料使用注意事项

（1）绿篱修剪机的发动机所使用的燃料是机油和汽油混合油，属易燃品。请不要在焚烧炉、喷烧器、炉灶等有可能引火的地方加油或存放燃料。

（2）作业或加油时不要吸烟。

（3）使用过程中没有燃料了，一定要先将发动机停下来，确认周围没有烟火后再加油。

（4）加油时如燃料碰洒了，一定要将机体上附着的燃料擦干净之后，方可启动发动机。

（5）加油后将容器密封，然后要在离开燃料容器 3m 以上的地方启动发动机。

四、工作前的注意事项

（1）在开始作业前，要先弄清现场的状况（地形、绿篱的性质、障碍物的位置、周围的危险度等），清除可以移动的障碍物。

（2）以作业者为中心，半径15m以内为危险区域，为防他人进入该区域，要用绳索围起来或立起木牌以示警告。另外，几个人同时作业时，要不时地互相打招呼，并保持一定的安全间距。

（3）开始作业之前，要认真检查机体各部位，在确认没有螺丝松动、漏油、损伤或变形等情况后方可开始作业。特别是刀片以及刀片连接部位更要仔细检查。

（4）确认刀片没有崩刃、裂口、弯曲之后方可使用。绝对不可以使用已出现异常的刀片。

（5）请使用研磨好了的锋利的刀片。

（6）研磨刀片时，为防止刀刃崩裂，一定要把齿根部锉成弧形。

（7）在拧紧螺丝上好刀片后，要先用手转动刀片检查一下有无上下摆动或异常声响。如有上下摆动，则可能引起异常振动或刀片固定部分的松动。

第四节　割　灌　机

割灌机是二冲程动力，使用中应从动力、传动和刀具等方面注意，即可保证机器的正常使用（见彩图11-3）。

一、发动机

发动机为二冲程发动机，使用燃油为汽油与机油混合油，混合油配比为：二冲程专用机油∶汽油＝1∶50。汽油采用90号以上，机油使用二冲程机油，符号为2T，一定要使用名牌机油，最好使用专用机油，严禁使用四冲程机油。建议新机在前30小时配1∶40，30小时后按正常比例1∶50配油，坚决不允许超过1∶50，否则浓度太稀会造成机器拉缸。请严格按机器附带的配油壶配油，不能按估计随意配油。混合油最好现配现用，严禁使用配好久置的混合油。

机器工作前，先低速运行几分钟再工作。机器工作时，油门正常用高速就可以了。每工作一箱油后，应休息10min，每次工作后清理机器的散垫片，保证散热。

火花塞每使用25h要取下来，用钢丝刷去电极上的尘污，调整电极间隙以0.6～0.7mm为好。

空气滤清器每使用25h去除灰尘，灰尘大应更频繁。泡沫滤芯的清洁采用汽油或洗涤液和清水清洗，挤压晾干，然后浸透机油，挤去多余的机油即可安装。如印有“DON NOT OIL”就不用加机油。

消声器每使用50h，卸下消声器，清理排气口和消声器出口上的积炭。

燃料滤清器（吸油头）每25h去掉杂质。

二、传动部分

每隔25h给减速箱（工作头）补充润滑脂，同时给传动轴上部与离合碟的结合处加注润滑脂。

三、刀具部分

尼龙索头应控制其长，不要多于15cm。刀片一定要装正，并注意平衡，千万不可使用有振动的刀片。

四、安全使用

作业前，周围20m以内，不允许有人或动物走动。一定要检查草地上有没有角铁、石头等杂物，清除草地上的杂物。

五、储存

储存时，必须清理机体，放掉混合燃料，把汽化器内的燃料烧净；拆下火花塞，向汽缸内加入1～2mL二冲程机油，拉动启动器2～3次，装上火花塞。

第五节 草坪修剪机

一、常用种类及适用范围

草坪建植后需要经常性的养护，以保持草坪青翠茂盛、持久不衰。高质量、高标准的草坪养护，仅靠手工劳动远远不能满足绿化的需要，因此，与草坪养护管理配套的机械设备是必不可少的。草坪修剪机械的发展已有一百多年历史，从最初的手工作业、内燃机驱动，到如今的电动、液压、电子控制。草坪修剪机械的类型很多，按照配套动力和作业方式分为手推式、手扶推行式、手扶自行式、驾乘式、拖拉机式等；按照工作装置的不同，可分为滚刀式、旋刀式、往复割刀式和甩刀式等几种。不同类型、不同面积的草坪，应选择不同类型的草坪修剪机械。

草坪机由刀盘、发动机、行走轮、行走机构、刀片、扶手、控制部分组成（见彩图11-4）。

工作原理：刀盘装在行走轮上，刀盘上装有发动机，发动机的输出轴上装有刀片，刀片利用发动机的高速旋转，对草坪进行修剪。

（1）滚刀式割草机　该机适用于地面平坦、质量较高的草坪，如足球场、高尔夫球场等。滚刀式割草机有手推自进步行式、驾乘式、拖拉机牵引式和悬挂式等。

（2）旋刀式割草机　该机分为固结式和铰接式两种，适用于对质量要求不高、普通人工栽培的草坪。使用固结式割草机，草坪表面须清洁、无杂物；铰接式割草机适用于杂物较多的草坪，也适用于草原牧场。

（3）往复割刀式割草机　此种割草机主要用于粗径草和细灌木丛的作业，多用于街路绿化和堤坝改造。

(4) 甩刀式割草机　该机专用于公路两侧和河堤的绿地。分为重型、中型和轻型三种，适用于切割秆茎比较粗的杂草。

(5) 甩绳式割草机　该种割草机适用于人员难以到达地点的割草作业。

二、使用维护

1. 使用的条件

$2000m^2$ 以下的草坪，可以选用手推式草坪机；$2000m^2$ 或 $2000m^2$ 以上的草坪，可以选用自走式草坪机；草坪上树木和障碍物较多时，可以选择前轮万向的草坪机。面积较大时，可以选择草坪拖拉机，一般来说，1.07m（42in）的草坪拖拉机适用于 $12000\sim15000m^2$ 的草坪，1.17m（46in）的草坪拖拉机适用于 $20000m^2$ 以下的草坪。

2. 使用注意事项

① 清理：割草之前，必须先清除割草区域内的杂物，包括石块、树枝、电线等各种杂物。以免割草机的刀片将它们抛起来伤人。对喷头和障碍物做上记号。在清除障碍、检查或维修割草机时，一定要关闭发动机并拔掉火花塞罩。

② 着装：割草时，不要赤脚或穿凉鞋，一般应穿上工作服（长裤）和工作鞋。主要是防止刀片打起石块飞溅伤人。操作割草机时戴上眼镜等防护装置。工作时不要吸烟。

③ 场地：坡地割草时，不要时高时低。在坡地上转向时，一定要特别小心。不要在很陡的坡地上割草。若割草区斜坡角度超过 15°的，剪草时只能沿斜坡横向修剪，而不能顺坡上下修剪。在坡地上拐弯时要特别小心。当心洞穴、沟槽、土堆等及草丛中的障碍物。若坡度超过 30°，最好不用草坪割草机，以防伤人和损坏机械。在天气良好的时候进行割草，下雨和浇灌后不可立即剪草，以防人员滑倒和机械工作不畅。

特别强调的是：剪草机作业时，半径 10m 范围内不可有人，特别是有小孩或宠物；在侧排时，侧排口不可对人；调整机械和倒草时一定要停机，绝对不可在机械运转时调整机械和倒草。

④ 检查：熟悉操作过程，仔细阅读割草机说明书，知道在紧急情况下，及时关闭发动机。使用前仔细检查发动机的机油面、汽油数量、空气滤清器的过滤性能、螺钉的松紧度、刀片的松紧和锋利程度。确保割草机刀片与割草机连接牢固。检查各个部位，要成套更换旧的和损坏的刀片或螺丝，以免造成机器运转不平稳。损坏的刀片和螺丝是很危险的。经常检查所有螺帽、螺丝和螺钉，确保割草机处于安全运行状态。冷机状态下启动发动机，应先关闭风门，重压注油器 3 次以上，将油门开至最大，启动后再适时打开风门。若草坪面积太大，草坪割草机每天工作量在 6～8h 之间，工作 2h 休息 10min，每天打草面积在 $2000m^2$ 左右。气温在 38℃以上禁止使用。

⑤ 加油：只能在室外且在启动发动机前添加燃油。给发动机加油时，严禁吸烟。当发动机正在运转或温度高时，不要揭开油箱盖或加油。如果燃油溢出，不要启动发

动机，而是将割草机放到远离油渍的位置，直到燃油挥发完，以免发生火灾。

⑥ 高度调节：要根据草坪的要求确定剪草后的留茬高度，南方的暖季型草坪留茬一般为 3cm，北方的冷季型草坪留茬高度为 5cm。剪草时剪去的高度为草原来的高度的三分之一，目的是避免割草后现草黄。

3. 安全手柄的作用和使用

草坪机的安全控制手柄是控制飞轮制动装置和点火线圈的停火开关。按住安全控制手柄，则释放飞轮制动装置，断开停火开关，汽油机可以启动和运行。反之，放开安全控制手柄，则飞轮被刹住，接上点火线圈的停火开关，汽油机停机并被刹住。即只有按住安全控制手柄，机器才能正常运行，当运行中遇到紧急情况时，放开安全控制手柄则停机。所以，运行时，千万不可以用线捆住安全控制手柄。

4. 使用

启动发动机时，脚不要离割草机刀片太近。工作时应慢慢地推割草机向前走，行进速度不要过快。不要让孩子或不熟悉机器的人来使用割草机。不要在废气排放不畅的地方使用机器，以免造成废气（一氧化碳）污染。不要人为调节调速器，使发动机转速过高。超速运转是很危险的，而且会缩短割草机的寿命。当倒走时不要割草。正在割草时，不要抬起或搬动割草机。有集草箱的割草机，在没有安装集草箱时，不要使用割草机。应更换坏的或有故障的消音器。

5. 关闭发动机

遇到以下状况，要及时关闭发动机。

① 当推车通过有石子车道、人行道、马路时。

② 割完草减小油门，当不用发动机的时候。

③ 暂时离开割草机。

④ 割草机发生不正常的振动。

⑤ 碰到外来的物体。

6. 空气滤清器的维护

每使用 8h，应清理空气滤清器。打开空气滤清器盖和空气滤清器部件。检查外部的泡沫塑料滤芯和内部的纸式滤芯的污秽。每 50h 应更换纸质空滤芯。纸质空滤清器不能用液体洗涤剂清洗，只能轻轻拍打。海绵空滤器可以用汽油洗净晾干后使用。注意需清理而侧斜时，只能是空滤器一侧朝上，以防机油弄潮空滤器。若太脏会导致发动机难启动、黑烟大、动力不足。

7. 机油的维护

机油是用好草坪机的关键，机油在缸体里对机械的各部分进行润滑，是通过机油飞溅轮的作用，不断地把机油溅起，对机械的各部分进行清洁、润滑、降温，不加注机油严禁启动，每次使用草坪机之前，都要检查机油油面，将草坪修剪机放置在一水平位置，发动机熄火的状态，待油面静止后再抽出机油尺，先用清洁布擦去机油，然后再插入机油盘内检查机油尺沾油的位置。排放旧机油：在排放螺柱出放置收集废油的容器，卸下排放螺柱和密封圈使废油排放到容器内，并安装好。排放螺柱与密封圈机油尺上一般刻有两个刻度线，看是否处于油标尺上下刻度之间。要严格按油标尺加注，必须使机油控制在斜线范围的上限与下限之间，最好跟上限平齐。机油加多会造成大量的乳化和气泡，同时也不能把机油溅起，从而不能起到润滑的作用，使缸体的温度升高。会引起功率下降、排气管有浓烟排出、汽缸积炭过多和火花塞间隙小，发动机过热，空气滤清器易被机油呛湿，影响机器马力，严重的会使滤清器无法进入空气，导致无法发动机器。如果机油过低，低于下线，会引起发动机故障，造成机器拉缸，发动机齿轮噪音大，严重会造成活塞环加速磨损和损坏，甚至出现连杆断裂，缸体破损等现象，造成发动机严重损坏。值得注意的是：如果机油尺上带有旋紧螺纹，检查机油位置时只要插入而不要旋入机油尺。机油推荐使用名牌机油，如美孚 1130，或标号为 10W40 型号的机油。新机在使用之前应低速空转 20min 磨合，使用 5h 后应更换机油，使用 10h 后应再更换一次机油，以后根据说明书的要求定期更换机油。换机油应在发动机处于热机状态下进行（在热机状态下换机油干净彻底）。将整机向机油尺方向倾斜，或用工具松动机油尺底部放油螺丝放出机油。以后每 50h 更换机油。

机油牌号为 SE 或 SF20W/40 或更高级的四冲程汽油机机油。标志为 4T，切勿使用二冲程机油。

8. **检查油箱油量**

草坪修剪机一般采用的是四种程发动机，因此，必须使用纯汽油，不能使用机油和汽油的混合油。加油时应避免油箱中进入脏物、灰尘和水。

① 汽油是易燃易爆物品。加油时一定在发动机停止，通风良好的位置进行。

② 在草坪修剪机加油处或燃油存放处，不要吸烟，不要在易造成火花的区域内作业。

③ 加油时，不要在室内加注汽油，应小心不要使汽油洒在外面。汽油挥发气体或洒出的汽油易着火。在启动发动机前，一定要使溢出的汽油挥发完。

④ 不要使油箱中的汽油溢出来，加完油后，一定将加油盖拧紧。

⑤ 要在发动机凉车时加油。

⑥ 加油至油箱颈部中的燃油位置指示器的底部。

⑦ 只能使用无铅汽油。如果草坪机压缩比为 7～8，推荐使用牌号 90 号无铅汽油；如果压缩比为 8～8.5，推荐 93 号无铅汽油；如果压缩比为 8.5 以上，推荐 97 号无铅汽油。

9. **机械的保养**

每次工作后，应对其进行全面清洗，拔下火花塞，防止在清理刀盘，转动刀片时发动机自行启动。火花塞应半年清理一次积炭，每年应更换。并检查所有的螺钉是否紧固，机油油面是否符合规定，空气滤清器性能是否良好，刀片有无缺损等。还要根据草坪割草机的使用年限，加强易损配件的检查或更换，并进行周期性养护。

10. **检查刀片**

草坪机刀片要经常研磨保持锋利，修剪出的草坪才能平齐好看，剪过的草伤口小，草坪不容易得病。反之，不但对修剪的草坪不好，对草坪机传动轴的阻力加大，增大了草坪机的负荷，降低工作效率，运转温度升高，加剧机器的磨损，因此要保持刀片的锋利，提高工效并保证机器的正常运行。同时，应经常检查草坪机刀片是否平衡，如果刀片不平衡，会造成机器震动，容易损坏草坪机部件。

11. 化油器及油路的维护

向油箱添加汽油时应经滤网过滤，清洗化油器时应用化油器专用清洗剂，其清洗周期视化油器的脏污程度决定。当化油器出现故障，或发动机不能发动，或发动后熄火，则应立即清洗。

以下为使用过程中遇到的故障解决方案：

（1）发动机运转不平稳原因　油门处于最大位置，风门处在打开状态；火花塞线松动；水和脏物进入燃油系统；空气滤清器太脏；化油器调整不当；发动机固定螺钉松动；发动机曲轴弯曲。

排除方法：下调油门开关；接牢火花塞外线；清洗油箱，重新加入清洁燃油；清洗空气滤清器或更换滤芯；重调化油器；熄火之后检查发动机固定螺钉；校正曲轴或更换新轴。

（2）发动机不能熄火原因　油门线在发动机上的安装位置适当；油门线断裂；油门活动不灵敏；熄火线不能接触。

排除方法：重新安装油门线；更换新的油门线；向油门活动位置滴注少量机油；检查或更换熄火线。

表 11-1　草坪机的保养

正常的维修保养期（以月或者工作小时来计算）		每次使用时	工作第6个小时	每1个月或30个小时	每26个小时	每年或者300小时
润滑油（机油）	检查油位	○	○			
	更换		○		○	
空气滤清器及零件	检查	○				
	更换清理			○①		
刀片螺栓	检查	○				
集草器	检查清理	○				
火花塞	检查清理				○	
火花塞	更换					○
节流杆钢丝	检查调整					○
换挡杆钢丝	检查调整					○②
怠速	检查调整					○②
油箱及滤网	清理					○
燃油传输软管		检查或必要时更换		每两年一次		

① 只更换滤芯部分。

② 调整若用户无适当工作经验，请委托专业人员调整或让维修单位，经销商进行。

(3) 排草不畅原因　发动机转速过低，积草堵住出草口；草地湿度过大；草太长、太密；刀片不锋利。

排除方法：清除割草机内积草；草坪有水待干后再割；分两次或三次割，每次只割除草长的1/3；将刀片打磨锋利。

定期的维修保养是保持草坪机良好性能的重要要保证，请按表11-1进行保养。

第六节　机动喷雾机

一、常用种类

1. 高压自动喷雾器

该喷雾器广泛适用于小麦、水稻、棉花、玉米、大豆、烟叶、花卉、园林果树、大棚蔬菜等作物的防病、治虫、除草和施肥等作业（见彩图11-5）。该喷雾器主要特点：

(1) 节约能源，保护环境　采用空气压缩后产生的动力实现自动喷雾，无须用燃料、化学药剂为动力，节约了生产成本，减少了环境污染。

(2) 扬程大，喷雾效果好　喷射扬程最大达8m以上，最佳扬程6.5m，雾化角度达60°以上，雾状分布均匀、细密，一次储液量12kg，一次喷施时间只需6～8min，比老式喷雾器提高工效3倍以上。

(3) 安全可靠，维修方便　该器为内胆、防护套和外壳3层制作而成的全封闭机体，杜绝了药液泄漏，有利于保障人身安全。内胆、机壳、喷头和喷杆全部采用优质材料，桶顶装有压力表和安全阀，可以根据需要增减桶内的药液，避免因操作不当而造成机械损坏。

(4) 省工省力，经济实用　在使用前，只需打一次气，就能对大面积农作物实施喷雾，改变了过去边走边抬压手柄的操作方法，大大减轻了劳动强度。

2. 背负式喷雾器

该喷雾器广泛用于各种农作物防治病虫害和卫生防疫，是目前国内性能好、结构优、质量好的手动喷雾器。该器主要特点：①内气室结构，确保了产品使用的安全性。②气室容量大（超过1L），喷雾时间长，既减轻了劳动强度，又从根本上解决了跑冒滴漏现象。③增压速度快，改变了传统的皮碗增压结构。④防腐能力强，内部结构全部采用优质工程塑料，可延长使用寿命。⑤雾化效果好，可根据需要选用单孔喷头、三孔喷头体喷雾。⑥操作维修方便。

3. 多功能背负式手动喷雾器

该器具有结构新颖、功能齐全、耐腐蚀、性能可靠和维修保养简单方便等优点，适用于水田与旱地作物、果园、茶林、蔬菜、花卉等的病虫草害防治，也是庭院消毒、仓储灭虫及卫生防疫的理想器械。如选用合适的狭缝式扇形喷雾嘴，也可用于除尘、降温、喷胶及加湿等工业领域。该器主要技术参数：整机质量3.5kg，额定容量16L，工作压力0.3～0.4mPa，喷片孔径1.0mm的喷雾量为0.38～0.48L/min，孔径1.3mm的喷雾量为0.55～0.65L/min，双头四孔出流式的喷雾量为1.4～1.5L/min，横杆组合低量扇形雾三孔喷头体的喷雾量为0.6～0.9L/min。

4. 气压式多功能喷雾器

新型植保机械，广泛适用于农、林、牧、副、园艺等植保作业，还具有医疗卫生、建筑装潢以及灭火、打气等特殊功能。该器具有设计合理、操作简便、使用可靠和工作效率高等特点。它还配有大、中、小3种喷头，出水量、雾化质量和生产率可按不同作物需要调节，既能满足生产需要，又可合理利用和节省气源。该器主要技术参数：整机质量9kg，药液桶容量16L，最高工作压力≥0.6MPa，最大射程10m。

5. 多功能微电机喷雾器

适用于多种农作物的病虫害防治，也适用于喷洒植物生长调节剂、营养素、叶面肥、除草剂等，同时，还可用于消毒灭菌和净化空气。多功能微电机喷雾器器采用低量或超低量喷雾，喷出的雾滴细密均匀，可覆盖于所喷作物的上、中、下各部位，覆盖面广，药液不会流失，故施药量少，且防治效果好。该器转速平稳，喷雾连续均匀，无药液滴漏，具有结构简单，耐腐蚀、省工、省力、省农药等优点。其主要技术参数：工作电压4.5V，电机转速8000～11500r/min，药液筒容积1200mL，喷幅1.6～2.0m，工作效率60～75m²/h。

二、使用维护

(1) 新购的喷雾器使用前应拆开压盖，向气筒内滴入少许机油润滑皮碗，然后依次装好部件，紧固各接头处的螺栓，并装入垫圈后再使用。

(2) 使用前应先加入清水，并拧紧机具的放气螺丝，用手握住铁柄，上下抽动30～50次，进行打气。打气要足，抽动压塞杆应平稳。然后打开开关，检查各管路接头处是否有漏水和漏气现象，观察喷雾器是否正常。

(3) 装皮碗时，应将皮碗的一半斜放在气筒内，然后使之旋转，并逐渐紧直塞杆，切不可硬塞皮碗，致使碗边上翻。

(4) 灌入清水或药水时，都不得超过机具外部所标示的药水高度线，以保证储藏压缩空气产生压力。加药时，药液应过滤，防止杂物进入阻塞喷嘴孔。

(5) 加水后如果加水盖略有漏气，可将桶身摇晃几下，使水与桶盖接触，以增强桶盖的密封度。然后再继续打气，使桶内压力增加。压力越大，加水盖就盖得越紧密。

(6) 作业中机具发生故障，应即时修理。修理前先把放气螺帽松开，放出压缩气体，以免药液冲出，伤害人和牲畜。

(7) 每次喷雾作业结束后，必须倒出剩余药液。倒药时应先松开拉紧螺母，按下吊紧螺钉，将桶内压缩空气放尽之后再拧开加水盖，将药液倒出用清水洗净。

(8) 机具在用过腐蚀性强的药液后，或要长期存放之前，都应用碱水清洗喷雾器内外表面，再用温热的清水冲洗。冲洗时打气喷雾，以洗净胶管及喷杆内部的药液。洗完后倒出剩水，擦干桶身，以防锈蚀。

(9) 长期存放的喷雾器，在清洗干净后，要把颈圈螺丝擦干，涂油保存；皮管要挂起来，两头朝下；喷杆要直立存放，喷头向上，使里边的积水流尽；各接头的皮圈和皮碗应涂些机油，防止干燥收缩。

(10) 喷雾器应存放在阴凉干燥处，切勿与农药、化肥等腐蚀性物品堆放在一起，以防锈蚀。

第七节 灌溉设备

灌溉技术是指把用于灌溉的水源输送到植物种植区域以提供作物生长必要的水分的措施，亦称灌溉方法。习惯上的灌水技术分为：漫灌、喷灌、微喷灌、滴灌、管灌（人工拖拉胶皮管灌溉）。有的地方还出现渗灌、雾灌等方法。

一、漫灌

指灌溉水在种植地块上流动过程中，借助重力和毛管作用湿润土壤，或者在地块上建立一定深度的水层，借助重力作用入渗到土壤中的一种方法。该方法操作简单，但耗水量大，水利用率很低，土壤结构破坏严重。该种灌溉方法已经有禁止的趋势。

二、喷灌

喷灌是将具有一定压力的水喷射到种植地块上方，形成细小水滴，散落到土地上的一种灌溉方法。喷灌由压力水源、输水管道和喷头组成。喷灌是一种比较先进的方法。目前的喷灌根据喷头结构形式有园林用地埋伸缩式喷头和插杆式摇臂喷头、塑料微喷头等。喷灌的安装和施工以及维护都比较复杂；由于常规喷灌喷头的射程较大，覆盖区域一般都在7m以上，所以该方法一般都只在大型草坪中使用。

1. 使用前的准备

(1) 采用三角皮带传动时，动力机主轴和水泵必须平行，皮带轮要对齐，其中中心距不得小于两皮带轮直径之和的两倍。当水泵和动力机相连时，应配共同底盘，采用爪形弹性联轴器，要注意动力机主轴和水泵轴的同心度。

(2) 水泵安装高度（以吸水池水面为基准）应低于允许吸上真空高度1～2m。作业位置的土质应坚实，以防止崩塌或陷入地面。

(3) 进水管路安装要特别注意防止漏气。滤网应完全淹没在水中，其深度在30cm左右。并与池底、池壁保持一定距离，防止吸入泥砂等杂质和空气。

(4) 铺设出水管道时，软管应避免与石子、树皮等物体摩擦，避免车轮辗压和行人践踏，切勿与运行机件接触。软管应卷成盘状搬动，切勿着地。硬管应拆成单节搬运，禁止多节联移，以防磨损和损坏管子及接头。管道避免曝晒和雨淋，以防塑料管变形或老化。

(5) 将喷架支撑在地面，喷架接头端面应尽量安置水平，以使咳头转动均匀，然后固定喷架。把喷头安装在喷架上，检查喷头转动是否灵活，拉开摇臂看其松紧是否合适，在转动部位加注适量机油。然后将快速接头揩抹干净连接好。

(6) 启动前检查泵轴旋转方向是否正确，转动是否均匀，不能有卡住、异声等不正常现象。

(7) 离心泵启动前，应向泵内加满水，待充满进水管道及泵体后，方可启动。

2. 注意事项

(1) 水泵启动后，3min 未出水，应停机检查。

(2) 水泵运行中若出现不正常现象（杂音、振动、水量下降等），应立即停机，要注意轴承温升，其温度不可超过 75℃。

(3) 观察喷头工作是否正常，有无转动不均匀，过快或过慢，甚至不转动的现象。观察转向是否灵活，有无异常现象。

(4) 应尽量避免引用泥砂含量过多的水进行喷灌，否则容易磨损水泵叶轮和喷头的喷嘴，并影响作物的生长。

(5) 为了适用于不同的土质和作物，需要更换喷嘴，调整喷头转速时，可用拧紧或放松摇臂弹簧来实现。摇臂是悬支在摇臂轴上的，还可以转动调位螺钉调整摇臂头部的入水深度来控制喷头转速。调整反转的位置可以改变反转速度。

(6) 喷头转速调整好的标志是，在不产生地表径流的前提下，尽量采用慢的转动速度，一般小喷头为 1～2min 转 1 圈，中喷头 3～4min 转 1 圈，大喷头 5～7min 转 1 圈。

3. 保养

(1) 对机组松动部位应及时紧固。

(2) 对各润滑部位要按时润滑，确保润滑良好和运转正常。

(3) 机组的动力机、水泵的保养，应按有关说明书进行。

(4) 喷灌机组长时间停止使用时，必须将泵体内的存水放掉，拆检水泵、喷头，擦净水渍，涂油装配，进出口包好，停放在干燥的地方保存。管道应洗净晒干（软管卷成盘状），放在阴凉干燥处。切勿将上述机件放在有酸碱和高温的地方。

(5) 机架上的螺纹（或快速接头）和易锈部位，应涂油妥善存放。

三、微喷灌

指单个喷头射程或覆盖区域在 4m 以下的喷灌系统。微喷灌的优点是喷头的射程小，流量低，灌溉均匀。缺点是安装复杂，喷头和输水管道一般都裸露在地表，不美观，不便于管理和维护。喷灌和微喷灌的共同特点是喷头的喷洒区域不容易控制，水容易喷到道路和围墙以及其他不能喷水的地方，对于像公园和小区庭院的精致造型的场合不太适宜。

微喷灌系统包括水源、供水泵、控制阀门、过滤器、施肥阀、施肥罐、输水管、微喷头等，吊管选用 4～5mm，支管选用 8～20mm，主管选用 32mm，壁厚 2mm 的 PE 管，微喷头间距选用 2.8～3m，工作压力 0.18mPa 左右，单相供水泵流量 8～12L/h，要求抗堵塞性能好，微喷头射程直径为 3.5～4m，微喷头喷水雾化要均匀，布置时采用两根支管间距为 2.6m 用膨胀螺栓固定在温棚长度方向，距地面 2m 的位置上，将支管固定，把微喷头、吊管、弯头连接起来倒挂式安装上微喷头即可。

微喷系统安装好后，检查供水泵，冲洗过滤器和主、支管道，放水 2min，封住尾部，如发现连接部位有问题及时处理。发现微喷头不喷水时，停止供水，检查喷孔，如果是沙子等杂物堵塞，取下喷头，除去杂物，但不可自行扩大喷孔，以免影响微喷质量，同时检查过滤器是否完好。

微喷灌时，通过阀门控制供水压力，并保持在 0.18mPa。微喷灌时间一般选择在上午或下午，这时微喷灌，地温能快速上升。喷水时间及间隔可根据作物的不同生长期和需水量来确定。随着作物长势的增高，微喷灌时间逐步增加，经测定在高温季节，微灌 20min，可降温 6～8℃。因微喷灌水直接喷洒在作物叶面，便于叶面吸收，既防止病虫害流行，又有利于作物生长。

微喷灌能够做到随水施肥，提高肥效。施用溶解好的化肥，施肥时间每次 3～4kg，先溶解（液体肥根据作物生长情况而定），连接好施肥阀及施肥罐，打开阀门，调节主阀，待连接管中有水流即可，一般一次微喷 15～20min 即可施完，根据需水量，施肥停止后继续微喷 3～5min 以清洗管道及微喷头。

选用质量好的微喷灌设备，并配以良好的使用与管理技术，即能发挥其优势。微喷灌根据作物需水量适时供水，并能控制灌溉，达到节水效果，节水 50%～70%，减少蒸发和渗漏，防止病虫害发生，土壤不板结。因此促使作物提前上市，延长产品供应期，为绿色食品生产提供了有力保障，同时减少了农药用量，节约了肥料，增产可达 20%。

四、管灌

管灌即依靠人工拖拉输水软皮管将灌溉水直接引到种植地块的方法。该方法操作简单，效果比漫灌要好。该方法对工人的技术经验要求很高，同时工人工作量很大；灌溉效果完全依赖工人的经验。容易出现灌溉水分配不均匀，水浪费较大，一般是灌溉水过量，水对土壤和作物的冲击过强，土壤结构破坏严重。由于过去一直没有专业的别墅庭院的灌溉设备，传统的花园灌溉设备太简易和粗糙不能满足使用要求，所以该方法目前仍然在别墅区、生活小区大量使用。

五、滴灌

滴灌是将有一定压力的灌溉水通过管道和管道滴头把灌溉水一滴一滴地滴入植物根部附近土壤的一种灌水方法。优点是省水，省工，省肥，灌溉均匀，有利于保持土壤团粒结构和植物的吸收。缺点是安装比较复杂，滴头易堵塞、不易维护。

六、渗灌

渗灌是通过埋设在土壤中的地下透水管将管道中的灌溉水缓慢渗透到作物的根系吸水层的一种方法。地下渗灌有很多优点，但地下渗灌有特殊要求，如何防止根系缠绕和泥土淤塞是很难解决的问题；同时该方法还要求渗透管具有较高的透水性和还要有防堵塞性，对灌溉水质的要求很高；施工也很困难。

七、点喷技术

模拟人工灌溉方法，能够针对某一区域或点进行灌溉，灌溉准确，自动化水平高，可靠性能好。该方法是最近几年随着电子自动化技术进步而发展起来的一种全新的灌溉方法，该方法打破传统的灌溉方式对地形和环境的要求，实现真正随心所欲的灌溉。

思考题

1. 常用的剪刀类工具有几种？其主要用途是什么？
2. 植树挖掘机的功用和主要结构？
3. 使用绿篱机前应注意什么问题？
4. 怎样安全使用割灌机？
5. 使用草坪修剪机应注意哪些事项？
6. 机动喷雾机的种类和用途是什么？
7. 喷灌设备由几部分组成？使用前应做哪些准备？

参 考 文 献

[1] 陈有民. 园林树木学. 北京：中国林业出版社，1990.

[2] 张秀英. 观赏花木整形修剪. 北京：中国农业出版社，1999.

[3] 田如男. 园林树木栽培学. 南京：东南大学出版社，2001.

[4] 郭学望等. 园林树木栽植养护学. 第2版. 北京：中国林业出版社，2011.

[5] 马凯. 城市树木栽植与养护. 南京：东南大学出版社，2003.

[6] 赵和文. 园林树木栽植养护学. 北京：气象出版社，2004.

[7] 王文和. 草坪与地被植物. 北京：气象出版社，2004.

[8] 朱天辉. 园林植物病理学. 北京：中国农业出版社，2003.

[9] 孙丹萍. 园林植物病虫害防治技术. 北京：中国科学技术出版社，2006.

[10] 李传仁. 园林植物保护. 北京：化学工业出版社，2007.

[11] 宋建英. 园林植物病虫害防治. 北京：中国林业出版社，2005.

[12] 张淑梅. 园林植物病虫害防治. 北京：北京大学出版社，2007.

[13] 徐明慧. 园林植物病虫害防治. 北京：中国林业出版社，2005.

[14] 陆自强. 观赏植物昆虫. 北京：中国农业出版社，1995.

[15] 蔡平. 园林植物昆虫学. 北京：中国农业出版社，2005.

[16] 郑进，孙丹萍. 园林植物病虫害防治. 北京：中国科学技术出版社，2005.

[17] 许志刚. 普通植物病理学. 北京：中国农业出版社，1997.

[18] 方中达主编. 中国农业植物病害. 北京：中国农业出版社，1996.

[19] 徐公天. 园林植物病虫害防治. 北京：中国农业出版社，2003.

[20] 许志刚等. 普通植物病理学. 北京：中国农业出版社，1997.

[21] 管致和. 昆虫学概论. 第2版. 北京：中国农业出版社，1993.

[22] 北京农业大学主编. 农业植物病理学. 北京：农业出版社，1991.

[23] 王乃康，茅也冰，赵平主编. 现代园林机械. 北京：中国林业出版社，2000.

[24] 姚锁坤主编. 草坪机械. 北京：中国农业出版社，2001.

[25] 俞国胜主编. 草坪机械. 北京：中国林业出版社，1999.